Toolkit für Agile Coaches und Scrum Master

Charlotte Bendermacher • Cleo Kampschuur • Rini van Solingen

Toolkit für Agile Coaches und Scrum Master

99 kreative Übungen und Workshop-Formate

Aus dem Niederländischen von Rolf Dräther

ERSTE HILFE BEI UNVORHERGESEHENEN MEETINGS

Du hast wenig bis gar keine Zeit für die Vorbereitung?
Nutze diesen Entscheidungsbaum, um eine Aktivität zu finden,
die du innerhalb einer Stunde vorbereiten kannst.

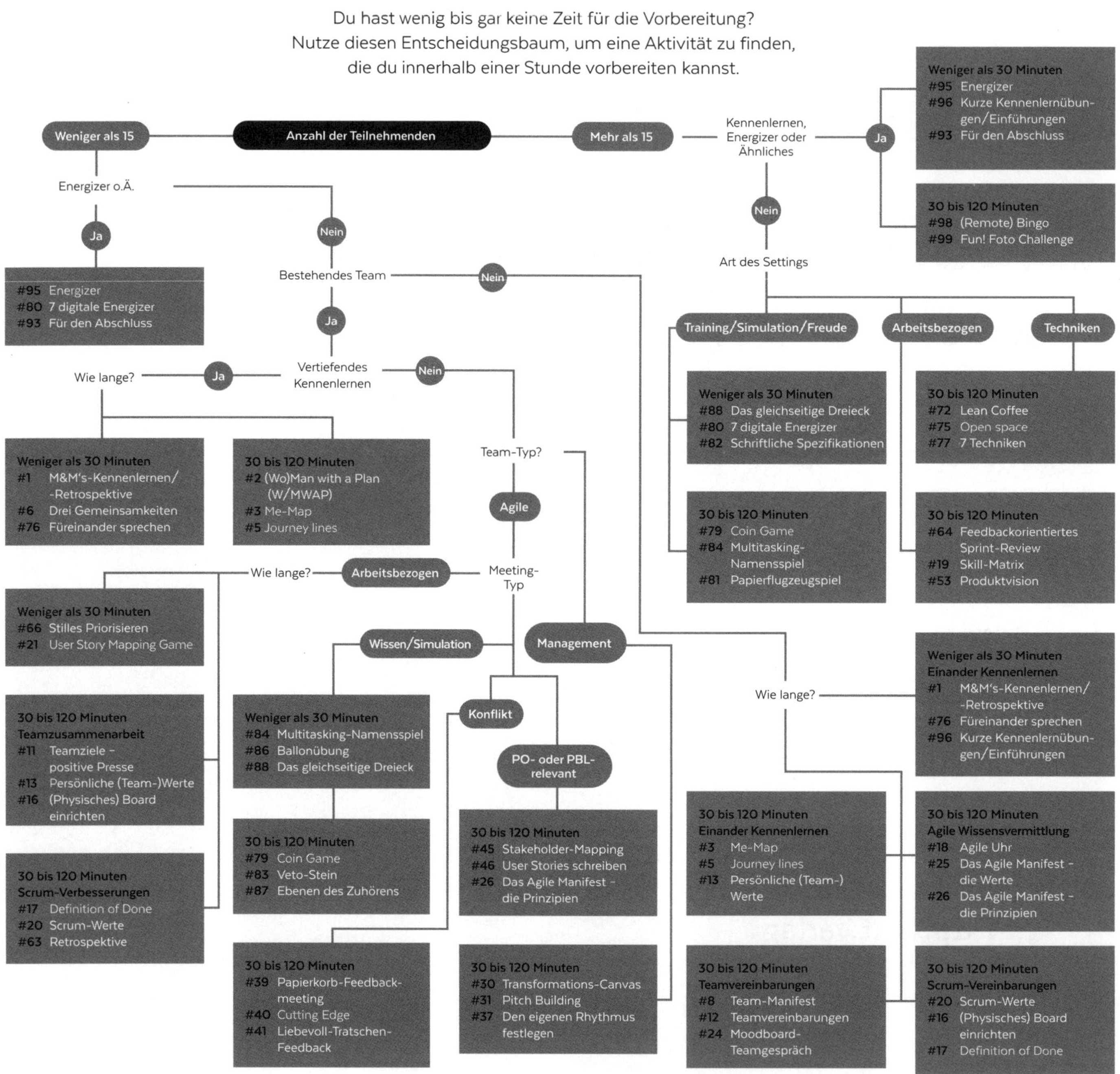

ÜBERSICHT DER ÜBUNGEN UND WORKSHOP-FORMATE

KIT 1
EINANDER KENNENLERNEN

KIT 2
MIT EINEM TEAM STARTEN

KIT 3
TEAMS VORANBRINGEN

KIT 4
MANAGEMENTTEAMS UNTERSTÜTZEN

KIT 5
TRANSPARENZ SCHAFFEN

KIT 6
PRODUCT OWNER UNTERSTÜTZEN

KIT 7
AGILE MEETINGS BEGLEITEN

KIT 8
MODERATIONSTECHNIKEN

KIT 9
KREATIVE FORMATE

KIT 10
NICE2HAVES

Charlotte Bendermacher · Cleo Kampschuur · Rini van Solingen

Lektorat: Christa Preisendanz
Lektoratsassistenz: Julia Griebel
Übersetzung: Rolf Dräther
Copy-Editing: Ursula Zimpfer, Herrenberg
Satz & Layout: Joost van Lierop
Herstellung: Stefanie Weidner, Frank Heidt
Umschlaggestaltung: Helmut Kraus, *www.exclam.de*
Druck und Bindung: Schleunungdruck GmbH, Markheidenfeld

Bibliografische Information der Deutschen Nationalbibliothek
Die Deutsche Nationalbibliothek verzeichnet diese Publikation in der Deutschen Nationalbibliografie; detaillierte bibliografische Daten sind im Internet über *http://dnb.d-nb.de* abrufbar.

ISBN:
Print 978-3-86490-967-2
PDF 978-3-98890-076-0
ePub 978-3-98890-077-7
mobi 978-3-98890-078-4

1. Auflage 2023

Title of the Dutch Original: *Toolkit voor agile coaches en scrum masters: 99 creatieve werkvormen en effectieve trainingsformats*
ISBN 9789024427581

Hinweis:
Dieses Buch wurde mit mineralölfreien Farben auf FSC®-zertifiziertem Papier aus nachhaltiger Waldwirtschaft gedruckt.
Der Umwelt zuliebe verzichten wir zusätzlich auf die Einschweißfolie. Hergestellt in Deutschland.

Schreiben Sie uns:
Falls Sie Anregungen, Wünsche und Kommentare haben, lassen Sie es uns wissen: *hallo@dpunkt.de.*

5 4 3 2 1 0

INHALT

EINLEITUNG

Tja, da stehst du nun. Neben deinem Flipchart. Etwas nervös vielleicht, aber guter Dinge, denn du bist gut vorbereitet. Alle deine Stifte sind ordentlich vor dir aufgereiht. Post-its in allen Regenbogenfarben liegen in Stapeln bereit. Die Wände sind schon mit Moderationspapier beklebt. – Vielleicht arbeitest du aber auch in einem Online-Setting, hast dein virtuelles Whiteboard im Vorfeld sorgfältig vorbereitet und eine Matrix voller Gesichter schaut dir gespannt von deinem Monitor entgegen. Du bist am Zug. Du moderierst dieses Meeting. Du bist der Agile Coach oder Scrum Master.

Von dir wird erwartet, dass du präsent bist, die Gruppe mitreißen und unterstützen kannst, dass du voller Energie steckst und das auch ausstrahlst, um in der gemeinsamen Zusammenarbeit einen Schritt voranzukommen, für das Produkt eine Vision zu entwickeln oder ein Backlog aufzubauen. Möglicherweise schlummert auch irgendwo ein Konflikt, den es zu bearbeiten gilt. Oder du hast ein Team von Führungskräften vor dir, die noch Zweifel und Bedenken haben. In all diesen Situationen wird von dir erwartet, dass du weißt, wie am besten damit umzugehen ist. Die Erwartung ist, dass du diesen Workshop, diese Sitzung begleiten kannst, dass du der Master oder Coach bist, der diesen Prozess souverän zu unterstützen weiß.

Aber – wie soll das gehen? Wo genau kannst du die eine Übung finden, die am besten zu dieser Situation und dieser Gruppe passt? Wo gibt es Beispiele? Welche Schritte sind die richtigen – und in welcher Reihenfolge? Und – wie lange sollte das Ganze dauern? Wo gibt es Tipps und wer warnt dich vor den gefährlichsten Fallstricken? Wer oder was führt *dich* durch diesen Dschungel?

In den vergangenen Jahren standen wir immer wieder vor solchen Herausforderungen. Und glücklicherweise waren wir dabei nicht allein. Häufig haben wir sie gemeinsam gemeistert oder konnten auf erfahrene Kolleginnen und Kollegen zurückgreifen. Noch heute erreichen uns jede Woche E-Mails mit Fragen wie: *»Hey, ich moderiere* *nächste Woche einen Workshop bei Kunde X mit Y Teilnehmenden, um Z zu erreichen. Kennt jemand ein passendes Workshop-Format dafür?«* Und derzeit oft mit dem Zusatz: *»Ach ja, und die meisten Teilnehmenden arbeiten remote … Hat jemand noch 'ne gute Idee für eine Online-Aktivität?«*

Wir sind uns des Luxus bewusst, über ein großes kollegiales Netzwerk zu verfügen, das uns Zugang zu Dutzenden von versierten Coaches verschafft, die mit ihrer jahrelangen Erfahrung jederzeit Ideen und Anregungen beisteuern können.

Leider geht es nicht allen so gut. Viele Agile Coaches und Scrum Master sind auf sich allein gestellt. Sie sind die Expertinnen und Experten in ihren Organisationen. Von ihnen wird erwartet, dass sie genau wissen, was in einer bestimmten Situation zu tun ist. Doch woher nehmen sie ihre Inspiration? Wo finden sie schnell die zum konkreten Problem passende Aktivität? Bei Google? Ja, sicher auch dort. Aber dazu gehören Glück und genau die richtigen Suchbegriffe, und dass sich zudem jemand die Mühe gemacht hat, eine Übung ausführlich zu beschreiben und zu veröffentlichen.

Das ist der Grund für dieses Buch. Wir möchten damit Agile Coaches und Scrum Master in kompakter Form mit 99 Übungen und Workshop-Formaten unterstützen, also einen Werkzeugkasten anbieten, den man zur Hand nimmt, wenn man Inspiration braucht. Es ist wie bei einem Kochbuch: Wer keine Ideen oder Inspiration hat, sucht nach einem Rezept. Manchmal folgt man dann dem Rezept sehr genau, Schritt für Schritt. Ein andermal variiert man es mit eigener Kreativität. Und hin und wieder kommt einem vielleicht selbst eine Idee für ein völlig anderes Gericht, einfach beim Durchblättern des Kochbuches.

Dieses Buch lässt sich ganz nach den eigenen Vorstellungen nutzen. Es kann zum Lotsen werden, der hilft und inspiriert. Zumindest dann, wenn es schnell gehen muss und die Zeit eigentlich viel zu knapp ist. Für diesen Fall gibt es vorne im Buch einen Entscheidungsbaum, der zu einer Aktivität[1] führt, die relativ schnell umgesetzt werden kann.

Ist dieses Buch vollständig? Ganz sicher nicht. Es existieren unzählige andere Übungen und Formate. Beispielsweise gibt es ein Buch mit speziellen Scrum-Übungen. Man kann auch Liberating Structures verwenden. Und es gibt Bücher voller Übungen und Formate, die überhaupt nicht für den agilen Kontext gedacht sind, in der einen oder anderen konkreten Situation jedoch sehr gut funktionieren können. Es gibt sogar Bücher, die speziell für Online-Übungen ausgerichtet sind! Beispiele finden sich weiter unten im Abschnitt »Weiterlesen«.

Und dennoch glauben wir, dass wir mit dieser Toolsammlung einen Mehrwert für Agile Coaches und Scrum Master schaffen. Die Transformation einer Organisation verläuft nicht immer geradlinig, man muss dabei selbst agil und flexibel sein und für jede Situation abwägen, welche Intervention jetzt am besten passt. Das agile Umfeld erweist sich jedoch häufig als zu spezifisch, um auf eine generische Übung zurückgreifen zu können. Für solche Situationen ist dieses Buch gedacht. Es soll dabei helfen, den agilen Werkzeugkasten der Agile Coaches und Scrum Master weiter zu füllen und auszubauen.

Und wenn du dieses Buch irgendwann nicht mehr brauchst, ist das auch in Ordnung. Denn dann ist dein Werkzeugkasten mit Übungen und Formaten gut gefüllt. Mit Kochbüchern verhält es sich übrigens genauso – auch sie stehen die meiste Zeit ungenutzt im Regal. Aber sie warten dort geduldig, warten auf

1 Anm. d. Übers.: Im Original wird als Oberbegriff für die verschiedenen Formate, Übungen, Events usw. das niederländische Wort »werkvorm« verwendet, das man mit »Arbeitsform« übersetzen könnte. Da das jedoch sperrig und ungewohnt klingt, habe ich mich stattdessen für »Aktivität« entschieden. Wenn also künftig von Aktivitäten die Rede ist, so ist das in der Regel als generischer Begriff für die verschiedenen Spielarten von Tools zu verstehen.

diesen einen Moment, in dem dir dieses bestimmte Rezept einfach nicht einfallen will. Dann ziehst du es aus dem Regal, blätterst darin – und findest oft eine Antwort. Und – hat das Rezept funktioniert? Nun, dann wirst du dieses Buch in Zukunft sicher häufiger zur Hand nehmen, weil du weißt, dass es dir früher schon einmal bei einer wichtigen Entscheidung in der Küche (oder im Meetingraum) geholfen hat.

Wir hoffen, dass dich dieses Buch dabei unterstützt, ein noch besserer Agile Coach oder Scrum Master zu werden.

Wir wünschen dir viel Freude und Inspiration beim Lesen!

Delft, 1. Februar 2021

Charlotte Bendermacher
Cleo Kampschuur
Rini van Solingen

WIE MAN DIESES BUCH LIEST

Dieses Buch ist wie ein Kochbuch aufgebaut. Die Aktivitäten sind in Kategorien eingeteilt. In einem Kochbuch sind das oft: Vorspeisen, Zwischengerichte, Hauptgerichte und Nachspeisen. Oder: Fleischgerichte, Fischgerichte und vegetarische Gerichte. Wenn du also nach einer geeigneten Übung suchst, überlege zuerst, in welche Kategorie sie gehört, und schau dir dann die Übungen an, die in dieser Kategorie enthalten sind. Wir haben uns entschieden, die Toolkits in die folgenden Kategorien zu unterteilen:

1 **Einander kennenlernen** – Aktivitäten zum gegenseitigen Kennenlernen der Teammitglieder und um die Motivation des anderen zu verstehen

2 **Mit einem Team starten** – Aktivitäten, um mit agilen Teams zu starten

3 **Teams voranbringen** – Aktivitäten, um bereits bestehende Teams bei ihrer Weiterentwicklung zu unterstützen

4 **Managementteams unterstützen** – Aktivitäten, die sich speziell an das Management oder an Managementteams in einer agilen Organisation richten oder an diejenigen, die eine Organisation agiler gestalten wollen

5 **Transparenz schaffen** – Übungen und Formate, um unter der Oberfläche schlummernde Probleme oder Konflikte in einem agilen Team (oder mit dem Unternehmensumfeld) sichtbar zu machen

6 **Product Owner unterstützen** – Aktivitäten, die darauf abzielen, den Product Ownern zu helfen, ihre Rolle besser auszufüllen

7 **Agile Meetings begleiten** – Formate für typische agile Meetings

8 **Moderationstechniken** – Übungen und Formate allgemeiner Art, die sich auch für agile Teams eignen

9 **Kreative Formate** – Übungen und Formate, die etwas kreativer ausfallen oder einen größeren Spaßfaktor bieten und sich in der Praxis für die Arbeit mit agilen Teams als wertvoll erwiesen haben

10 **Nice2Haves** – Übungen und Formate, die nicht in die oben stehenden Kategorien passen, jedoch in der Praxis oft nützlich sind

ERSTE HILFE BEI UNVERHOFFTEN ANFRAGEN

Manchmal wirst du gebeten, in einer Stunde ein Meeting zu moderieren. Oder du wirst eingeladen, an einem Meeting teilzunehmen, und kaum hat es begonnen, bittet man dich, es zu moderieren. Für diese Fälle, in denen dir kaum Vorbereitungszeit bleibt, gibt es vorne im Buch einen Entscheidungsbaum, der dich schnell zu ein oder zwei Aktivitäten führt, die nur wenig Vorbereitung erfordern. Betrachte das als eine Art Rettungsanker für den Notfall.

ERKLÄRUNG ZU DEN STERNEN

Die Sterne ordnen die Aktivitäten in drei Schwierigkeitsstufen ein – von einfach bis schwierig:

★ = einfach – Alle können diese Aktivität begleiten.

★★ = mittel – Diese Aktivität sollte man zuvor schon einmal durchgeführt haben.

★★★ = schwierig – Dabei handelt es sich um Aktivitäten, die Erfahrung erfordern; falls du mit ihnen noch nie gearbeitet hast, solltest du zuerst einen Probelauf durchführen oder einen erfahrenen Coach bitten, dich zu unterstützen.

FÜR WEN SIND DIESE TOOLKITS GEDACHT?

Die wichtigste Zielgruppe dieses Buches sind Neulinge, interne Agile Coaches und Scrum Master – vor allem diejenigen, die in ihren Organisationen als Expertinnen und Experten gelten, selbst jedoch der Meinung sind, dass sie noch immer viel zu lernen haben. Gerade als interner Coach erlebt man oft, dass nach einer gewissen Zeit die sehr erfahrenen externen Agile Coaches wieder verschwinden. Auf der einen Seite ist das gut, denn eine Organisation muss selbst über die nötige Expertise verfügen. Andererseits verlässt jedoch mit dem externen Agile Coach auch dein Sparringspartner und deine Inspirationsquelle das Unternehmen. Tja, und jetzt? An wen kannst du dich nun mit einer Frage wenden oder bei wem Inspiration holen? Dafür sind die Toolkits in diesem Buch gedacht.

Soll das nun heißen, dass dieses Buch erfahrenen Agile Coaches oder Führungskräften in agilen Organisationen nichts zu bieten hat? Nein, natürlich nicht. Genau wie bei einem Kochbuch ist für alle etwas dabei. Auch für solche Personen, die sich selbst gar nicht für agil halten, sondern manchmal einfach nur eine Aktivität mit ins Meeting nehmen möchten, dient es als Handbuch oder Nachschlagewerk. Doch zu guter Letzt ist es für den internen Agile Coach und Scrum Master geschrieben, der sich hin und wieder in der eigenen Organisation in seiner Rolle recht einsam fühlt.

Beim Schreiben dieses Buches sind wir davon ausgegangen, dass die Leserinnen und Leser über grundlegende Kenntnisse von Agilität und Scrum verfügen. Dass sie das Agile Manifest (am besten auswendig) kennen und genau wissen, wie das Scrum-Framework funktioniert. Zertifizierungen sind nicht erforderlich, doch das Grundlagenwissen, das in den entsprechenden Schulungen vermittelt wird, setzen wir voraus. Agile Coach oder Scrum Master kann man meistens nicht ohne gewisse Vorkenntnisse oder Ausbildung werden. Es ist wie beim Kochen: Grundkenntnisse, Wissen und der Umgang mit (Küchen-)Geräten werden vorausgesetzt. Alle Übungen und Formate in diesem Buch helfen dann dabei, dieses Wissen zu erweitern und zu vertiefen, um in agilen Events und Teams zusätzlichen Mehrwert zu generieren.

AGILE COACHING UND ONLINE-AKTIVITÄTEN

Immer häufiger wird hybrid gearbeitet. Es ist nicht mehr selbstverständlich, dass bei jedem Meeting alle vor Ort anwesend sind. Zugleich sind die meisten Online-Umgebungen in puncto Kreativität,

Kontakt und echte Interaktion nicht unbedingt die erste Wahl. Es ist deine Entscheidung, wie du damit umgehst. Einige Meetings funktionieren wunderbar remote (oder hybrid), bei anderen ist es besser, wenn sich alle physisch im selben Raum befinden. Das Wichtigste ist, dabei nichts dem Zufall zu überlassen, sondern klar zu kommunizieren, ob das Meeting eine Präsenzveranstaltung sein muss, oder ob es genauso gut online stattfinden kann.

In dieses Buch haben wir auch eine Reihe von Online-Aktivitäten aufgenommen. Aber eigentlich kann jede Aktivität auch online durchgeführt werden. Manchmal ist etwas Kreativität gefragt, doch das ist als Agile Coach oder Scrum Master meistens zu schaffen. Entscheidend ist jedoch das Ziel des Meetings und die Frage, ob es auch in einem Online-Setting adäquat erreicht werden kann. Sobald du dich auf dieses Ziel konzentrierst, findet sich die passende Aktivität von selbst.

VORBEREITUNG

Wie das Sprichwort schon sagt: Eine gute Vorbereitung ist die halbe Miete. Das gilt für Agile Coaches und Scrum Master ebenso wie für die Aktivitäten in diesem Buch. Je gründlicher du dich vorbereitest, desto weniger musst du dich um Prozesse und Werkzeuge kümmern und desto mehr kannst du dich auf das konzentrieren, was wirklich passiert. Letztlich geht es nicht um die Übung oder das Format, sondern immer um die Interaktion zwischen den Teilnehmenden. Deshalb solltest du gut vorbereitet sein, damit du dich maximal auf diese Interaktion konzentrieren kannst.

Die Vorbereitung umfasst ganz praktische Dinge wie den Besprechungsraum, Materialien, Werkzeuge und Termineinladungen, aber auch tiefer gehende Themen, wie beispielsweise sich auf schlummernde Konflikte, Ängste, Motive, emotionale Hindernisse sowie Normen, Werte und Prinzipien der Teilnehmenden vorzubereiten. Manchmal lässt sich eine Vorbesprechung eines Meetings im Teilnehmerkreis nicht vermeiden – vor allem, wenn es um Ergebnisse von entscheidender Bedeutung geht und sich tiefer liegende Probleme als großes Hindernis erweisen. Ein einfaches Meeting mit engagierten und begeisterten Menschen können fast alle moderieren. Der Agile Coach und der Scrum Master sind aber auch für solche Meetings da, die nicht so einfach verlaufen. Also noch einmal: Bereite dich immer gut vor, sodass du dich auf das konzentrieren kannst, was wirklich gerade passiert!

Hier sind noch ein paar praktische Tipps von uns, bevor du in diesem Buch nach der passenden Aktivität suchst:

- Du solltest die Aktivität immer erst einmal komplett durchlesen.
- Wenn du das Gefühl hast, dass du die Aktivität an die Situation anpassen musst – zögere nicht. Allerdings solltest du vorsichtig sein, wenn du Schritte weglässt – vor allem, wenn du die Übung noch nicht kennst oder sie noch nie vollständig durchgeführt hast. Jeder Schritt ist wertvoll, also pass auf, was du streichst.
- Unter »Was du dazu brauchst« findest du alles, was für die jeweilige Aktivität erforderlich ist, auf jeden Fall solltest du aber immer Flipchart-Papier, eine Rolle Klebeband, Post-its und Moderationsstifte dabeihaben.
- Falls du in einer Aktivität Post-its verwendest, dann erläutere den Anwesenden immer die folgenden Dinge (bis sie es nicht mehr hören können): nicht zu viele Wörter auf ein Post-it schreiben, mit einem Moderationsstift schreiben (Kugelschreiber ist nicht lesbar), auf ausreichenden Kontrast achten (blauer Stift auf blauem Post-it ist schlecht lesbar), verschiedene Vorschläge auf unterschiedliche Post-its verteilen, ein Post-it immer zügig vom Block abziehen, damit es später gut haftet.
- Erläutere jedes Mal, warum du eine bestimmte Aktivität ausgewählt hast und was du mit ihr erreichen willst. Die gemeinsame Verantwortung der Anwesenden für das Ziel des Meetings ist oft wichtiger als die Übung selbst.

- Mach dich mit den Basistechniken der Teammoderation vertraut, denn die kannst du bei nahezu allen Aktivitäten einsetzen. Dazu zählen wir beispielsweise: Dot Voting, Bilden von Kleingruppen, Check-ins, Check-outs und Ähnliches. Diese Techniken setzen wir als Grundwissen voraus und nehmen sie deshalb nicht in jede einzelne Aktivität auf.

WEITERLESEN

Der Inhalt dieses Buches ist bei Weitem nicht vollständig und erhebt auch nicht den Anspruch darauf – wie es eben auch kein Kochbuch mit allen Rezepten gibt. Mehr (agile) Übungen, Formate und Werkzeuge gibt es unter anderem hier:

- Henri Lipmanowicz, Keith McCandless: »The Surprising Power of Liberating Structures: Simple Rules to Unleash A Culture of Innovation«. Liberating Structures Press, 2014.
- Daniel Steinhöfer: »Liberating Structures: Entscheidungsfindung revolutionieren«. Vahlen, 2021.
- Fabian Schiller, Martin Heider: »Scrum Master Kompagnon – Mit agilen Teams starten, wachsen und Wirkung entfalten«. dpunkt.verlag, 2022.
- Marc Bleß, Dennis Wagner: »Agile Spiele und Simulationen – Praxiserprobte Games für Agile Coaches und Scrum Master«. O'Reilly, 2023.
- Marc Bleß, Dennis Wagner: »Agile Spiele – kurz & gut«. O'Reilly, 2020.
- Veronika Jungwirth, Ralph Miarka: »Agile Teams lösungsfokussiert führen«. dpunkt.verlag, 4. Auflage, 2022.
- Kai H. Simons, Jasmine Simons-Zahno: »Scrum-Training. Der Praxisleitfaden für Agile Coaches«. dpunkt.verlag, 2021.
- Robert Wiechmann, Laura Paradiek: »Agile Werte leben. Mit Improvisationstheater zu mehr Selbstorganisation und Zusammenarbeit«. dpunkt.verlag, 2020.
- Susanne Beermann, Monika Schubach, Ortrud Tornow: »Spiele für Workshops und Seminare«. Haufe, 4. Auflage, 2023.

- Dave Gray, Sunni Brown, James Macanufo: »Gamestorming – Ein Praxisbuch für Querdenker, Moderatoren und Innovatoren«. O'Reilly, 2011.
- Erich Ziegler: »Das australische Schwebholz und 199 andere Spiele für Trainer und Seminarleiter«. Gabal (Whitebooks), 5. Auflage, 2012.
- Josef W. Seifert, Heinz-Peter Göbel: »Games – Spiele für Moderatoren und Gruppenleiter«. Gabal (Whitebooks), 5. Auflage, 2010.
- Sharon L. Bowman: »Training from the Back of the Room! 65 Wege, in Trainings Raum fürs Lernen zu schaffen«. dpunkt.verlag, 2021.

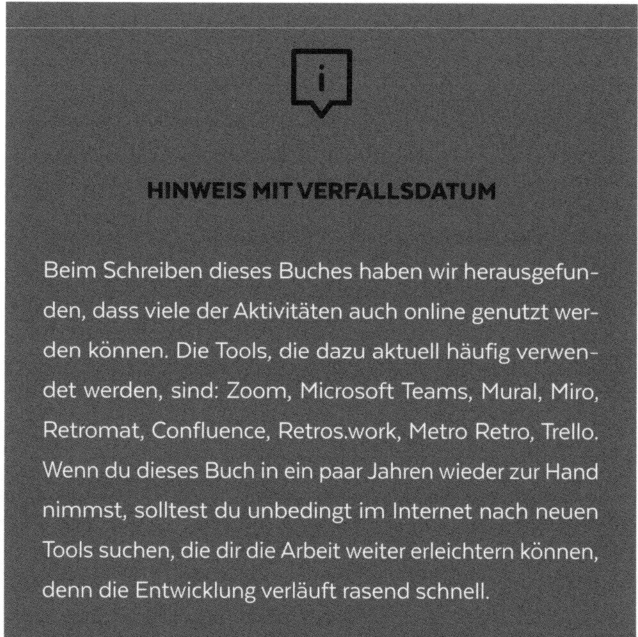

HINWEIS MIT VERFALLSDATUM

Beim Schreiben dieses Buches haben wir herausgefunden, dass viele der Aktivitäten auch online genutzt werden können. Die Tools, die dazu aktuell häufig verwendet werden, sind: Zoom, Microsoft Teams, Mural, Miro, Retromat, Confluence, Retros.work, Metro Retro, Trello. Wenn du dieses Buch in ein paar Jahren wieder zur Hand nimmst, solltest du unbedingt im Internet nach neuen Tools suchen, die dir die Arbeit weiter erleichtern können, denn die Entwicklung verläuft rasend schnell.

DANKSAGUNG

Der Inhalt dieses Buches wurde vom Autorenteam gesammelt, geborgt, kopiert und teilweise selbst geschrieben. Als Agile Coach wirst du überall Inspiration finden und alles wiederverwenden, was dir über den Weg läuft. Manchmal funktioniert das sehr gut, manchmal überhaupt nicht. Sich genau zu merken, wann und wo man einer Aktivität zum ersten Mal begegnet ist, ist kaum möglich.

Deshalb möchten wir uns bei allen, die uns direkt oder indirekt unterstützt haben, herzlich bedanken und uns im Voraus entschuldigen, wenn wir sie bei einer bestimmten Aktivität nicht namentlich erwähnt haben. Insbesondere den Teilnehmerinnen und Teilnehmern von Meetings, die nicht so gut gelaufen sind, haben wir viel zu verdanken, denn sie haben uns motiviert, weiterzumachen, tiefer einzutauchen und noch besser zu werden.

Die Wahrscheinlichkeit ist groß, dass wir vergessen, uns bei Menschen zu bedanken, die das mehr als verdient haben. Oder dass wir Menschen danken, die gar nicht wissen, wofür. Deshalb beschränken wir uns auf alle Kolleginnen und Kollegen sowie den Freundes- und Bekanntenkreis, die beim Zusammentragen der Übungen und Formate, die wir in diesem Buch vorstellen, behilflich waren. Einige haben sogar eine erste Version für uns geschrieben. Dafür ein riesengroßes Dankeschön! Und alle eventuell in diesem Buch noch vorhandenen Fehler verantworten ganz allein wir und gehen auf unsere Kappe.

Nachdem das gesagt ist, wollen wir den folgenden Personen namentlich danken (und uns im Voraus bei denen entschuldigen, die der Meinung sein könnten, dass sie in dieser Aufzählung fehlen): Astrid Karsten, Bas Flapper, Bas van Lieshout, Emiel van den Berg, Feiko van der Kolk, Hendrik-Jan van der Waal, Jack Schuit, Jasper Dijk, Karen Bal, Mark Scheffers, Paul Overmans, Rens Koster, Richard Jacobs, Rogier Serré, Sjoerd Kranendonk, Sonny van Wijk und Stefanie Penders.

Ein herzliches Dankeschön geht auch an Wieke Oosthoek, Wilma Schreiber, Elke Vergoossen, Joost van Lierop und alle Kolleginnen und Kollegen bei Boom für ihr Engagement bei der Entstehung, Veröffentlichung und Vermarktung dieses Buches.

Schließlich möchten wir drei uns bei unseren Lieben zu Hause bedanken. Für ihre Geduld während unserer Schreibphasen, aber auch für ihr Verständnis für all die Post-its und Stifte, die herumliegen, wenn wir mit der Vorbereitung von Aktivitäten beschäftigt sind.

- Sven, vielen Dank für deine Geduld, wenn ich wieder und wieder schnell noch einmal meinen Laptop aufgeklappt habe und du dich dann liebevoll um Sep und Mees gekümmert hast.
- Bas, du bist der Beste! Danke, dass du den Esstisch geopfert und so manche Abende alleine mit *Vikings*[2] vor dem Fernseher verbracht hast.
- Patricia, Bo und Bas – das ist das soundsovielte Dankeschön, aber ich wiederhole es immer wieder: Danke, dass ich so sein darf, wie ich bin, und dass ich tun darf, was ich tue. Das ist auch euer Buch.

Nun bleibt uns nur noch, allen viel Freude beim Lesen und viele Anregungen mit dem »Toolkit für Agile Coaches und Scrum Master« zu wünschen.

---

2 Anm. d. Übers.: Eine Fernsehserie, siehe *https://de.wikipedia.org/wiki/Vikings_(Fernsehserie).*

EINANDER KENNENLERNEN

#1 M&M's-Kennenlernen/-Retrospektive
#2 (Wo)Man with a Plan (W/MWAP)
#3 Me-Map
#4 Ikigai
#5 Journey lines
#6 Drei Gemeinsamkeiten

#01

★

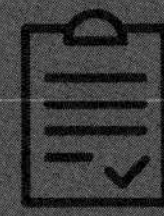

WAS DU DAZU BRAUCHST

- Eine Packung M&M's
- Ein Flipchart oder PowerPoint
- Fragen (können vorab verschickt werden)

DAUER

15 bis 20 Minuten (abhängig von der Gruppengröße und der verfügbaren Zeit)

M&M'S-KENNENLERNEN/ -RETROSPEKTIVE

Diese M&M's-Aktivität ist eine kurze Kennenlernübung, die ein bisschen anders ist als die übliche Standardrunde. Kreativität ist gefragt!

PRAKTISCHER NUTZEN

Mithilfe der ausgewählten Fragen werden die Gruppenmitglieder herausgefordert, mehr über sich selbst zu erzählen. Dies ist nützlich für Gruppen oder Teams (drei bis zehn Personen), unabhängig davon, ob sie sich kennen oder nicht.

SCHRITTE

Schritt 1: Spannende Fragen finden

Überlege dir eine Reihe interessanter Fragen, entweder allein oder in Zusammenarbeit mit anderen, die du allen gerne stellen möchtest. Entscheide dich am besten für etwas außergewöhnliche Fragen, an die man normalerweise nicht sofort denkt. Hier sind ein paar Beispiele:

- Welche Geschichte wird von Freunden immer über dich erzählt?
- Welchen Stempel hättest du gerne noch in deinem Reisepass?
- Was war die schönste Reise, die du in deinem Leben unternommen hast?
- Was würdest du deinem jüngeren Selbst gern erzählen?
- Welche Erinnerung aus deiner Jugend ist für dich unvergesslich?

Schritt 2: Die Fragen aufschreiben
Zu jeder M&M-Farbe gehört genau eine Frage. Das sind insgesamt etwa sechs Fragen. Schreibe sie auf ein Flipchart oder bereite eine PowerPoint-Folie vor, ohne dass die Gruppe die Fragen bereits sieht.

Schritt 3: Genau ein M&M pro Person
Die mit M&M's gefüllte Schale wird in der Gruppe herumgereicht und alle nehmen sich genau ein einzelnes M&M heraus. Vergiss nicht, die Gruppe darauf hinzuweisen, dass diese noch nicht gegessen werden dürfen.

Schritt 4: Teile die Antworten
Präsentiere der Gruppe die Fragen, sodass alle sehen können, welche Frage zu der von ihnen gewählten M&M-Farbe gehört. Die Teilnehmenden teilen nun ihre Antworten mit der Gruppe, bis alle dran gewesen sind. Je nachdem, wie viel Zeit zur Verfügung steht, kannst du eine Timebox je Person festlegen.

TIPP!

Die Aktivität ist hier als Kennenlernübung beschrieben. Sie kann auch für den Einsatz in einer Retrospektive angepasst werden!

Die Übung wird dann auf die gleiche Weise durchgeführt, nur mit anderen Fragen:

- Mach einem deiner Teammitglieder ein Kompliment für den vergangenen Sprint in der Form: »Was du wirklich super gut gemacht hast, ist …«
- Gib dem Product Owner Feedback, was gut gelaufen ist und was verbessert werden kann.
- Meine Empfehlung an das gesamte Team …
- Worin sind wir als Team gut?
- Nenne eine Verbesserung für das Daily Scrum.
- Wie können wir das Sprint Planning noch effektiver gestalten?

(WO)MAN WITH A PLAN (W/MWAP)

»Wenn du nicht deinen eigenen Lebensplan erstellst, ist die Wahrscheinlichkeit groß, dass du Teil des Plans von jemand anders wirst.« – Das ist eine bekannte Aussage von Jim Rohn, einem berühmten amerikanischen Unternehmer, Autor und Redner. Doch – wie sieht der eigene Plan aus? Diese Übung hilft den Menschen, ihre eigene Jahresplanung zu erstellen und zu konkretisieren.

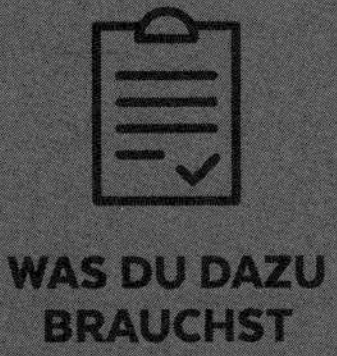

WAS DU DAZU BRAUCHST

- Das Template von (Wo)Man With a Plan

DAUER

1,5 bis 2 Stunden

PRAKTISCHER NUTZEN

Wenn alle für sich, ausgehend von einer persönlichen Mission, einen Plan mit konkreten Zielen erstellen, werden die Menschen in der Folge auch auf diese Ziele hinarbeiten. Die Übung lässt sich für kürzere oder längere Perioden verwenden, wir gehen hier von einem Jahr aus.

SCHRITTE

Schritt 1: Poster erstellen

Um mit (Wo)Man With a Plan einen Plan zu erstellen, wird das folgende Template ausgefüllt. Gestalte von diesem Template ein attraktives Poster und drucke es für alle Teilnehmenden aus.

Schritt 2: Das Ziel der Aktivität anhand des Templates erläutern

Erkläre den Gruppenmitgliedern, dass sie ihren eigenen, persönlichen Plan für das nächste Jahr erstellen werden, und verteile die ausgedruckten Templates. Erläutere die fünf Bereiche auf dem Poster zum Beispiel folgendermaßen:

Bitte erarbeitet jeweils:

- Ein persönliches Mission Statement, das kurz und prägnant zum Ausdruck bringt, wer du bist, was du sein willst und worin der Kern deines Beitrags besteht.
- Die emotionalen Ziele für das kommende Jahr: Wie möchtest du dich fühlen, woran möchtest du arbeiten und was willst du bei dir auf emotionaler Ebene verbessern?
- Die beruflichen Ziele: Was soll dein Beitrag sein, was macht deinen größten Mehrwert im kommenden Jahr aus, was wirst du dafür tun, dass dein Arbeitsjahr zu einem großen Erfolg wird?
- Die körperlichen Ziele: Welche Ziele willst du bezüglich Fitness, Gewicht, Essen, Gesundheit, Sport usw. erreichen?
- Die persönlichen Ziele: Welche Verbesserungen oder Veränderungen möchtest du für dich persönlich oder in deiner Familie im kommenden Jahr erreichen?

TIPP 1

Diese Übung sollte nicht als separate Aktivität, sondern eingebettet in ein Jahresmeeting (des Teams) oder eine andere Art von gemeinsamem Treffen durchgeführt werden. Die Teilnehmenden entwickeln ihren persönlichen Plan für das kommende Jahr und teilen ihn mit den anderen, um sich gegenseitig zu inspirieren und Feedback einzuholen.

Mein persönliches Mission Statement:

Emotionale Ziele	**Berufliche Ziele**
Körperliche Ziele	**Persönliche Ziele**

TIPP 2

Die Pläne können auch an den Wänden im Büro aufgehängt werden. Wie cool ist es, wenn im Großraumbüro die persönlichen Pläne aller Kolleginnen und Kollegen hängen – vielleicht in einem Bilderrahmen inklusive Foto.

Schritt 3: Das persönliche Mission Statement erarbeiten

Lade dazu ein, die Frage »Was ist deine persönliche Mission im Leben?« zu beantworten. Ein solches Mission Statement zu formulieren, kann recht schwierig sein. Die folgende Liste kann die Teilnehmenden dabei unterstützen:

- Beginne mit »Ich«, gefolgt vom Vor- und Nachnamen.
- Halte es kurz und prägnant (maximal fünf Zeilen Text).
- Vermeide vage Begriffe (Wörter wie Glück, sinnvoll, dienlich usw.) und auf jeden Fall skeptische Formulierungen (wollen, probieren, hoffen usw.).
- Es geht dabei nur um dich, also schreibe nicht über andere oder Abhängigkeiten von anderen.
- Eine gute Mission erklärt, was du mit Blick auf andere unternimmst. Erläutere, was du dazu beiträgst.
- Eine gute Mission ist zeitlos. Um Ziele geht es erst später.
- Du willst zu dem werden, der du bereits bist. Nenne deine wichtigsten Eigenschaften und Werte.

Schritt 4: Die Ziele in den vier Kategorien erarbeiten

Hier erarbeiten die Teilnehmenden ganz konkret ihre Ziele für das kommende Jahr. Gib ihnen den Tipp, große, ambitionierte Ziele in mehrere konkret erreichbare herunterzubrechen. Achte darauf, dass es bei den Zielen vor allem darum geht, was die Einzelnen erreichen wollen, und was sie konkret umgesetzt haben werden, wenn ein Ziel erreicht ist. Also nicht: Ich werde fitter und gehe mehr joggen. Sondern: Ich werde dreimal pro Woche joggen gehen und dieses Jahr einen Halbmarathon laufen. Erinnere noch einmal nachdrücklich daran, dass es Ziele für sie selbst sind und nicht für jemand anderen. Es ist ihr Plan!

Schritt 5: Den Plan nutzen

Ein Plan ist nur ein Plan, entscheidend ist die Umsetzung. Bitte die Teilnehmenden, einen monatlichen Termin in ihre Kalender einzutragen, an dem sie ihren Plan überprüfen werden, und konkret zu benennen, wo sie den Plan aufhängen werden – über ihrem Schreibtisch, am Kühlschrank oder neben dem Spiegel im Flur? Ist der Platz gut gewählt, werden sie mindestens einmal täglich daran erinnert, was sie emotional, körperlich, persönlich und im Arbeitsumfeld erreichen wollen. Das hilft ihnen, jeden Tag an dem zu arbeiten, was sie erreichen wollen, und zu Dingen Nein zu sagen, die nicht zum Plan passen.

BEISPIEL FÜR MWAP VON RINI VAN SOLINGEN

Mein persönliches Mission Statement:

Ich, Rini van Solingen, bin Redner, Autor und Dozent. Ich unterstütze andere dabei, in einer sich schnell verändernden Welt erfolgreich zu sein. Dazu spreche ich in Vorträgen darüber, was in der Praxis funktioniert und was nicht. So helfe ich Menschen zu erkennen, wie sie selbst schneller und flexibler handeln können. Bei meinen Vorträgen darf auch gelacht werden. Das gibt mir Energie und lässt mich jeden Moment genießen.

Emotionale Ziele

- *Den Moment bewusst genießen*
- *Dinge für mich selbst tun, nicht für andere*
- *Weniger Stress durch häufiger Nein sagen*
- *Akzeptieren, dass es immer gut ist*

Berufliche Ziele

- *2 Bücher gemeinsam mit Kolleginnen und Kollegen veröffentlichen, 4 Keynotes mit einer Bewertung von mindestens 8,5 von Kolleginnen und Kollegen*
- *24 Keynotes auf (Kunden-)Veranstaltungen*
- *100 Vorträge im Land pro Jahr*
- *Dieses eine Buch in diesem Jahr tatsächlich schreiben*

Körperliche Ziele

- *2x pro Woche joggen, davon mindestens 1x 10 km innerhalb einer Stunde*
- *Freitagnachmittag < 90 kg*
- *Keine Verletzungen durch Überanstrengung*

Persönliche Ziele

- *Max. 2 Abende nicht zu Hause essen*
- *Neues Haus und Umzug*
- *Jede Woche Vieraugengespräche mit allen*
- *Körperlich anwesend = geistig anwesend*

#03

WAS DU DAZU BRAUCHST

- Einen Raum
- Ausreichend Flipchart-Blätter, Moderationsstifte und Klebeband
- Einen Online-Timer mit Projektor und/ oder Laptop

DAUER

ca. 1 Stunde (abhängig von der Teilnehmerzahl)

ME-MAP

Die Me-Map ist eine Aktivität, um einander besser kennenzulernen. Sie ist eine Beschreibung der eigenen Person in Form einer Mindmap. Sie hilft dabei, sich schnell und visuell vorzustellen, wobei nicht nur die berufliche Entwicklung bzw. die Karriere betrachtet wird, sondern auch Privates, Interessen und Hobbys zur Sprache kommen.

PRAKTISCHER NUTZEN

Mittels dieser Aktivität entsteht schnell eine Verbindung zwischen Menschen, die sich kaum oder gar nicht kennen. Sie erfahren mehr übereinander als in einer üblichen Vorstellungsrunde. Zudem knüpft die Übung Interessenverbindungen zwischen den Teilnehmenden auf vielen verschiedenen Ebenen.

SCHRITTE

Schritt 1: Die Aktivität erläutern

Erkläre den Teilnehmenden, dass sie eine Me-Map (Mindmap) von sich zeichnen und diese später in 2–3 Minuten präsentieren werden. Erläutere noch einmal, dass es bei der Me-Map um die gesamte Persönlichkeit geht, wozu Ausbildung und beruflicher Werdegang, aber auch Hobbys, Familie, Herkunft und andere Interessen gehören.

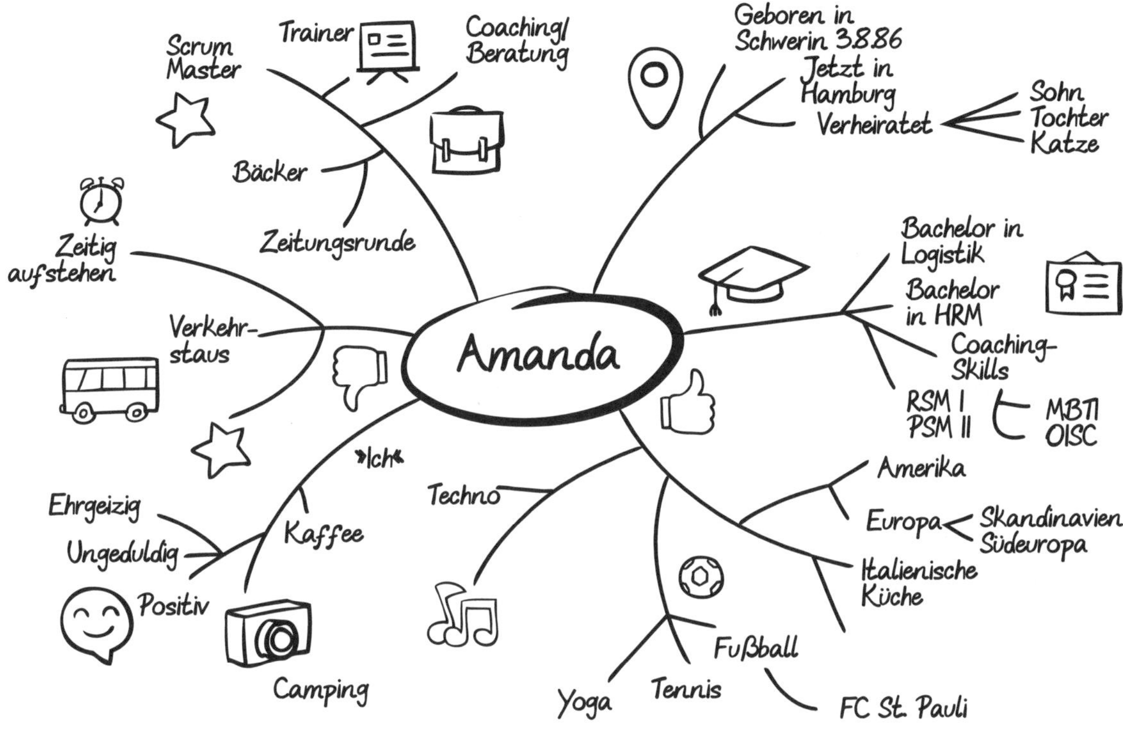

Schritt 2: Die Me-Maps zeichnen

Starte eine Timebox von 7 Minuten, in der nun alle ihre Me-Maps zeichnen. Achte darauf, dass alle Zeichenmaterialien bereitliegen, vergrößere andernfalls die Timebox, damit du das noch in der vorgegebenen Zeitspanne regeln kannst.

Schritt 3: Die Me-Maps präsentieren

Alle präsentieren innerhalb einer Timebox von 3 Minuten der Gruppe ihre Me-Maps. Fordere die Präsentierenden zusätzlich heraus, indem du erklärst, dass es wahrscheinlich nicht möglich ist, die Me-Map in der vorgegebenen Zeit vorzustellen. Er-

TIPP 1

Die Me-Maps können statt in Schritt 2 auch direkt während der Präsentation gezeichnet werden. Schritt 2 nutzen die Teilnehmenden dann dazu, sich kurz vorzubereiten. Diese Vorgehensweise macht das Ganze lebendiger. Der Nachteil ist jedoch, dass einige Anwesende nervös werden und den anderen Präsentationen nicht richtig zuhören, bis sie selbst präsentiert haben.

TIPP 2

Anstatt in Schritt 1 die Aktivität zu erläutern, kann die Person, die moderiert, auch anhand der eigenen Me-Map veranschaulichen, worauf es ankommt.

TIPP 3

Der Timer sollte während der Präsentationen gut sichtbar herunterzählen. Manche Menschen erzählen gerne über sich selbst und ehe man sich versieht, halten sie einen zehnminütigen Vortrag über ihr Leben, der beim Kindergarten beginnt.

VARIANTE: WER ERKENNT DIE LÜGE?

Alternativ können alle Teilnehmenden in ihren Präsentationen zusätzlich eine Lüge verstecken – zum Beispiel ein exotisches Hobby, eine extreme Ausbildung oder eine andere Tatsache, die nicht wahr sein kann. Dieser Fakt sollte für die übrigen Anwesenden zu erraten, aber nicht zu offensichtlich sein. Nach jeder Präsentation notieren alle, was sie für die Lüge halten. Am Ende wird ermittelt, wer der beste Lügendetektor ist.

mutige die Gruppe, Fragen zu stellen, und frage selbst auch ab und zu nach, um mehr über die Anwesenden zu erfahren. Achte als Moderator oder Moderatorin auf die Gesamtzeit der Veranstaltung, denn alle haben es verdient, sich gut vorstellen zu können. Es sollte nicht passieren, dass die letzten bei ihrer Präsentation in Hektik verfallen müssen oder, schlimmer noch, gar nicht mehr zu Wort kommen. Bitte die erste Person, die präsentiert, die nächste aufzurufen, oder lege die Reihenfolge alphabetisch nach den Vornamen (sodass man sich diese schneller merken kann) oder nach dem Alter fest (wird vor allem interessant, wenn zwei Teilnehmende gleich alt sind – wer ist dann wohl bis auf den Tag genau älter?).

Schritt 4: Abschluss
Nachdem alle präsentiert haben, beendest du die Veranstaltung. Die Poster mit den Me-Maps können ruhig im Raum hängenbleiben, wenn die Gruppe ihn an diesem Tag weiter nutzt. Das hilft dabei, sich die Namen der anderen zu merken und miteinander in den Pausen über Dinge zu reden, die einprägsam waren, und sich so noch besser kennenzulernen. Apropos Pause: Nach dieser Aktivität ist eine extra lange Kaffeepause geradezu perfekt!

IKIGAI

Ikigai bildet den Mittelpunkt von Leidenschaft, Mission, Berufung und Beruf und den Leitstern für die persönliche Entwicklung.

#04

WAS DU DAZU BRAUCHST

- Einen Raum (in dem niemand stört)
- Stühle
- Ein Flipchart zum Sammeln von Fragen
- Stifte und Papier für die Teilnehmenden
- Eventuell ein bereits im Vorfeld ausgedrucktes Ikigai-Schema für alle Teilnehmenden

DAUER

1 bis 1,5 Stunden (abhängig von der Gruppengröße)

PRAKTISCHER NUTZEN

Bei der Beschäftigung mit Ikigai in kleinen Gruppen, beispielsweise im eigenen Team, erfahren die Gruppenmitglieder eine Menge übereinander. Obwohl Ikigai der Ausgangspunkt für die eigene persönliche Entwicklung ist, führt die gemeinsame Beschäftigung mit dem Thema auch zu einem Zuwachs an Vertrauen, Zusammenarbeit und Freude.

SCHRITTE

Schritt 1: Das Ikigai-Schema zeigen

Das genaue Betrachten des auf der nächsten Seite gezeigten Schemas hilft dir, ein wenig in das Ikigai einzutauchen. Vielleicht findest du zur Inspiration auch bereits ausgefüllte Ikigai-Schemas.

Schritt 2: Zu jedem Segment Fragen sammeln

Sammle gemeinsam mit der Gruppe für jedes Segment – Leidenschaft, Mission, Berufung und Beruf – vertiefende Fragen. Verwende nur offene Fragen und bleibe kreativ! Achte darauf, dass du als moderierende Person für jedes Segment bereits ein paar Fragen mitbringst, um der Gruppe den Start zu erleichtern.

Schritt 3: Feedbackübung

Bilde Kleingruppen von 3 bis 5 Personen und erläutere anschließend die Aufgabe:

- 1 Minute: Legt einen »Kunden« fest (alle kommen an die Reihe, also nicht zu viel Zeit dafür investieren).
- 7 Minuten: Die anderen Gruppenmitglieder stellen dem »Kunden« aufschlussreiche Fragen (siehe

TIPP 1

Manchmal kann sich diese Aktivität etwas zu ernst anfühlen, dann hilft eine lockere und entspannte Gestaltung! Es geht nicht darum, sich gegenseitig ausführlich zu analysieren, sondern einander beim Finden des eigenen Ikigai zu unterstützen.

TIPP 2

Nicht jede und jeder findet auf Anhieb das perfekte persönliche Ikigai. Es ist nicht schlimm, wenn es jemandem nicht gelingt, denn die Suche ist wichtiger als das Ziel selbst.

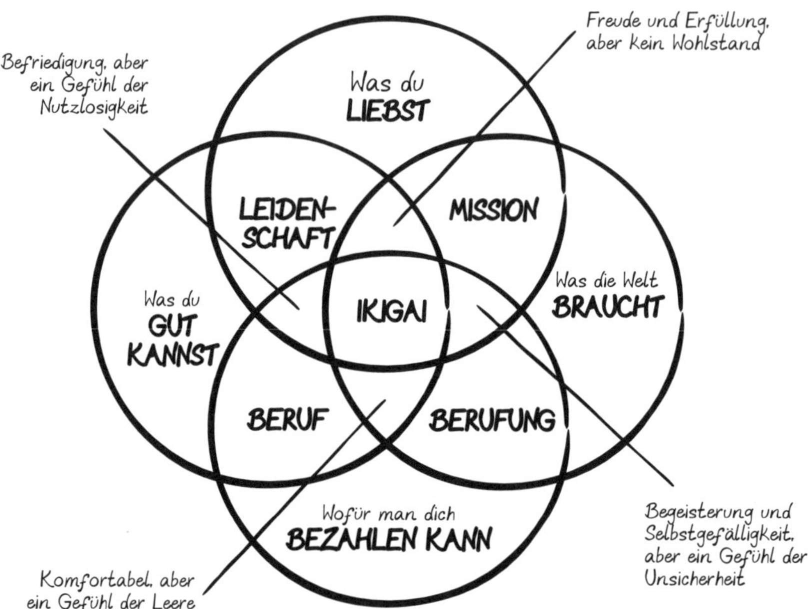

Schritt 2), um mehr über das Ikigai der Person im Mittelpunkt zu erfahren.

- 5 Minuten: Der »Kunde« dreht dem Rest der Gruppe den Rücken zu. Die Gruppe bespricht dann, was ihrer Meinung nach das Ikigai des »Kunden« sein könnte. Der »Kunde« darf nicht darauf eingehen (sich jedoch Notizen machen).
- 2 Minuten: Der »Kunde« dreht sich zur Gruppe um und gibt Feedback zu allem, was er gehört hat.

Dieser Schritt wird wiederholt, bis alle einmal »Kunde« gewesen sind.

Schritt 4: **Gemeinsamer Abschluss**
Die Aktivität endet mit einer gemeinsamen Nachbesprechung: Was haben die Teilnehmenden übereinander und über sich selbst gelernt? Wie ist es den Teilnehmenden während dieser Übung ergangen? Was nehmen sie aus dieser Übung mit? Ist das Wissen um ihr Ikigai für sie im Alltag hilfreich, und wenn ja, in welcher Form?

JOURNEY LINES

Journey Lines ist (häufig) eine sehr wirkungsvolle Aktivität, die sich gut sowohl beim ersten als auch bei einem späteren Kennenlernen einer Gruppe oder eines Teams einsetzen lässt. Dabei kommt nicht nur die berufliche, sondern auch die persönliche Ebene zur Sprache. Wie persönlich es wird, entscheiden die Teilnehmenden selbst. Die Übung ermöglicht ihnen, kurz über das eigene Leben nachzudenken und anderen einen Einblick in den bisherigen Lebensweg zu geben.

#05

WAS DU DAZU BRAUCHST

- A3-Blätter oder halbe Flipchart-Blätter
- Moderationsstifte in verschiedenen Farben oder Buntstifte
- Eine Timebox

DAUER

15 bis 20 Minuten pro Teilnehmendem (lieber zu viel als zu wenig Zeit einplanen)

PRAKTISCHER NUTZEN

Dieses Kennenlernen geht über die oft gestellten Basisfragen an Kollegen und sogar Freunde hinaus. Sowohl neue als auch bereits bestehende Teams gewinnen hiermit viele neue, häufig spannende Einblicke. Man kommt sich näher, indem man einander besser und anders kennenlernt.

SCHRITTE

Schritt 1: Die Bühne bereiten

Es ist wichtig, eine vertrauensvolle Umgebung zu schaffen, sodass einander respektvoll zugehört wird, alle Teilnehmenden ihre Geschichte erzählen können und die Gruppe das Erzählte ernst nimmt. Erinnere alle zu Beginn daran. Zur weiteren Verdeutlichung kannst du mit deiner eigenen Geschichte beginnen. Indem du dich selbst verletzlich zeigst, sinkt die Hemmschwelle für die Gruppe, es dir gleichzutun. Deine Geschichte gibt für alle folgenden den Ton vor.

TIPP 1

Etwas zu Naschen trägt zu einer angenehmen Atmosphäre bei.

TIPP 2

Diese Übung eignet sich auch für ein bereits länger bestehendes Team. Durch die Intensität der Übung kommt oft mehr zutage als erwartet. Aufgrund des schon vorhandenen Vertrauens wird die gezeigte Verletzlichkeit durchweg größer sein.

Schritt 2: Die Journey Lines erstellen
Nun erarbeiten alle die eigene Journey Line. Dabei legen die Teilnehmenden selbst fest, an welchem Punkt ihre Reise beginnt und welche Themen sie einschließt (Persönliches, Berufliches, beides in getrennten Linien oder miteinander kombiniert). Die Plus-Achse gibt positive Erfahrungen und Gefühle wieder, die Minus-Achse die weniger guten Momente. Alle Anwesenden erhalten ein (halbes) Flipchart-Blatt, verschiedenfarbige Stifte und Klebezettel für eventuelle Anmerkungen. Alle haben 15 Minuten Zeit, ihre Journey Lines zu zeichnen.

Schritt 3: Beobachtungsaufgaben verteilen
Während die Geschichten geteilt werden, haben die Zuhörenden die Aufgabe, aufzuschreiben, was ihnen positiv aufgefallen ist. Was hat jemanden zu der Person gemacht, die er oder sie heute ist? Welches Kompliment möchten sie machen? Was ist ihre erste Reaktion auf die Story?

Schritt 4: Die Geschichten teilen
Bitte nun jemanden, seine persönliche Geschichte zu erzählen. Erläutere vorher noch kurz, dass alle eine Timebox von 15 bis 20 Minuten dafür bekommen und du auf deren Einhaltung achtest. Du kannst diese Timebox für die übrige Gruppe sichtbar machen, solltest jedoch niemandes Geschichte abrupt abbrechen, wenn gerade ein sensibler Moment geteilt wird.

Schritt 5: Die Einsichten aus der Gruppe teilen
Nun werden die durch die Gruppe gewonnenen Einsichten eine nach der anderen mit dem Erzähler geteilt. Häufig ist das Erzählen einer Journey Line spannend und teils emotional.

Das Ganze mit positiven Rückmeldungen abzuschließen, gibt zusätzliche Energie.

Schritt 6: Die nächste Runde starten
Die Übung wird mit der nächsten Person fortgesetzt und die Timebox gestartet. Die anderen Teilnehmenden notieren wieder ihre positiven Einblicke und teilen diese im Anschluss (siehe Schritt 5).

Schritt 7: Die Aktivität abschließen
Jede Person hat ihre eigene Geschichte und ihre eigene Art, diese zu visualisieren *und* vorzutragen. So lässt sich von- und miteinander lernen und man kann sich den anderen öffnen. Führt euch das noch einmal bewusst vor Augen und spürt der Stimmung nach. Beende die Aktivität immer mit klaren Absprachen zur Vertraulichkeit über alles, was mitgeteilt wurde. Es kann eine Menge Ärger geben, wenn Teilnehmende merken, dass mit Außenstehenden über ihre persönlichen Geschichten gesprochen wurde. Deshalb ist es sehr wichtig, dass alle verstehen, dass das nicht passieren darf.

TIPP 3

Auch ein Team in einer Storming-Phase, in der Harmonisierung wünschenswert ist, kann von dieser Aktivität profitieren. »Was sind die Beweggründe meiner Kollegin oder meines Kollegen? Woher kommt diese Person? Steckt mehr dahinter, als ich dachte?« Aber aufgepasst – dazu bedarf es schon einer gewissen gemeinsamen Vertrauensbasis.

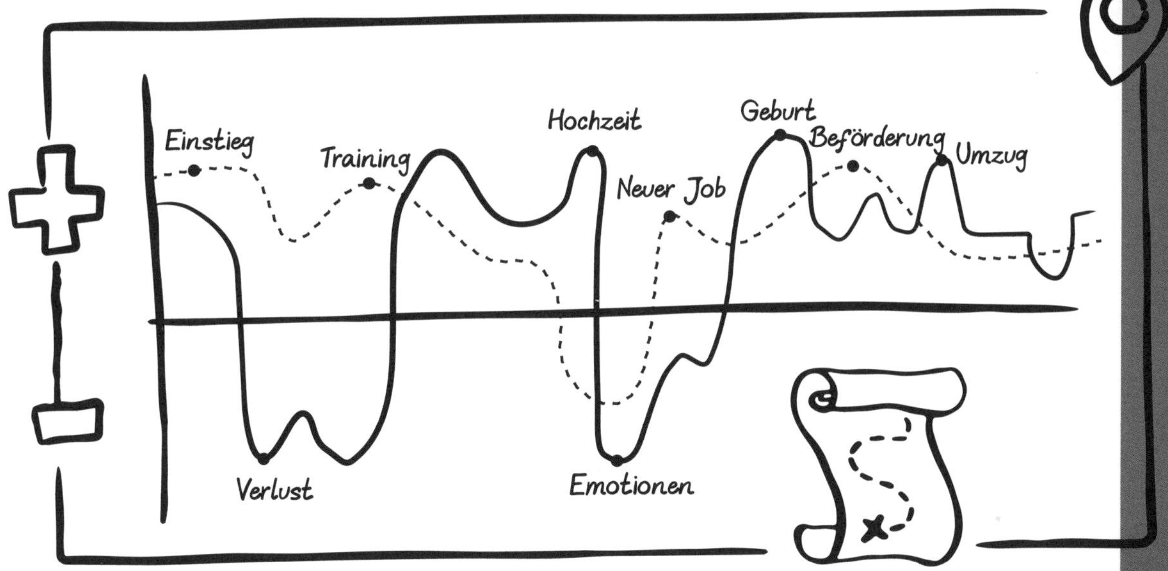

DREI GEMEINSAMKEITEN

Diese Aktivität kann als Kennenlernübung in einer neuen Gruppe eingesetzt werden oder als Energizer während oder nach einem Meeting. Es geht darum, Gemeinsamkeiten zwischen den Personen in der Gruppe zu finden.

WAS DU DAZU BRAUCHST

- Einen großen Raum (wünschenswert)
- Post-its

DAUER

15 bis 30 Minuten

PRAKTISCHER NUTZEN

Mit dieser Übung lassen sich auf einfache Weise Gemeinsamkeiten herausfinden. Das gibt Energie, doch viel wichtiger ist, dass dadurch eine Verbindung zwischen den Gruppenmitgliedern entsteht, was eine bessere Zusammenarbeit fördert.

SCHRITTE

Schritt 1: Die Übung erläutern

Erläutere der Gruppe, dass es darum geht, Dreiergruppen von Menschen zu bilden, die etwas gemeinsam haben. Worin diese Gemeinsamkeit besteht, spielt keine Rolle. Es kann sich dabei um etwas Persönliches, etwas Arbeitsbezogenes oder um eine bestimmte Tatsache handeln. Ein Beispiel zur Veranschaulichung ist: »Wir wohnen alle 10 km von unserer Arbeitsstelle entfernt«.

Schritt 2: Dreiergruppen bilden
Innerhalb einer Timebox von 7 Minuten unterhalten sich die Gruppenmitglieder nun miteinander, um diese Aufgabe zu erledigen und die Kleingruppen zu bilden. Der Timer sollte für alle gut sichtbar sein, sodass die Gruppe immer weiß, wie viel Zeit ihr noch bleibt.

Schritt 3: Die Ergebnisse teilen
Anschließend tauscht sich jede Kleingruppe nun über ihre Gemeinsamkeiten aus. Es werden ernsthafte oder weniger ernsthafte Dinge dabei sein, und es ist nicht zu übersehen, dass alle wieder mehr über diejenigen erfahren haben, mit denen sie eine Kleingruppe bilden.

Schritt 4: Wiederholung (optional)
Wenn die Gruppe noch immer Gesprächsbedarf hat und es deshalb sinnvoll ist, noch etwas Zeit in das Kennenlernen zu investieren, kannst du eine neue Aufgabe stellen. Diese kann wieder so offen sein wie in Schritt 1 oder du gibst ein Thema vor. Zum Beispiel: Finde in dieser Gruppe zwei Personen, mit denen du drei Gemeinsamkeiten außerhalb des Arbeitskontextes teilst oder mit denen du mindestens zwei gemeinsame Hobbys hast oder Ähnliches. Wiederhole dann Schritt 2 und 3.

TIPP!

Die Aufgabe wird für die Gruppe herausfordernder, wenn sie innerhalb der verfügbaren Zeit möglichst kreative Gemeinsamkeiten finden müssen.

MIT EINEM TEAM STARTEN

- #7 Team-Kick-off
- #8 Team-Manifest
- #9 Teamzweck
- #10 Team-Canvas
- #11 Teamziele – positive Presse
- #12 Teamvereinbarungen
- #13 Persönliche (Team-)Werte
- #14 Initiales Product Backlog
- #15 Teams selbstorganisiert bilden
- #16 (Physisches) Board einrichten
- #17 Definition of Done

#07

★ ★ ★

TEAM-KICK-OFF

Mit dieser Aktivität lässt sich der gemeinsame Startpunkt eines Teams interaktiv und spannend gestalten. Nachfolgend wird ein Einblick in das Ziel, die Struktur und eine mögliche Agenda für ein Kick-off gegeben.

WAS DU DAZU BRAUCHST

- Auf A3 ausgedrucktes (oder am Flipchart gezeichnetes) Team-Canvas
- Einen inspirierenden Raum
- Ein Flipchart und Moderationsstifte

DAUER

15 bis 30 Minuten

PRAKTISCHER NUTZEN

Im Kick-off entsteht ein gemeinsames Verständnis der Vision des Teams, der Kenntnisse und Fähigkeiten der Teammitglieder und der Vereinbarungen, für die das Team als Ganzes steht. Im Anschluss kann das Team sofort mit dem ersten Sprint beginnen.

SCHRITTE

Vorbereitung

Zur Vorbereitung hilft eine Bestandsaufnahme der Teamzusammensetzung: Wie lange arbeitet das Team schon zusammen, wie viel Erfahrung hat es mit Agilität und/oder Scrum? Gibt es bereits Überlegungen zur Vision und zum Ziel des Teams? An welchen Produkten arbeitet es? Mögliche Unklarheiten zu diesen Fragen solltest du im Vorfeld klären. Die Agenda hängt davon ab, wie klar diese Fragestellungen bereits sind. Bereite diese Agenda gut vor.

Schritt 1: Die Agenda aufhängen

Die vorbereitete Agenda muss gut sichtbar im Raum aufgehängt werden, sodass alle wissen, was auf sie zukommt, und sie den Fortschritt im Laufe des Tages verfolgen können.

Schritt 2: Alle willkommen heißen

Häufig finden Teams einen Neubeginn spannend und fragen sich, was sie einen ganzen Tag lang miteinander erwartet. Erläutere deshalb ausführlich die Agenda und einige dich mit der Gruppe auch auf ein paar »Meetingregeln« für den Workshop-Tag. Vergiss nicht, dich selbst kurz vorzustellen.

Schritt 3: Die Gruppe kennenlernen
In einem neuen Team kennen sich oft noch nicht alle. Dann hilft zu Beginn eine interaktive Kennenlernübung (siehe Kit 1: Einander kennenlernen ab Seite 21).

Schritt 4: Teamentwicklung
Unabhängig davon, ob es sich um ein völlig neues Team handelt oder ob einige Mitglieder neu hinzugekommen sind – es zahlt sich aus, ausreichend Zeit in die Teamentwicklung zu investieren. Dazu bieten sich verschiedene Übungen und Formate aus diesem Buch an, beispielsweise **#08 Team-Manifest**, das Ausfüllen eines kompletten Team-Canvas oder einzelner Bereiche davon. Möglicherweise kannst du auch ein Spiel wie **#88 Das gleichseitige Dreieck** verwenden, um über das Thema Zusammenarbeit zu sprechen.

Schritt 5: Vision und Roadmap teilen
Bereite gemeinsam mit dem Product Owner eine kurze Präsentation der Vision und die Roadmap vor, mit denen das Team an den Start geht. So können sich alle auf ein gemeinsames Ziel ausrichten und verstehen, weshalb sie zusammenarbeiten.

Schritt 6: Den Sprint vorbereiten
In diesem Schritt werden die Voraussetzungen für den Start eines Sprints geschaffen. Dazu erstellt das Team als Erstes eine Definition of Done **(#17)**. Das dauert etwa eine Stunde.

Schritt 7: Die Sprint-Länge festlegen
Falls das Team Scrum verwendet, wird es in Iterationen arbeiten. Deren Länge sollte sich nicht jedes Mal ändern. Achte deshalb darauf, dass sich ein stabiler Rhythmus einstellt. Mit Blick auf das Umfeld sollte sich das Team nach gemeinsamer Beratung für eine Länge von 1 bis 4 Wochen entscheiden. Findet anschließend heraus, an welchen Tagen die meisten Teammitglieder physisch anwesend sind, und plant an diesen Tagen die Scrum-Events. Deren Termine werden sofort

TIPP 1

Falls das Team noch keine Erfahrung mit Agilität und/oder Scrum hat, empfiehlt sich ein zweitägiges Kick-off, bei dem am ersten Tag eine grundlegende Schulung zu Agilität stattfindet. An diesem Tag lernen die Teilnehmenden die Grundlagen von Agilität, das Scrum-Framework und eventuell auch Kanban kennen.

TIPP 2

Wichtig ist, dass der Product Owner eine erste (physische oder digitale) Version des Product Backlog mitbringt.

TIPP 3

Je nach Größe des Unternehmens kann es sehr nützlich sein, die Geschäftsleitung oder den Vorstand zum Kick-off einzuladen und zu bitten, die Abteilungs- und Unternehmensziele vorzustellen und dem Team viel Erfolg zu wünschen.

ZUR INSPIRATION

- Gehe mit den Teilnehmenden kurz die Agenda durch, erläutere ihnen, wie lange der Kick-off dauern wird und wann du Pausen eingeplant hast.
- Die Vegas-Regel: Alles, was heute hier passiert oder besprochen wird, bleibt hier. Es braucht eine sichere Umgebung, um alles sagen und tun zu können.
- Verwende ELMO (Enough Let's Move On) (Technik 4 aus #77): Wenn die Diskussion zu lange dauert oder jemand gedanklich aus dem Gespräch aussteigt, soll er die Hand heben und ELMO sagen. Überlege dir, ob es dann besser ist, zum nächsten Thema überzugehen und die Diskussion später in anderer Zusammensetzung fortzusetzen.
- Die gesamte Aufmerksamkeit ist beim Kick-off, die Laptops bleiben deshalb geschlossen.
- Wer einen dringenden Anruf oder eine wichtige E-Mail erwartet, sollte das transparent machen.

konkret vereinbart und nach dem Kick-off in alle Kalender eingetragen. **#12 Teamvereinbarungen** unterstützen dabei, diesen Schritt weiter zu konkretisieren.

Schritt 8: **Den ersten Sprint planen**
Wie du das erste Sprint Planning gut unterstützt, beschreibt **#61 Sprint Planning**. Es ist nicht tragisch, wenn das Backlog noch nicht ganz fertig ist oder es viele Unsicherheiten gibt. Nicht alles ist vorhersehbar. Starte deshalb so früh wie möglich, dann lernt das Team vom ersten Tag an, was es im folgenden Sprint verbessern kann.

Schritt 9: **Den Tag abschließen**
Beende den Kick-off auf positive Weise. Köpft zum Beispiel gemeinsam eine Flasche Champagner und stoßt auf gute Zusammenarbeit an. Für weitere Anregungen siehe auch **#93 Für den Abschluss**.

TEAM-MANIFEST

#08

Ein Team-Manifest ist ein Poster mit den grundsätzlichen Vereinbarungen, auf die sich ein Team bezüglich des Umgangs miteinander und seinen Verhaltensweisen verständigt hat. Diese Aktivität fördert die Teambildung und stärkt die Teamkultur.

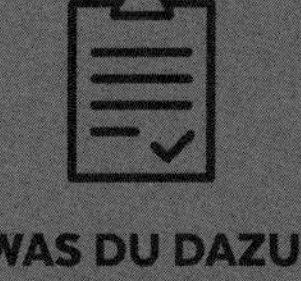

WAS DU DAZU BRAUCHST

- Ein Flipchart
- Post-its
- Moderationsstifte
- Ausreichend Platz (empfohlen)

DAUER

1,5 bis 2 Stunden

PRAKTISCHER NUTZEN

Es entsteht ein übersichtliches Poster mit Teamvereinbarungen zu (un-) erwünschtem Verhalten, mit dem gemeinsam klar definiert wird, wofür das Team steht. Dies stärkt das Teamgefühl, vermeidet Ärger über unausgesprochene Erwartungen und unterstützt das Team dabei, seine Kultur explizit zu machen und zu stärken.

SCHRITTE

Vorbereitung

Achte darauf, dass alle Teammitglieder anwesend sind und bitte sie, über ihre Vorstellung von einem idealen Team nachzudenken. Finde einen anderen Termin, falls jemand von vornherein nicht teilnehmen kann oder unerwartet ausfällt. Es macht absolut keinen Sinn, das Manifest später einem fehlenden Teammitglied aufzuzwingen – das Wichtigste an dieser Übung ist, diesen Prozess gemeinsam mit dem gesamten Team zu durchlaufen. Dazu müssen alle anwesend sein und aktiv mitwirken.

Schritt 1: »Silent Writing«[1] erklären

Lege der Gruppe folgende zwei Fragen vor:

- Denkt an ein Team/eine Gruppe, wo die Zusammenarbeit hervorragend klappte. Welche charakteristischen Eigenschaften/Verhaltensweisen waren für diesen Erfolg verantwortlich?

1 Anm. d. Übers.: Beim »Silent Writing« handelt es sich um eine Technik, bei der für eine bestimmte Zeit absolute Stille im Raum herrscht, um sich auf das Schreiben konzentrieren zu können.

- Denkt an ein Team/eine Gruppe, wo die Zusammenarbeit nicht gut funktionierte. Was waren die störenden bzw. hinderlichen Eigenschaften/Verhaltensweisen, die dem Erfolg im Weg standen?

Bitte die Teilnehmenden, ihre Gedanken individuell und ohne zu sprechen auf den bereitliegenden Post-its zusammenzutragen. Erläutere, dass jede Eigenschaft und jede Verhaltensweise ein eigenes Post-it verdient, also nicht mehrere Themen auf einen Zettel geschrieben werden sollen.

Schritt 2: **Erkenntnisse teilen**
Die Teilnehmenden tauschen nun der Reihe nach ihre Erkenntnisse aus. Jedes Teammitglied hat dafür 2 Minuten Zeit.

Schritt 3: **Die Antworten gruppieren**
Vergleichbare Antworten werden in Clustern zusammengefasst und die Zuordnung ggf. diskutiert. Gib der Gruppe den Raum, diese Aufgabe selbst zu erledigen. Nur wenn das nicht klappt, solltest du ein wenig die Führung übernehmen.

Schritt 4: **Eine Auswahl treffen**
Bitte das Team, mithilfe von Dot Voting (Technik 1 aus **#77**) die Cluster individuell zu priorisieren. So lassen sich die aus Gruppensicht dringendsten positiven und negativen Verhaltensweisen/Eigenschaften herausarbeiten. Einigt euch zum Beispiel darauf, die sieben am häufigsten markierten Cluster für das Manifest zu verwenden.

Schritt 5: Das Manifest aufschreiben
Aus den gewählten Clustern/Themen werden nun aussagekräftige und für das Team charakteristische Sätze formuliert, die der gemeinsamen Zusammenarbeit zugrunde liegen sollen. Dazu kannst du Zweiergruppen bilden oder die Teilnehmenden jeweils ein Thema ausarbeiten lassen. Falls ein Teammitglied besonders gut formulieren kann, dann sollte es mit Zustimmung des Teams einen ersten Entwurf für alle Sätze schreiben. Wichtig ist lediglich, dass das Manifest während des Meetings geschrieben und fertiggestellt wird.

Schritt 6: Das Manifest unterzeichnen
Am Ende bittest du alle, auf dem Poster zu unterschreiben. Damit stimmen sie dem Niedergeschriebenen und der Art der künftigen Zusammenarbeit zu. Das Manifest verkörpert die gegenseitigen Erwartungen aneinander, die angesprochen werden können, sollten sie nicht erfüllt werden. Das Poster wird anschließend im Teamraum oder in der Abteilung aufgehängt und regelmäßigen Reviews im Team unterzogen. Halten sich alle an die Vereinbarungen? Ist eine Änderung oder Konkretisierung erforderlich? An welcher Stelle kann sich noch etwas weiterentwickeln? Für solche Fragen ist die Retrospektive der richtige Moment.

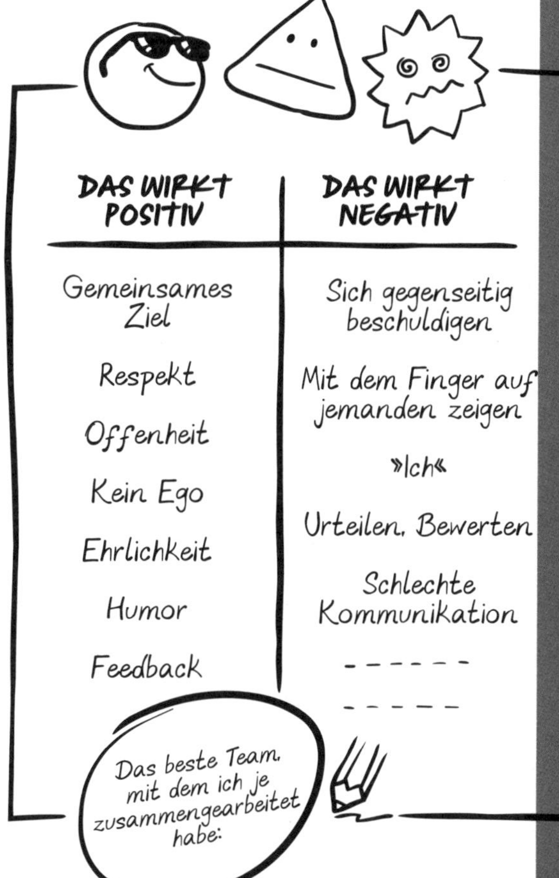

TIPP 1

Ein Team-Manifest kann auch von mehreren Teams gemeinsam erarbeitet werden, beispielsweise während eines jährlichen Meetings oder einer Produkt-/Programmplanung bzw. eines PI Planning. Unabhängig vom Poster ist das Team-Manifest eine gute Aktivität, um am Teamgeist zu arbeiten und miteinander ganz konkret die Zusammenarbeit zu besprechen und zu klären.

#09

★★

TEAMZWECK

Ein Team steht für etwas. Es gibt einen Grund für seine Existenz, für die Wirksamkeit, die von ihm erwartet wird, und für die Bereitschaft, dazu beizutragen: den Zweck des Teams. Im Laufe dieser Aktivität wird er gemeinsam im Team herausgearbeitet und konkretisiert.

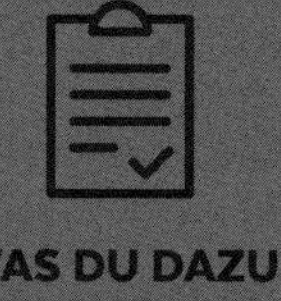

WAS DU DAZU BRAUCHST

- Post-its
- Moderationsstifte
- Flipchart-Blätter

DAUER

1 bis 1,5 Stunden

PRAKTISCHER NUTZEN

Während dieser Aktivität entsteht ein gemeinsames Bild davon, wofür dieses Team steht und welchen Mehrwert es für die Teammitglieder und das Unternehmen erbringt. Dieses Bild kann mit dem Umfeld geteilt und als täglicher Benchmark herangezogen werden, ob die aktuelle Arbeit wirklich zum Zweck beiträgt.

SCHRITTE

Vorbereitung

Bitte den Product Owner, einen etwa fünfminütigen Vortrag zu seinen Erwartungen an das Team vorzubereiten. Was ist seine Vision für das Team? Der Fokus sollte dabei auf dem »Warum« und dem Mehrwert, den Erwartungen und Ambitionen liegen.

Schritt 1: Der Product Owner trägt vor

Als Auftakt hält der Product Owner seinen fünfminütigen Impulsvortrag. Das Team darf dabei natürlich kurze Zwischenfragen stellen, die tatsächliche Diskussion findet allerdings erst später statt.

Schritt 2: Stichworte notieren

Alle Teammitglieder überlegen für sich, weshalb sie in diesem Team arbeiten wollen. Was ist ihnen wichtig, warum stehen sie jeden Morgen für dieses Team auf? Wofür wollen sie als Team wahrgenommen werden? Sie halten ihre Gedanken in Stichworten auf Post-its fest, immer ein Gedanke je Zettel. Gib ihnen dafür 5 Minuten Zeit.

Schritt 3: Vier Gruppen bilden
Abhängig von der Größe bittest du das Team anschließend, sich in vier Kleingruppen aufzuteilen. In jeder dieser Gruppen werden die Stichworte geteilt, doppelte oder ähnliche entfernt und am Ende etwa fünf davon ausgewählt, die für die Kleingruppe das Team am besten beschreiben. Zeit dafür: 15 Minuten.

Schritt 4: Zwei Gruppen bilden
Bilde aus den vier Kleingruppen zwei etwas größere Gruppen, die nun ihre selektierten Stichworte anschauen, abgleichen und doppelte entfernen. Bitte sie dann, mit den Stichworten einen schönen, flüssigen Satz zusammenzubauen – der Teamzweck. Du kannst den Gruppen dabei völlig freie Hand lassen oder aber ein Template vorgeben. Denke dann jedoch daran, zu erklären, dass es nicht um eine einfache Ausfüllübung geht, sondern dass das Template vor allem die Diskussion anregen soll. Zeit dafür: 15 Minuten.

Wir stehen für ... (Fokusbereich) ...
Das erreichen wir, indem wir ... (Art der Arbeiten) ... sodass ... (Wer) ...
von ... (Wert/Auswirkung) ...
profitieren kann.

Schritt 5: Die beiden Sätze zusammenfügen
Beide Gruppen haben nun einen schönen vollständigen Satz gebildet. Schreibe den Satz der ersten Gruppe auf ein Flipchart-Blatt und bitte die zweite Gruppe, ihre Anpassungen hinzuzufügen oder zu teilen – beispielsweise, indem sie rot und grün unterstreichen, was ihnen nicht gefällt und was sie geradezu brillant finden. Die von dir moderierte Diskussion zwischen beiden Gruppen hat das Ziel, am Ende einen aussagekräftigen Satz zu formulieren. Wähle dafür die passende Timebox, abhängig davon, wie viel Zeit du noch zur Verfügung hast oder darauf verwenden möchtest.

TIPP 1

Bringe ein paar Beispiele von anderen Teams mit und hänge sie im Meetingraum auf.

TIPP 2

Bitte den Product Owner und das Team um eine Einschätzung, wann das Team in ihren Augen erfolgreich ist. Diese Definition von Erfolg kann wirksam dazu beitragen, den Zweck des Teams zu konkretisieren.

#10

★★

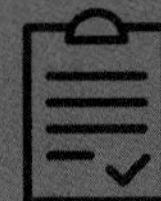

WAS DU DAZU BRAUCHST

- Ein Team-Canvas, mindestens auf A3 ausgedruckt oder auf ein Flip-chart-Blatt oder Moderationspapier gezeichnet
- Post-its
- Moderationsstifte
- Einen abschließbaren Raum, der groß genug für die Gruppenarbeit ist

DAUER

Mindestens 3 Stunden

TEAM-CANVAS

Ein Team-Canvas kann man sowohl bei einem neuen Team als auch bei einem bereits bestehenden, dessen Zusammenhalt verloren gegangen ist, einsetzen. Diese Aktivität trägt zur Lösung von Konflikten und zur Ausrichtung der Teammitglieder auf ein gemeinsames Ziel bei. So kann schnell eine produktive Kultur entstehen.

PRAKTISCHER NUTZEN

Beim Ausfüllen eines Team-Canvas entsteht ein Poster, das verdeutlicht, wofür das Team steht, wer zum Team gehört und was die Teammitglieder voneinander erwarten können.

SCHRITTE

Schritt 1: Erkläre, warum du ein Team-Canvas erstellen willst

Erläutere das Ziel und welches Ergebnis du schlussendlich erreichen willst. Unterstreiche noch einmal nachdrücklich, wie wichtig es ist, dass alle ihren Input liefern. Was am Ende auf dem Poster notiert wird, kann nach außen kommuniziert werden, doch der Prozess, der dahin geführt hat, bleibt, soweit erforderlich, unter den Teammitgliedern.

Schritt 2: Mit dem Ausfüllen beginnen

Bitte jedes Teammitglied, binnen 2 Minuten die Daseinsberechtigung des Teams zu notieren. Dann lässt du 3 Minuten Zeit, damit dieser Zweck jeweils zu zweit diskutiert und eine gemeinsame Fassung formuliert werden kann. Danach besprechen die Paare in den folgenden 5 Minuten ihren Zweck mit einem anderen Paar und formulieren daraus ebenfalls eine gemeinsame Variante. Alle so entstandenen Versionen werden am Ende in der Gruppe diskutiert und es wird eine gemeinsame Version formuliert. Schreibe diesen Zweck auf das Poster (eine Anwendung von **#67 1-2-4-All**).

Schritt 3: Die Teamziele ausfüllen
Die Teamziele sind natürlich mit der Daseinsberechtigung, dem Zweck, des Teams verbunden. Das Team erarbeitet sie auf die gleiche Weise wie in Schritt 2. Erst einzeln, dann in Paaren, schließlich zu viert und am Ende wird in der gesamten Gruppe eine Top-3-Liste aufgestellt. Achte darauf, dass diese Top 3 wirklich erreichbar, messbar und zeitgebunden formuliert sind.

Schritt 4: Die Teammitglieder und Rollen benennen
Danach trägt das Team zusammen, wer mit welchen Skills Teil des Teams ist, und notiert die Namen und die Rollen im Team-Canvas.

Schritt 5: Eine Wissensmatrix erstellen
Sobald die Teammitglieder und die Rollen bekannt sind, werden die Stärken und das Entwicklungspotenzial des Teams notiert. Dazu ist es sinnvoll, zuerst die Aktivität **#19 Skill-Matrix** durchzuführen.

Schritt 6: Die Stärken und Entwicklungspotenziale eintragen
Finde heraus, ob das Team über die zum Erreichen der weiter oben genannten Ziele erforderlichen Skills verfügt. Dazu teilst du das Team in zwei Gruppen. Gruppe eins trägt die Stärken zusammen, während Gruppe zwei sich damit auseinandersetzt, welche Skills das Team noch entwickeln muss. Nach 15 Minuten tauschen die Gruppen die Blätter mit ihren Notizen aus und ergänzen die Notizen der anderen Gruppe. Anschließend teilen sie das Endergebnis. Falls erforderlich, wird dieses Ergebnis im Anschluss noch einmal überarbeitet.

TIPP!

Die Schritte 2, 3, 5, 7 und 8 sind in diesem Buch auch als einzelne Aktivitäten beschrieben. Alternativ zu den hier geschilderten Schritten kann man sich bei ausreichend Zeit oder dem Wunsch nach mehr Input bzw. Inspiration auch einmal die anderen Aktivitäten anschauen.

Schritt 7: Die persönlichen Felder ausfüllen
Bitte alle Teilnehmenden, innerhalb von 20 Minuten ihre persönlichen Ziele, ihre persönlichen Werte und ihre Erwartungen an das Team und die Teammitglieder aufzuschreiben. Danach teilen alle, was sie aufgeschrieben haben. Notiere die persönlichen Ziele auf dem Flipchart. Sammle Werte und Erwartungen separat. Falls es Übereinstimmungen gibt, werden sie zusammengefasst.

Schritt 8: Vereinbarungen treffen
Anhand der ausgefüllten Felder kann nun das Feld »Regeln und Maßnahmen« ausgefüllt werden. Gibt es beispielsweise spezielle Skills, die das Team noch braucht? Welche Maßnahmen werden ergriffen, um dieses Wissen und Können zu erwerben? Angenommen, das Team hat Bedarf an einer guten wechselseitigen Kommunikation, dann kann vielleicht eine WhatsApp-Gruppe eingerichtet werden. Diese Vereinbarungen und Maßnahmen werden in das entsprechende Feld eingetragen.

Schritt 9: Abschluss
Schau abschließend noch einmal auf das Ziel der Veranstaltung und würdige die guten Ergebnisse, die das Team erzielt hat. Vereinbart, wie ihr künftig regelmäßig mit diesem Poster arbeiten und/oder es evaluieren werdet.

TEAM-CANVAS

TEAMNAME

Menschen und Rollen
Wie lauten unsere Namen und die Rollen, die wir im Team haben?

Gemeinsame Ziele
Was wollen wir als Gruppe wirklich erreichen? Sind diese Ziele erreichbar, messbar und zeitgebunden?

Werte
Wofür stehen wir? Was sind die Leitprinzipien? Was sind unsere gemeinsamen Werte, die wir in unserem Team verankern wollen?

Regeln und Maßnahmen
Welche Regeln wollen wir nach diesem Meeting einführen? Wie kommunizieren wir miteinander und halten uns auf dem Laufenden? Wie treffen wir Entscheidungen? Wie führen wir das, was wir tun, aus und bewerten es?

Zweck
Warum tun wir das, was wir tun, überhaupt?

Persönliche Ziele
Was sind unsere individuellen persönlichen Ziele? Gibt es persönliche Agenden, die wir offenlegen wollen?

Bedürfnisse und Erwartungen
Was braucht jeder Einzelne von uns, um Erfolg zu haben? Was sind unsere persönlichen Bedürfnisse gegenüber dem Team, um unser Bestes zu geben?

Stärken und Entwicklungspotenziale
Welche Fähigkeiten sind im Team vorhanden, die uns helfen werden, unsere Ziele zu erreichen? Welche zwischenmenschlichen Fähigkeiten/Soft Skills haben wir? Worin sind wir als Einzelne und als Team gut?

Schwachstellen und Risiken
Welche Schwächen haben wir, jeder persönlich und als Team? Was sollten unsere Teamkollegen über uns wissen? Welche Hindernisse sehen wir vor uns, auf die wir wahrscheinlich stoßen werden?

#11

TEAMZIELE – POSITIVE PRESSE

Mit dieser Aktivität lassen sich Teamziele positiv erarbeiten und zu eigen zu machen.

WAS DU DAZU BRAUCHST

- Ein Filpchart
- Post-its
- Moderationsstifte

DAUER

1 Stunde

PRAKTISCHER NUTZEN

Es entsteht eine von allen geteilte Version, was das Team in der nächsten Zeit gemeinsam erreichen will und was dafür getan werden muss.

SCHRITTE

Vorbereitung

Gestalte im Vorfeld ein Flipchart-Blatt, das die leere Titelseite einer Zeitung darstellt. In der Überschrift steht nicht umsonst »positive Presse«!

Schritt 1: Ziel der Übung erklären

Wiederhole den Zweck des Teams, seine Daseinsberechtigung, und gehe ihn kurz mit dem Team kurz. Erläutere dann, dass du nun gemeinsam mit ihnen für den nächsten Monat oder das nächste Quartal (das ist deine/eure Entscheidung) Ziele erarbeiten willst, die auf diesen höheren Zweck, auf die Daseinsberechtigung einzahlen. So gibt es auch viel häufiger etwas zu feiern, weil Zwischenziele einfacher zu erreichen sind.

Schritt 2: Brainstorming
Erläutere dem Team anhand des vorbereiteten Flipchart-Blatts, dass du die Titelseite einer Zeitung mitgebracht hast, die allerdings bis auf den Namen der Zeitung noch leer ist. Diese Seite gilt es nun gemeinsam zu füllen. Die Teammitglieder bekommen 5 Minuten Zeit, um Wörter, Schlagzeilen und Zahlen, die sie gerne auf der Titelseite sehen wollen, auf Post-its zu notieren.

Schritt 3: Die Ergebnisse teilen
Bitte die Teilnehmenden, ihre Ideen auf den Post-its nacheinander vorzustellen und sie möglichst sofort zu gruppieren.

Schritt 4: Konkretisieren
Die gruppierten Wörter, Schlagzeilen und Zahlen werden so konkret wie möglich formuliert, sodass sie zu realen, erreichbaren Zielen werden.

Schritt 5: Ziele visualisieren
Fordere das Team auf, aus all dem ein interessantes, tolles und/oder kreatives Flipchart zu erstellen. Lass ihnen dafür mindestens 15 Minuten Zeit.

Schritt 6: Die Evaluierung planen
Schaut euch zum Abschluss eure Titelseite noch einmal gemeinsam in Ruhe an und plant einen oder mehrere Termine, um beispielsweise nach einem Vierteljahr die Ziele zu evaluieren: Welche wurden erreicht? Welche nicht – und woran liegt das? Natürlich kann man auch häufiger auf die Ziele schauen, um gemeinsam den Fortschritt im Blick zu behalten.

TIPP!

Mit einem neuen Team sollte vorher **#09 Teamzweck** durchgeführt werden. Damit lassen sich dann die Teamziele verknüpfen.

★★

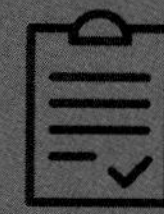

WAS DU DAZU BRAUCHST

- Eine leere Wand
- Ein Flipchart
- Post-its
- Moderationsstifte
- Klebeband

DAUER

2 Stunden

TEAM-VEREINBARUNGEN

Diese Aktivität besteht aus zwei Teilen, in denen für das Team wichtige Vereinbarungen getroffen werden sollen. Bei der Beschreibung dieser Aktivität wird davon ausgegangen, dass sich das Team entschieden hat, nach dem Scrum-Framework zu arbeiten.

PRAKTISCHER NUTZEN

Es herrscht Klarheit über die Termine der Scrum-Events und es gibt Vereinbarungen darüber, wie das Team künftig zusammenarbeiten will.

SCHRITTE

Vorbereitung

Ehe du im Team mit dieser Aktivität beginnst, sollten alle Teammitglieder bereits ein (Grundlagen-)Training zu Agilität, Scrum und/oder Kanban durchlaufen haben, da sie eine Vorstellung davon haben müssen, aus welchen Arbeitsmethoden sie wählen können und warum die eine für sie geeignet ist und die andere eher nicht. Bevor du zum zweiten Teil übergehst, muss das gemeinsame Ziel des Teams völlig klar sein. Wofür stehen sie als Team, was ist ihre Produktvision und was macht sie als Team erfolgreich? Bestehen darüber noch Unklarheiten, solltest du zuerst **#09 Teamzweck** und/oder **#53 Produktvision** durchführen.

TEIL 1

Schritt 1: Arbeitsweise festlegen
Besprecht noch einmal miteinander, für welche Arbeitsmethode sich das Team entschieden hat bzw. welche vonseiten des Unternehmens erwartet wird. Anschließend fasst du noch einmal kurz zusammen, was zu dieser Arbeitsweise dazugehört. Bei Scrum bedienst du dich dazu am besten des Scrum-Frameworks und seiner Events, Rollen und Artefakte.

Schritt 2: Festlegen, wer wann arbeitet
Zu den Scrum-Events sollten im Idealfall alle Teammitglieder (in Präsenz oder digital) anwesend sein. Um die Events planen zu können, muss daher zunächst klar sein, wer wann arbeitet. Dazu ist im Vorfeld gemeinsam eine Übersicht zu erstellen.

Schritt 3: Die Events planen
Einigt euch darauf, wie lange die Sprints dauern sollen. Zwei Wochen sind oft ein guter Einstiegswert. Bringt nun die Events aus dem Scrum-Framework mit der Anwesenheitsmatrix möglichst zur Deckung und plant sie in einem festen Rhythmus ein. Klärt gemeinsam die Dauer der Events und bringt sie in die richtige Reihenfolge.

Schritt 4: In den Kalender eintragen
Sobald alles gemeinsam geklärt ist, bitte jemanden, die Termine in die Kalender aller Teammitglieder einzutragen. Jetzt kann das Team loslegen!

TEIL 2

Schritt 5: Das Teamziel besprechen
Zu Beginn des zweiten Teils führen sich alle noch einmal vor Augen, wofür das Team steht und was das Ziel des Teams ist, sodass darüber eine gemeinsame, geteilte Vorstellung besteht.

Schritt 6: »Screw ist up«
Drei einzelne Flipchart-Blätter werden nebeneinander aufgehängt, auf denen oben die Wörter »Persönlich«, »Team« und »Umfeld« stehen. Bitte nun die Gruppe, individuell darüber nachzudenken, wie man alles vermasseln kann (»how to screw it up«). Mit anderen Worten: Was muss passieren oder was ist zu tun, damit das Team voll gegen die Wand fährt? Das Ganze soll aus den folgenden Perspektiven betrachtet werden:

TIPP 1

Sprint-Review, Sprint-Retrospektive und Sprint Planning müssen in dieser Reihenfolge geplant werden. Das Team kann entscheiden, ob es alle Meetings an einem Tag durchführt oder sie z. B. in einen Nachmittags- und einen Vormittagsteil aufteilt, solange keine Arbeitszeit dazwischen vergeht. Das ist eine Entscheidung der Gruppe.

TIPP 2

Das Refinement ist kein offizielles Meeting des Frameworks. Es sollte dennoch zu einer festen Zeit eingeplant werden, sodass es nicht vergessen wird und ein Rhythmus entstehen kann.

TIPP 3

Im Vorfeld sollten bereits geplante Urlaube und freie Tage besprochen werden. Deren zentrale Dokumentation sorgt für Überblick.

TIPP 4

Im Zuge dieser Aktivität können auch weitere Themen aufgegriffen werden, für die ebenfalls Vereinbarungen zu treffen sind. Das sind zum Beispiel Anwesenheits- und Homeoffice-Tage, Ablageorte für die Dokumentation, der Urlaubsprozess, Kommunikationskanäle und Tools. Es empfiehlt sich, direkt Zeit dafür einzuplanen und beispielsweise eine Retrospektive zur Klärung zu nutzen.

- Ich als Individuum
- Wir als Team
- Das Umfeld

Die Teammitglieder haben 8 Minuten Zeit, ihre Antworten auf einzelnen Post-its zu notieren.

Schritt 7: Die Ergebnisse besprechen
Nach Ablauf der Timebox fordere alle auf, der Reihe nach ihre Klebezettel aufzuhängen und kurz zu erläutern. Vergleichbares kann sofort gruppiert werden.

Schritt 8: »Fix it«
Alle haben jetzt gehört, wie man es komplett vermasseln kann. Zeichne nun unterhalb der Klebezettel aller drei Spalten von »screw it up« einen horizontalen Strich und bitte die Teammitglieder, 8 Minuten lang paarweise darüber nachzudenken, welche Vereinbarungen sie mit sich selbst, untereinander und mit dem Umfeld treffen müssen, um ein Vermasseln (»screw it«) zu vermeiden und es richtig zu machen (»fix it«).

Schritt 9: Vereinbarungen treffen
Wieder stellen alle ihre Post-its vor, hängen sie auf und gruppieren sie möglichst sofort. Findet dann im Team heraus, welchen Vereinbarungen alle zustimmen, welche angepasst werden müssen, um Zustimmung zu finden, und welche nicht angewandt werden sollen. Nachdem du die getroffenen Vereinbarungen auf einem Flipchart-Blatt notiert hast, gehst du sie gemeinsam mit dem Team noch einmal durch. Die offizielle Unterschrift von allen ist der perfekte Abschluss.

PERSÖNLICHE (TEAM-)WERTE

Bei dieser Aktivität geht ein Team auf Entdeckungsreise, um die persönlichen Werte aller kennenzulernen.

#13

★

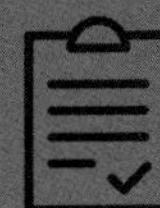

WAS DU DAZU BRAUCHST

- Ausgedruckte Werteliste (oder im Internet recherchieren)
- Post-its
- Moderationsstifte
- Kreide, Wachsmalstifte usw., also alles, was man braucht, um ein tolles Poster zu gestalten

DAUER

Mindestens 1 Stunde (abhängig von der Teamgröße)

PRAKTISCHER NUTZEN

Jeder weiß anschließend, was den anderen im Team wichtig ist und für welche Werte sie stehen. Das zahlt sich später in der Zusammenarbeit aus. Anhand der persönlichen Werte eines Menschen lassen sich seine Herangehensweise und seine Reaktionen verstehen. Weiß man um diese Werte, kann man sie in sein eigenes Handeln einbeziehen.

SCHRITTE

Vorbereitung

Zur Vorbereitung des Meetings druckst du für jeden Teilnehmenden eine Werteliste aus. Dazu kannst du die Liste auf Seite 59 einfach einscannen oder als Anregung für eine eigene Liste nutzen.

Schritt 1: Das »Weshalb« erläutern

Erläutere den Teammitgliedern, weshalb du diese Aktivität ausgewählt hast – beispielsweise zum (ersten) Kennenlernen oder um besser zu verstehen, wer die anderen Teammitglieder sind, vielleicht wegen einer Frage, die im Team aufgetaucht ist, oder sogar wegen eines Problems in der Zusammenarbeit des Teams. Das Ziel und das »Warum« der Übung können sich also von Mal zu Mal und von Team zu Team unterscheiden. Achte darauf, dass dir beide Aspekte klar sind und du sie dem Team erläutern kannst.

Schritt 2: Acht Werte einkreisen

Bitte die Teilnehmenden, die vor ihnen liegenden Wertelisten innerhalb einer Timebox von 8 Minuten einzeln

TIPP!

Diese Aktivität lässt sich auch zum Erstellen eines Team-Canvas oder während eines Team-Kick-offs verwenden.

durchzugehen und die acht Werte einzukreisen, die für sie am wichtigsten sind. Natürlich dürfen auch Werte hinzufügt werden, die nicht auf der Liste stehen.

Schritt 3: Anzahl weiter beschränken
Sobald die 8 Minuten um sind, fordere alle dazu auf, drei der acht Werte zu streichen. Das soll nicht heißen, dass die durchgestrichenen Werte unwichtig sind, sondern dass die verbleibenden fünf Werte für den Einzelnen wertvoller sind. Gib den Teilnehmenden dafür maximal 4 Minuten Zeit.

Schritt 4: Auswahl gemeinsam weiter einschränken
Nach dem vorangegangenen Schritt bleiben bei allen fünf Werte übrig. Bitte nun die Teilnehmenden, sich in Zweiergruppen zusammenzufinden und die fünf ausgewählten Werte miteinander zu teilen. Ziel dieser Phase ist es, dass am Ende der vorgegebenen 8-minütigen Timebox nur noch drei Werte pro Person übrigbleiben. Indem sie ihre Werte miteinander besprechen, entdecken die Teammitglieder, welche davon ihnen wirklich am wichtigsten sind. Das hilft ihnen bei der Auswahl.

Schritt 5: Die Top 3 aller Teilnehmenden teilen
Nun ist es an der Zeit, dass alle ihre persönlichen Top 3 mit dem Team teilen und erläutern, weshalb sie sich für genau diese entschieden haben. Bitte darum, diese Werte anschließend auf Klebezettel zu schreiben und auf einem Flipchart zu sammeln. Für diesen Schritt solltest du ausreichend Zeit einplanen.

Schritt 6: Nach Übereinstimmungen suchen
Betrachtet gemeinsam die miteinander geteilten Antworten und fasst eventuelle Übereinstimmungen möglichst zusammen. Versucht dann fünf Werte zu finden, die für das Team charakteristisch sind. Das Flipchart-Blatt mit dieser Auswahl, ansprechend visualisiert durch das Team, kann anschließend in der Nähe des Teamraums aufgehängt werden.

WERTELISTE

Abenteuer
Anerkennung
Aufopferung
Ausgeglichenheit
Aufgeschlossenheit
Aufmerksamkeit
Authentizität
Autonomie
Autorität
Balance
Bedingungslosigkeit
Begegnung
Begeisterung
Beherrschung
Bescheidenheit
Beweglichkeit
Bewusstheit
Dankbarkeit
Demut
Dienstbarkeit
Disziplin
Durchsetzungsvermögen
Effektivität
Effizienz
Ehrlichkeit
Eigenständigkeit
Einfachheit
Einfühlungsvermögen
Einigkeit
Einsatz
Empfindsamkeit
Engagement
Entscheidungsfreudigkeit
Entspannung
Entwicklung
Ergebnis
Erneuerung
Feinfühligkeit
Flexibilität

Freiheit
Freundschaft
Fröhlichkeit
Fülle
Fürsorge
Geborgenheit
Geduld
Geisteskraft
Gelehrsamkeit
Gemeinschaft
Genugtuung
Gerechtigkeit
Gesundheit
Gewissheit
Glaube
Gleichheit
Glück
Gründlichkeit
Harmonie
Hilfsbereitschaft
Hingabe
Humor
Individualität
Innerer Frieden
Innovation
Inspiration
Integrität
Klarheit
Kollegialität
Komfort
Kommunikation
Kompetenz
Kontinuität
Kreativität
Kundenorientierung
Kunstfertigkeit
Lebendigkeit
Leidenschaft
Leichtigkeit

Liebe
Loyalität
Meisterschaft
Milde
Mitgefühl
Mündigkeit
Musikalität
Mut
Nachhaltigkeit
Nuanciertheit
Nüchternheit
Offenheit
Optimismus
Originalität
Pioniergeist
Prestige
Qualität
Rationalität
Reichtum
Reinheit
Respekt
Ruhe
Sachkenntnis
Sanftmut
Schönheit
Schutz
Schwung
Selbsterhaltung
Selbstsicherheit
Selbstständigkeit
Selbstvertrauen
Sicherheit
Sinnhaftigkeit
Solidarität
Solidität
Sorgfalt
Souveränität
Spaß
Spiritualität

Spontanität
Stabilität
Stille
Tatendurst
Tatkraft
Toleranz
Tradition
Treue
Tüchtigkeit
Überfluss
Unabhängigkeit
Uneigennützigkeit
Unternehmergeist
Unverwechselbarkeit
Unverwüstlichkeit
Unvoreingenommenheit
Verbindlichkeit
Verbundenheit
Vergebung
Verspieltheit
Vertrauen
Vertrautheit
Vielseitigkeit
Vitalität
Vollkommenheit
Wachstum
Weisheit
Wertschätzung
Wettbewerb
Wiedererkennbarkeit
Wissen
Zielstrebigkeit
Zufriedenheit
Zugänglichkeit
Zuneigung
Zusammenarbeit
Zusammengehörigkeit
Zuverlässigkeit
Zweisamkeit

#14

★

INITIALES PRODUCT BACKLOG

Das Product Backlog ist eine geordnete Liste der Dinge, die für das Produkt benötigt werden. Es ist die einzige Quelle von Anforderungen für Anpassungen und Erweiterungen am Produkt. Der Product Owner ist für das Product Backlog inklusive dessen Inhalt, Verfügbarkeit und Reihenfolge verantwortlich.

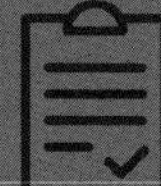

WAS DU DAZU BRAUCHST

- Eine Produktvision
- Post-its
- Moderationsstifte
- Flipchart- oder Moderationspapier

DAUER

1 bis 1,5 Stunden

TIPP 1

Diese Liste kann die Basis für das Sprint Planning im ersten **Team-Kick-off (#07)** bilden.

PRAKTISCHER NUTZEN

Beim Start eines neuen Teams ist nicht immer schon ein Product Backlog vorhanden. Ein solches ist jedoch hilfreich, wenn man einen Sprint beginnt. Mit dieser Aktivität wird eine erste Version des Product Backlog erstellt.

SCHRITTE

Schritt 1: Von der Vision aus beginnen

In einem von dir geplanten Meeting besprichst du mit dem Product Owner die Produktvision. (Falls noch keine vorhanden ist, kannst du ihn bei der Formulierung unterstützen, indem du zum Beispiel ein **#55 Business Model Canvas** ausfüllst.) Ausgehend von dieser Vision erstellt der Product Owner mit deiner Hilfe eine erste Zusammenstellung von Kundenanforderungen an das Produkt.

Schritt 2: Die Zusammenstellung ordnen

Als Nächstes bringst du gemeinsam mit dem Product Owner Ordnung in diese Zusammenstellung von Kundenanforderungen. Was ist im Augenblick das Wichtigste? Was kann noch warten? Was sind »low hanging fruits« (niedrig hängende Früchte)?

Was liefert nur wenig Wert? Anhand verschiedener Kategorien erstellt ihr eine Struktur. Das Ergebnis ist eine Liste, aus der klar hervorgeht, wie die Kundenanforderungen zueinander in Beziehung stehen. Die wichtigste Anforderung steht an 1. Stelle, gefolgt von einer etwas weniger wichtigen an 2. Stelle usw. Es kann also keine »gleich wichtigen« Anforderungen geben! Deshalb: Entscheidungen treffen! Fokussieren!

Schritt 3: Die wichtigsten Anforderungen weiter ausformulieren
Zuerst wird ganz oben die (Kunden-) Anforderung Nr. 1 genauer ausformuliert. Tipp: Dafür bietet sich das User-Story-Format (siehe **#46 User Stories schreiben**) an. Sofern bereits Akzeptanzkriterien bekannt sind, können diese gleich hinzugefügt werden. Für die erste Version sind sie jedoch noch nicht so wichtig.

Schritt 4: Backlog visualisieren
Nach den Schritten 1 bis 3 liegt nun eine initiale Version des Product Backlog vor. Achte darauf, dass diese Version so erstellt und visualisiert wird, dass sie nicht nur vom Product Owner, sondern auch vom Entwicklungsteam verstanden wird.

TIPP 2

Falls das Team noch keinen Product Owner hat, werden die angegebenen Schritte in derselben Reihenfolge mit dem Team durchlaufen. Es sollte jedoch allen explizit klar sein, dass es sich dabei um eine Zwischenlösung handelt. Sorge dafür, dass sich die Organisation der Bedeutung der Product-Owner-Rolle bewusst ist. Diese Rolle muss schnell besetzt werden!

TIPP 3

Der Product Owner ist für die Vision und das Product Backlog verantwortlich. Er kann jedoch Teammitglieder um Unterstützung bitten, um beide Artefakte mit dem Wissen aus anderen Perspektiven zu verfeinern.

TEAMS SELBSTORGANISIERT BILDEN

Wenn eine Organisation oder Abteilung die Bildung neuer Teams den Kolleginnen und Kollegen anvertrauen möchte, kann dieses Format dabei unterstützen, selbstorganisiert vorzugehen. So sorgt bereits die Teambildung für persönliche Entscheidungen, Verantwortlichkeit und das Gefühl von Eigenverantwortung. Top-down-Steuerung hingegen wird vermieden.

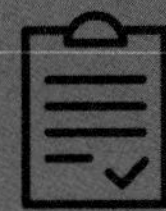

WAS DU DAZU BRAUCHST

- Einen großen Raum
- Flipcharts
- Moderationsstifte
- Einen Beamer (für die Kurzpräsentationen der Product Owner)

DAUER

2 bis 4 Stunden

PRAKTISCHER NUTZEN

Innerhalb von vorab definierten Grenzen haben die Personen die Freiheit, selbst zu entscheiden, zu welchem Team sie gehören möchten.

SCHRITTE

Vorbereitung

Das Zusammenstellen neuer Teams ist für eine Abteilung häufig ein spannender Moment. Deshalb sollte dafür ausreichend Zeit eingeplant und die Veranstaltung gut vorbereitet werden. Es ist sinnvoll, im Vorfeld gemeinsam mit den richtigen Ansprechpartnern, meist dem Management, die Rahmenbedingungen für die neuen Teams abzustecken. Dazu gehören die minimale und maximale Anzahl der Teammitglieder, die Verteilung von Seniorität, Expertise und selbstständig auszuführender Arbeit, der Wunsch, nur zu genau einem Team zu gehören, und vieles mehr.
Wird nach Scrum gearbeitet, müssen die Product Owner in der Lage sein,

ihre Gedanken und Vorstellungen klar und deutlich zu vermitteln, beispielsweise in Form einer Kurzpräsentation (Pitch). Dadurch erhalten die Anwesenden einen Einblick in die Möglichkeiten des Teams. Auch das gilt es bei der Vorbereitung zu berücksichtigen. Die Rahmen- und Randbedingungen sowie die Kurzpräsentationen solltest du zur Veranstaltung mitbringen.

Schritt 1: Eröffnung und Kurzpräsentationen

Die Eröffnung besteht aus vier Teilen:

- Vorstellen der Agenda, sodass alle den Ablauf kennen.
- Ein Mitglied der Geschäftsleitung oder des Vorstands erläutert kurz, wozu die Teambildung dient, welche Pläne es für die kommende Zeit gibt, und wünscht der Gruppe viel Erfolg.
- Die Product Owner halten ihre Kurzpräsentationen vor der Abteilung. Dabei liegt der Schwerpunkt auf Vision, Fokus, Anforderungen und Bedürfnissen, um der Gruppe einen guten Überblick zu geben, für welche Teams man sich entscheiden kann.
- Die vorab festgelegten Rahmenbedingungen werden der Gruppe vorgestellt, sodass alle wissen, welche Erwartungen mit der Entscheidung für ein neues Team verbunden sind. Schreibe sie zur einfachen Überprüfbarkeit gut lesbar auf ein Flipchart.

Schritt 2: Runde 1 der Teambildung

Alle Product Owner verteilen sich mit mindestens einem Flipchart, auf dem alle erforderlichen Informationen ersichtlich sind, im Raum. Gib der Gruppe 10 Minuten Zeit, sich auf die Teams zu verteilen und miteinander ins Gespräch zu kommen. Bitte dann alle, ihren Namen auf einen Klebezettel zu schreiben und diesen auf das Flipchart des Product Owners zu kleben, bei dem sie stehen.

Schritt 3: Erste Evaluierung

Gib den formierten Teams 5 Minuten Zeit, um mögliche Risiken und Abhängigkeiten in der aktuellen Zusammenstellung aufzuschreiben und zu überprüfen, ob sie die Randbedingungen erfüllen.

TIPP!

Zu Beginn der Veranstaltung können die Namen aller abwesenden Kolleginnen und Kollegen auf ein Post-it (oder einen Ballon) geschrieben werden. So können sie sich während der Neuaufteilung ebenfalls mitbewegen.

Schritt 4: Erkenntnisse teilen
Bitte die Product Owner, eventuell mit Unterstützung von Teammitgliedern, die gewonnenen Erkenntnisse mit allen zu teilen, sodass die gesamte Abteilung informiert ist und mit vertiefenden Fragen helfen kann, die Risiken und Abhängigkeiten klar herauszustellen oder aufzulösen. Widme allen Teams ausreichend Aufmerksamkeit und gib jedem Product Owner mindestens 5 Minuten Zeit.

Schritt 5: Runde 2 starten
Falls erforderlich, finden nun Wechsel zu anderen Product Ownern statt, wodurch sich neue Teams bilden. Auch diese neue Runde dauert 10 Minuten. Bitte alle Anwesenden, auch dieses Mal ihre Namen an das Flipchart des gewählten Teams zu kleben. Am Ende der Timebox überprüfst du erneut die Verteilung auf die Teams und wiederholst die Schritte 3 und 4.

Schritt 6: Runde 3 starten (optional)
In Anbetracht der Gruppengröße erscheint es manchmal wünschenswert, eine dritte Runde zu starten. Stelle den Timer dafür auf 5 bis 10 Minuten und lass sich die Gruppe erneut aufteilen. Falls es dabei nur noch um die Zuordnung weniger Personen geht, kann diese Runde auch im kleineren Rahmen stattfinden, zum Beispiel in Form eines Gesprächs zwischen den involvierten Product Ownern und Teammitgliedern.

Schritt 7: Letzte Erkenntnisse teilen
Die Product Owner erhalten noch einmal die Möglichkeit, mit allen ihre Einschätzung zur Neuaufstellung der Teams zu teilen. Womit sind sie zufrieden, wo sehen sie Herausforderungen und welche Bedürfnisse werden vielleicht noch nicht ausreichend erfüllt? Dieser Austausch stellt sicher, dass die Abteilung und die Mitglieder der Geschäftsleitung informiert sind.

Schritt 8: Abschluss
Eine solche Neuaufstellung kostet viel Energie. Deshalb sollte dieser Tag einen schönen Abschluss finden, beispielsweise mit einem kleinen Umtrunk oder einem Abteilungsausflug. An diesen Tag schließt sich meistens ein Team-Kick-off an, sodass sich die neu formierten Teams besser kennenlernen und erste grundlegende Vereinbarungen treffen können.

(PHYSISCHES) BOARD EINRICHTEN

Diese Aktivität unterstützt beim Einrichten des physischen Boards für ein Scrum-Team. Dies liegt nicht in der alleinigen Verantwortung des Scrum Masters, sondern erfolgt in Zusammenarbeit mit den anderen Teammitgliedern. Das Wichtigste bei der Einrichtung ist die Zusammenarbeit. Zudem ist ein solches Board nie fertig – es tauchen immer wieder Verbesserungsideen auf. Transparenz – Überprüfung – Anpassung.

#16

★

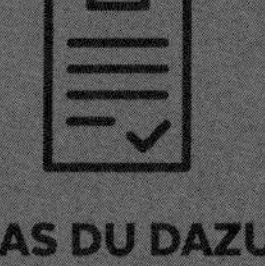

WAS DU DAZU BRAUCHST

- Post-its
- Klebeband
- Moderationsstifte
- Ein Flipchart
- Ein Whiteboard oder eine Glaswand

DAUER

Etwa 1 Stunde

PRAKTISCHER NUTZEN

Das Ergebnis ist ein gut gefülltes und vom Team akzeptiertes und gepflegtes Scrum-Board. Das verhilft dem Team und der Organisation zu mehr Transparenz und einem häufigeren gegenseitigen Austausch über den Arbeitsfortschritt.

SCHRITTE

Schritt 1: Das »Weshalb« erläutern

Erläutere den Teams, die noch kein Board haben oder darin keinen Nutzen sehen, dass dadurch Transparenz bezüglich Erwartungen, Fortschritten, Risiken, Herausforderungen und weiterer Informationen geschaffen wird. Wiederhole diese Erläuterungen regelmäßig.

Schritt 2: Die Bedürfnisse ermitteln

Bitte alle, auf Post-its die Informationen zu notieren, die sie auf dem Board wiederfinden wollen. Dabei kann es sich um einen bestimmten Ablauf handeln, um Bitten um Unter-

TIPP 1

Wichtig ist, dass das Board an einer Stelle steht, die für die Organisation, die Abteilung und natürlich das Team gut zugänglich und sichtbar ist.

TIPP 2

Das Board soll sich kontinuierlich anhand der Bedürfnisse des Teams weiterentwickeln. Benötigt das Team weitere Informationen? Dann fügt sie zum Board hinzu. Eine Information ist doch nicht relevant? Dann wird sie vom Board entfernt.

stützung oder die Information, wer woran arbeitet oder wie lange eine Aufgabe bereits an einer bestimmten Stelle hängt.

Gib allen 5 Minuten Zeit, ihre Gedanken aufzuschreiben, und bitte dann darum, die Post-its kurz zu erläutern. Sammle die Zettel an zentraler Stelle und gruppiere sie wenn möglich sofort.

Schritt 3: Eine Auswahl treffen
Aus den vom Team zusammengetragenen Ideen wählt ihr nun gemeinsam aus. Dabei kann Dot Voting (Technik 1 aus **#77**) zum Einsatz kommen. Je nach Background und Arbeitsbelastung des Teams wählt ihr die wichtigsten Bedürfnisse aus, um sie auf dem Board sichtbar zu machen. Nachdem diese Bedürfnisse in Worten formuliert sind, werden sie im folgenden Schritt visualisiert.

Schritt 4: Gemeinsam das Teamboard bauen
Macht euch nun gemeinsam anhand der Ergebnisse des vorigen Schritts an die Arbeit. Das Board sollte groß genug sein, transparent mit anderen geteilt werden können und sich nahe am Arbeitsplatz des Teams befinden. In kurzen Diskussionen nimmt das Board nun Gestalt an. Verwendet dazu Klebeband, verschiedenfarbige Post-its, ausgedruckte Abbildungen und vieles mehr. Natürlich könnt ihr zuvor auch eine erste Version auf einem Flipchart skizzieren, versucht aber besser nicht, es gleich beim ersten Mal perfekt zu machen.

Schritt 5: Die Arbeit hinzufügen
Füllt das Board, sobald es fertig eingerichtet ist, mit den Arbeitsaufgaben.

DEFINITION OF DONE

Wenn ein Product Backlog Item als »done« oder »fertig« bezeichnet wird, müssen alle wissen, was das bedeutet. Mit einer klaren Definition of Done (DoD) schafft das Team ein gemeinsames Verständnis, wann eine Aufgabe wirklich fertig ist. Die DoD ist ein generisches Set von Anforderungen und gilt für jedes Product Backlog Item (PBI).

★★

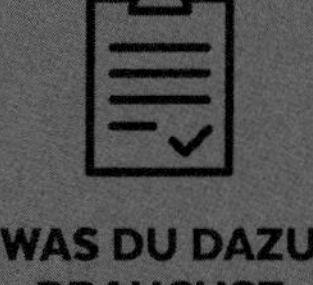

WAS DU DAZU BRAUCHST

- Post-its
- Klebeband
- Moderationsstifte
- Ein Flipchart
- Ein Whiteboard oder eine Glaswand

DAUER

Etwa 1 Stunde

PRAKTISCHER NUTZEN

Nach dieser praktischen Aktivität hat das Team eine erste Version seiner eigenen Definition of Done erstellt. Damit kann es die Qualität der eigenen Arbeit überwachen und Erwartungen an das Umfeld deutlich und transparent machen. Wenn das Team erklärt, dass etwas fertig ist, ist allen klar, was das bedeutet.

SCHRITTE

Schritt 1: Nutzen und Bedeutung erläutern

Die Aktivität beginnt mit einer kurzen Einführung, weshalb eine Definition of Done verwendet wird, was genau das ist und wobei sie unterstützt. Auf jeden Fall solltest du dabei Folgendes erwähnen:

- Die DoD legt nachvollziehbar fest, was fertig/erledigt/done ist.
- Die DoD steht für ein gemeinsames Verständnis, was »fertig« innerhalb des Scrum-Teams bedeutet.
- Die DoD sichert die Qualität der Arbeitsergebnisse.
- Die DoD ist ein generisches Set von Anforderungen, das für alle Product Backlog Items gilt.
- So gesehen unterstützt die DoD auch bei der Planung der Aufgaben während des Sprint Planning.

TIPP!

Achtung! Definition of Done und Akzeptanzkriterien sind sich sehr ähnlich, allerdings nicht dasselbe! In der nebenstehenden Tabelle wird der Unterschied deutlich. **#46 User Stories schreiben** geht detaillierter auf Akzeptanzkriterien ein.

- Jedes Team hat seine eigene DoD, die mit anderen Teams und Stakeholdern abgestimmt ist und auf Basis neuer Erkenntnisse angepasst werden kann.

Schritt 2: **Daten sammeln**
Sammelt gemeinsam die Tätigkeiten, die für die Mehrzahl der Product Backlog Items erledigt werden müssen – zum Beispiel Benutzertests, Dokumentation, Vieraugenprinzip. Das kann sich von Team zu Team deutlich unterscheiden, wenn an die Arbeitsergebnisse abweichende Anforderungen gestellt werden und Teammitglieder über unterschiedliche Kompetenzen verfügen. Bitte die Teammitglieder, innerhalb einer Timebox von 5 Minuten ihre Aktivtäten einzeln auf Post-its zu schreiben.

Schritt 3: **Eine gemeinsame Version erstellen**
Anschließend stellen die Teammitglieder der Reihe nach ihre Zettel vor und kleben sie, um alle Erkenntnisse zusammenzuführen, auf ein Flipchart-Blatt.

Schritt 4: **Gruppieren und umformulieren**
Bitte die Gruppe, die Post-its (sofort) in Clustern zusammenzufassen, sodass Unterschiede und Übereinstimmungen sichtbar werden. Sobald alle Zettel vorgestellt und angeheftet sind,

DEFINITION OF DONE	AKZEPTANZKRITERIEN
Ziel: die Voraussetzungen verdeutlichen, um jedes PBI »fertig« nennen zu können	Ziel: die Anforderungen verdeutlichen, um die Erwartungen der Nutzer zu erfüllen
Zeigt, wozu ein Team aufgrund seiner Kenntnisse, Fähigkeiten und Kompetenzen in der Lage ist	Zeigt, was ein Produkt oder eine Funktionalität aus Sicht des Marktes und der Stakeholder können muss
Kann auf alle PBI angewendet werden	Wird auf ein spezielles PBI angewendet
Das Entwicklungsteam verwaltet die DoD, die vom gesamten Scrum-Team verstanden und akzeptiert wird.	Der Product Owner verwaltet die Abnahmekriterien. Das Entwicklungsteam versteht sie und weist nach, dass sie erfüllt werden.
Verändert sich selten (ist jedoch nicht in Stein gemeißelt)	Sind zwischen Team und Product Owner verhandelbar; können sich ändern

verständigt sich das Team darüber, wie die einzelnen Cluster ausformuliert werden müssen, um zu einer Definition of Done zu gelangen.

Schritt 5: Aufschreiben und bestätigen

Gestalte auf der Grundlage des gesamten Inputs ein neues Flipchart-Blatt mit der Definition of Done. Nachdem alle notierten Punkte noch einmal mit dem gesamten Team durchgegangen und die Anregungen eingearbeitet wurden, bitte die Teammitglieder zu bestätigen, dass dies ihre DoD ist.

Schritt 6: Die DoD in Kraft setzen

Sobald das Team einheitlich der ersten Version seiner Definition of Done zugestimmt hat, wird diese in Kraft gesetzt. Hier noch ein paar Tipps:

- Stelle sicher, dass die DoD auf dem Scrum-Board immer gut sichtbar ist.
- Sprich das Team regelmäßig während des Daily Scrum auf die DoD an, sobald Product Backlog Items abgeschlossen sind.
- Überarbeite die DoD auf Grundlage neuer Einsichten und Erfahrungen.
- Die DoD soll vor allem die Qualität von Product Backlog Items sicherstellen, nicht deren Funktionalität, da diese bereits innerhalb des Items beschrieben ist.

Schritt 7: Regelmäßige Überprüfung

In regelmäßigen Abständen wird die Definition of Done mit den betroffenen Teams und Abteilungen überprüft. Falls erforderlich, werden Anpassungen vorgenommen. Die DoD ist ein lebendiges Dokument, das dazu beiträgt, die Zusammenarbeit eines Teams mit seinem Umfeld zu verbessern. Hat das Team alles Notwendige getan, was zur Qualitätssicherung seiner Arbeit erforderlich ist? Sind alle Abhängigkeiten berücksichtigt? Füge die notwendigen Erweiterungen hinzu und veröffentliche diese Version.

TEAMS VORANBRINGEN

#18

AGILE UHR

Mit dieser Aktivität lässt sich ein Bewusstsein für die 12 Prinzipien des Agilen Manifests schaffen – zum Beispiel während eines Kick-off-Meetings für ein neues Scrum-Team, das mit dem Agilen Manifest und dessen Prinzipien noch nicht vertraut ist.

WAS DU DAZU BRAUCHST

- Das Agile Manifest und die 12 Prinzipien (ausgedruckt auf A3 oder A4)
- Flipcharts
- Moderationsstifte
- Post-its

DAUER

Etwa 1 Stunde

PRAKTISCHER NUTZEN

Diese Aktivität schafft ein Bewusstsein für das Agile Manifest und die 12 Prinzipien. Darüber hinaus wird deutlich, welche Rolle das Manifest und die Prinzipien für das Team spielen und wie sich die agile Denkweise im Team verankern lässt.

SCHRITTE

Schritt 1: Kleingruppen bilden

Ausgehend von der Gesamtgruppengröße bittest du die Gruppe, sich in Kleingruppen von drei bis fünf Personen aufzuteilen. Jede Gruppe erhält ein Flipchart, Moderationsstifte, Post-its sowie das Agile Manifest und die 12 Prinzipien, die du vorher auf A3- oder A4-Blätter ausgedruckt hast.

Schritt 2: Zusammenfassen

Die Kleingruppen fassen nun in den nächsten 25 Minuten jedes der 12 Prinzipien kurz und knapp in zwei bis vier Worten und einer Zeichnung bzw. einem Bild so zusammen, dass es auf das Team zutrifft.

Schritt 3: Visualisieren
Zeichne eine Uhr, wobei jede Zahl genau einem der 12 Prinzipien entspricht. Im Laufe dieser Übung entsteht dann ein Poster, auf dem die Prinzipien visualisiert und kurz zusammengefasst sind.

Schritt 4: Diskutieren
Besprich nun mit der Gruppe jedes einzelne Prinzip. Lass jede Kleingruppe ihre Ideen kurz vorstellen und achte auf eine von allen akzeptierte Auswahl aus den Vorschlägen. Diskutiert anschließend gemeinsam, wie sich eine agile Denkweise im Team verankern lässt, also wie sich die Teammitglieder gegenseitig daran erinnern wollen und welche Rolle die Uhr dabei spielen kann. Schreibe diese Verabredungen eventuell auf Post-its neben die Uhr.

Schritt 5: Selbsteinschätzung
Dieser Schritt ist optional, kann jedoch eine Menge Einsichten vermitteln. Erweitere die Uhr um Skalen von 1 bis 5, wobei der Mittelpunkt die 1 repräsentiert und die 5 am äußeren Rand der Uhr liegt. Lass vom Team nun die eigene Reife pro Prinzip eintragen und, wo erforderlich, Verbesserungsmaßnahmen benennen. Dabei entsteht eine Art Spinnennetzdiagramm. In zukünftigen Retrospektiven kann die Uhr hervorgeholt und erneut betrachtet werden. Sind Maßnahmen oder Anpassungen erforderlich, um sich als Team weiterzuentwickeln? Welchen Stand hat das Team nach einiger Zeit auf der Uhr erreicht? Gibt es neue Erkenntnisse?

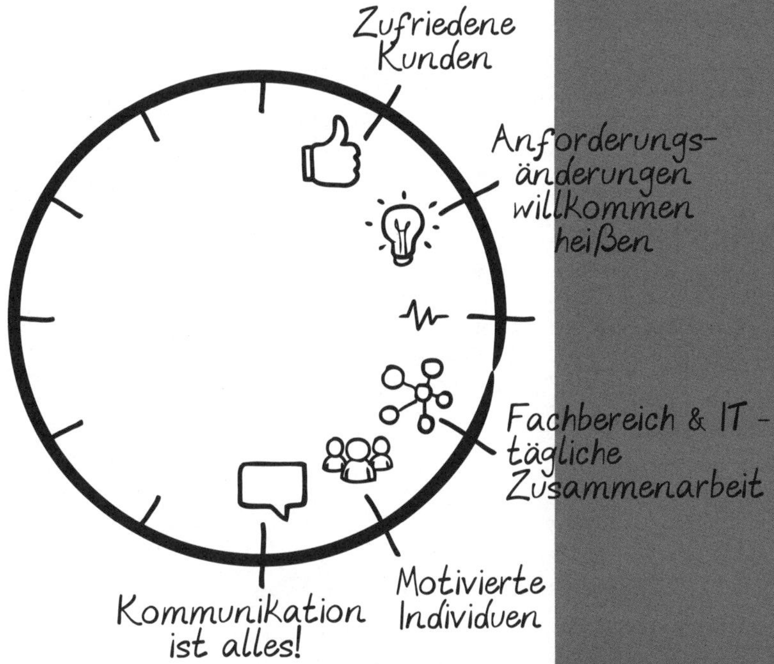

DIE PRINZIPIEN HINTER DEM AGILEN MANIFEST

1. *Unsere höchste Priorität ist es, den Kunden durch frühe und kontinuierliche Auslieferung wertvoller Software zufrieden zu stellen.*
2. *Heisse Anforderungsänderungen selbst spät in der Entwicklung willkommen. Agile Prozesse nutzen Veränderungen zum Wettbewerbsvorteil des Kunden.*
3. *Liefere funktionierende Software regelmäßig innerhalb weniger Wochen oder Monate und bevorzuge dabei die kürzere Zeitspanne.*
4. *Fachexperten und Entwickler müssen während des Projektes täglich zusammenarbeiten.*
5. *Errichte Projekte rund um motivierte Individuen. Gib ihnen das Umfeld und die Unterstützung, die sie benötigen, und vertraue darauf, dass sie die Aufgabe erledigen.*
6. *Die effizienteste und effektivste Methode, Informationen an und innerhalb eines Entwicklungsteams zu übermitteln, ist im Gespräch von Angesicht zu Angesicht.*
7. *Funktionierende Software ist das wichtigste Fortschrittsmaß.*
8. *Agile Prozesse fördern nachhaltige Entwicklung. Die Auftraggeber, Entwickler und Benutzer sollten ein gleichmäßiges Tempo auf unbegrenzte Zeit halten können.*
9. *Ständiges Augenmerk auf technische Exzellenz und gutes Design fördert Agilität.*
10. *Einfachheit – die Kunst, die Menge nicht getaner Arbeit zu maximieren – ist essenziell.*
11. *Die besten Architekturen, Anforderungen und Entwürfe entstehen durch selbstorganisierte Teams.*
12. *In regelmäßigen Abständen reflektiert das Team, wie es effektiver werden kann und passt sein Verhalten entsprechend an.*

TIPP!

Auf *agilemanifesto.org* findet sich das Agile Manifest und/oder die Prinzipien in vielen verschiedenen Sprachen, um es beispielsweise in einer anderen als der eigenen Sprache auszudrucken.

SKILL-MATRIX

In cross-funktionalen Teams ist es sinnvoll, die Wissensbasis der Teammitglieder zu verbreitern (»T-Shaping«). Das vereinfacht den Wissenstransfer und/oder, so erforderlich, Arbeitsaufgaben von anderen zu übernehmen. Um zu ermitteln, an welchen Stellen Weiterbildungsbedarf besteht und was davon zu wem passt, macht man zuallererst den aktuellen Kenntnisstand transparent.

PRAKTISCHER NUTZEN

Es entsteht mehr Transparenz über das im Team vorhandene Wissen und Können. Auf dieser Grundlage kann über eine Erweiterung des Teams um neue Mitglieder oder einen gezielten Wissensaufbau gesprochen werden. Zudem lässt sich die heutige Wissensverteilung mit einem gewünschten Zielbild abgleichen. Ist dieses Ziel mit einer Verbreiterung der Wissensbasis (»T-Shaping«) zu erreichen? Zu guter Letzt liefert eine solche Skill-Matrix ein klares Bild davon, was ein Team zu leisten vermag – etwas, worauf man stolz sein kann!

SCHRITTE

Vorbereitung

Suche dir eine leere Wand oder ein geeignetes Online-Tool wie Mural oder Miro, sodass du mit (vielen) Post-its arbeiten kannst. Wenn du ein Moderationspapier aufhängst, lassen sich die Ergebnisse später einfacher mitnehmen. Wenn du mit Flipchart-Blättern arbeiten willst, reicht ein Blatt meist nicht aus. Klebe deshalb mehrere Blätter aneinander. Darüber hinaus ist es praktisch, wenn sich die Personen frei im Raum bewegen können, deshalb sollten Tische und Stühle an den Rand geräumt werden. An die Wand hängst du oben von links nach rechts auf einzelnen Post-its die Namen aller Teammitglieder. Achte darauf, dass genug Platz bleibt, um unter jeden Namen nebeneinander zwei quadratische Post-its zu kleben.

#19

WAS DU DAZU BRAUCHST

- Einen Raum (in dem man ungestört ist)
- Quadratische Post-its
- Ein Stück Moderationspapier (optional)

DAUER

Etwa 1 bis 1,5 Stunden

TIPP 1

Die Skill-Matrix sollte, zum Beispiel in Retrospektiven, häufiger hervorgeholt und validiert werden. Ist sie noch stimmig oder hat sich der Wissensbedarf verändert? Es ist übrigens überhaupt kein Problem, wenn die Skill-Matrix nicht gleich im ersten Anlauf komplett ist. Auf jeden Fall sollte sie angepasst werden, wenn sich die Teamzusammensetzung ändert.

Schritt 1: Das Ziel erläutern

Erläutere den Teamgliedern, weshalb eine Skill-Matrix für sie nützlich ist. Zum Beispiel um transparent zu machen, welche Kompetenzen ihnen fehlen, um eine bestimmte operative Kontinuität sicherzustellen. Vielleicht hat sich aber auch in einer Retrospektive gezeigt, dass Weiterbildungsbedarf besteht, aber noch nicht klar ist, auf welchem Gebiet.

Schritt 2: Die erforderlichen Skills festlegen

Anhand der Daseinsberechtigung und der Zielstellungen des Teams trägst du mit der Gruppe zusammen, welche Fähigkeiten, Fertigkeiten und welches Wissen gebraucht werden, um die gesteckten Ziele zu erreichen und die Existenz des Teams zu rechtfertigen. Dabei kommt es noch nicht darauf an, ob und bei wem dieses Wissen vorhanden ist. Lass die Gruppe diese Frage unabhängig voneinander beantworten und schreibe jeden Punkt auf ein separates Post-it.

Sobald du diese Post-its an der linken Seite der Wand untereinander klebst, hast du eine teamspezifische Skill-Matrix erstellt.

Schritt 3: Die Matrix füllen

Jedes Teammitglied füllt die Matrix nun für sich aus, indem es zu jeder Kompetenz seinen Wissensstand und daneben sein Interesse an diesem Thema notiert (siehe Beispiel). Dazu ist es wichtig, sich im Vorfeld mit dem Team auf eine Skala zu einigen. Dafür kannst du die Optionen aus dem Beispiel anhand deiner eigenen Erfahrungswerte gemeinsam mit dem Team anpassen.

Schritt 4: Die Matrix analysieren

Analysiert dann gemeinsam die ausgefüllte Matrix. Fehlt es an Wissen, um die Ziele des Teams zu erreichen? Hattest du vielleicht Skills bei bestimmten Teammitgliedern erwartet, die sich in den Daten nicht wiederfinden? Gibt es Wisseninseln? Wer möchte sich gern auf welchen Gebieten weiterentwickeln? Gibt es vielleicht ein Übermaß an Wissen auf einem bestimmten Gebiet und ist das ein Problem?

Schritt 5: Maßnahmen einleiten
In diesem Schritt werden gemeinsam die Maßnahmen zusammengetragen, die für eine (noch) bessere Verteilung innerhalb der Matrix erforderlich sind. Mittels Dot Voting (Technik 1 aus **#77**) könnt ihr als Gruppe anschließend mindestens eine bis zwei davon zur Umsetzung auswählen (zum Beispiel eine spezielle Weiterbildung beantragen, das Gespräch über Kapazitäten suchen).

	Jan		Marie	
	Wissensstand	Interesse	Wissensstand	Interesse
Technische Doku				
Grafischer Entwurf				
Testen				
...				

	Susan		Mike	
	Wissensstand	Interesse	Wissensstand	Interesse
Technische Doku				
Grafischer Entwurf				
Testen				
...				

Wissensstand
0 – kein Wissen
1 – basis
2 – mittel
3 – fortgeschritten
4 – Experte

Interesse
0 – keins
1 – mäßig, würde jedoch gern etwas darüber wissen
2 – finde ich sehr spannend zu lernen

TIPP 2

Eine digitale Version der Skill-Matrix lässt sich einfacher weitergeben und besprechen, auch wenn man nicht physisch anwesend ist.

★

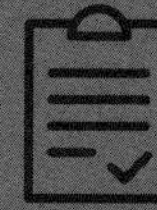

WAS DU DAZU BRAUCHST

- Flipcharts
- Moderationsstifte
- Ein Poster

DAUER

1 Stunde

SCRUM-WERTE

Mit dieser Aktivität werden die fünf Scrum-Werte erforscht und erarbeitet, um ein gemeinsames Verständnis zu schaffen.

PRAKTISCHER NUTZEN

Es wird transparent, was ein Team unter den Scrum-Werten versteht. Durch die Diskussion dieser Werte im Team entsteht ein gemeinsames Verständnis, wie die Teammitglieder diese Werte erleben. Sobald die Teammitglieder miteinander verabreden, welches Verhalten im Team akzeptiert ist und welches nicht, übernehmen sie gemeinsam die Verantwortung für die Einhaltung der Werte.

SCHRITTE

Vorbereitung

Gestalte für jeden der fünf Scrum-Werte (Commitment, Fokus, Offenheit, Respekt und Mut) ein Poster.

Schritt 1: Die Übung erläutern

Erläutere dem Team, warum du diese Übung durchführen möchtest. Möglicherweise gibt es Unstimmigkeiten im Team oder du möchtest dem vorbeugen. Oder es ist wichtig, dass das Team die Werte einmal intensiv erlebt, ehe es mit Scrum zu arbeiten beginnt. Jeder Scrum-Wert wird anhand eines Posters vertieft werden.

Schritt 2: Brainstorming
In einer Timebox von 15 Minuten gehen die Teammitglieder alle Werteposter einzeln für sich durch und notieren auf Post-its, was der jeweilige Wert für sie bedeutet, und kleben die Post-its an die entsprechenden Poster. So füllt jedes Teammitglied die Werte individuell mit Leben.

Schritt 3: Die Poster gemeinsam durchgehen
Nachdem die Zeit um ist (oder früher, wenn alle fertig sind), läuft das Team gemeinsam an den Postern entlang, schaut sich an, was an Post-its aufgehängt wurde, gruppiert Übereinstimmungen und erarbeitet als Gruppe je Poster ein gemeinsames Verständnis, was der Wert für das Team bedeutet. Dafür sollten mindestens 20 Minuten zur Verfügung stehen. Vielleicht lässt sich auch jeder Wert gemeinsam in einem einzigen Satz zusammenfassen. Achte darauf, dass ihr dafür nicht zu viel Zeit investiert.

TIPP 1

Die Poster können anschließend (mit Zustimmung des Teams) in den Teamarbeitsbereich gehängt und zusätzlich auf einer gemeinsamen Intranetseite des Teams veröffentlicht werden.

TIPP 2

Anhand des gesamten Inputs und aller Beispiele kannst du ein Poster gestalten, auf dem in einer Tabelle für jeden Wert einige Beispiele für Verhalten zusammengefasst sind, von dem das Team »mehr« und wovon es »weniger« will. Dieses Poster sollte auf jeden Fall im Teamarbeitsbereich hängen.

Schritt 4: Das Verhalten hinzufügen
Bitte das Team, sich in Dreiergruppen aufzuteilen und jeweils mit einem anderen Poster zu beginnen. Die Kleingruppe soll nun »grünes« Verhalten beschreiben, das zu den vorher beschriebenen Werten passt. Bitte sie danach, auch Beispiele für »rotes« Verhalten aufzuschreiben: Verhaltensweisen, Handlungen, Äußerungen usw., die dem gewünschten Wert widersprechen. Für das erste Poster haben sie 6 Minuten Zeit, für das zweite 5 Minuten, für das dritte 4 Minuten, für das vierte 3 Minuten und für das letzte 2 Minuten.

Schritt 5: Noch einmal gemeinsam die Poster durchgehen
Alle Kleingruppen haben nun die Poster gesehen und konnten sie ergänzen. Erkundige dich nach auffälligen Unterschieden und gehe auf sie, wenn erforderlich, näher ein. Ein letztes Mal werden Dinge ergänzt oder entfernt, wenn Teammitglieder damit überhaupt nicht einverstanden sind, um dann die Poster zu finalisieren.

Schritt 6: Vereinbarungen treffen
Sammle die Poster ein und vereinbare mit den Teammitgliedern, sich auf das »grüne« Verhalten zu fokussieren und gegenseitig auf »rotes« Verhalten hinzuweisen. Je nach Reife des Teams kann es sinnvoll sein, sich dann einen Moment Zeit zu nehmen und zu rekapitulieren, wie man aufrichtig und konstruktiv Feedback gibt, das beim Gegenüber gut ankommt. Das ist möglicherweise nicht für jeden Routine.

USER STORY MAPPING GAME

#21

★★

Anhand eines alltäglichen Praxisbeispiels wird in weniger als 30 Minuten eine Story Map erstellt, visualisiert und priorisiert. So können die Beteiligten erleben, weshalb es wichtig ist, Arbeitsaufgaben und Releases in kleinere Teile herunterzubrechen.

WAS DU DAZU BRAUCHST

- Post-its
- Moderationsstifte und Kugelschreiber
- Einen langen Tisch oder eine lange Wand
- Klebeband

DAUER

30 Minuten

PRAKTISCHER NUTZEN

Die zeitliche Beschränkung zwingt das Team, Prioritäten zu setzen, Entscheidungen zu treffen und unterschiedliche Releases zu erstellen. Durch die Einführung mehrerer Zeilen auf dem Board werden die Releases sichtbar, wobei das MVP (Minimum Viable Product – einfachstes funktionsfähiges Produkt) immer in der ersten Zeile steht. In den darunterliegenden Zeilen erscheinen die Erweiterungen pro Release. Die Festlegung des Release-Umfangs regt das Team zu einer Zusammenarbeit und gemeinsamen Diskussion der Prioritäten an. Diese Aktivität lässt sich genauso gut auf das Produkt anwenden und so ein erstes Backlog erstellen (siehe auch **#22 User Story Mapping – die Praxis).**

SCHRITTE

Schritt 1: Die Aufgabe erklären

Versammle die Gruppe um einen langen Tisch oder vor einer Wand und gib ihnen folgenden Auftrag: *»Du wirst im Büro um 9:00 Uhr zu einem wichtigen Meeting als Hauptredner erwartet. Der Wecker klingelt und du machst dich fertig. Schreibe so viele verschiedene Schritte wie möglich auf, die du zwischen Weckerklingeln und Betreten des Meetingraums ausführst.«*

Zum Beispiel: Wecker ausschalten, aufstehen, duschen, frisieren. Bitte alle, die Aktivitäten auf einzelne Post-its zu schreiben und in einer einzigen geraden, langen horizontalen Zeile auf den Tisch oder an die Wand zu kleben. Achte darauf, dass oberhalb der Zeile ausreichend Platz bleibt!

Schritt 2: Die Aufgabe beginnen
Du kannst diese Aktivität auf unterschiedliche Weise beginnen:

- In einer Timebox von 5 Minuten Zeit schreiben alle Teilnehmenden individuell diese Aktivitäten auf Post-its und erstellen daraus eine einzige gemeinsame Storyline.
- Kleingruppen von zwei bis fünf Personen erarbeiten gemeinsam eine Zeile zum Thema.
- Einzelne Gruppenmitglieder schreiben die Antworten, die ihnen die Gruppe zuruft, direkt mit. So werden Erzählstrang und Aktivitäten schnell gemeinsam erarbeitet.

Alle drei Varianten münden am Ende in eine erarbeitete Storyline, in der die Aktivitäten von links nach rechts vom Aufstehen über das Verlassen des Hauses bis hin zum Betreten des Meetingraums handeln.

Schritt 3: Die Post-its gruppieren
Nun gibt es entweder eine einzige horizontale Zeile oder mehrere, wenn du in Kleingruppen gearbeitet hast. Findet gemeinsam heraus, welche Aktivitäten sich unter einem gemeinsamen Thema gruppieren lassen, schreibt diese Themen, die man auch »Epics« nennen könnte, auf andersfarbige Post-its und klebt sie über die bestehende Zeile. Beispiele für solche »Epics« sind: Aufstehen, Fertigmachen, Reisen.

Die nun fertiggestellte Storyline visualisiert die Schritte und Aufgaben, die zu erledigen sind, um pünktlich zum Meeting zu kommen.

Schritt 4: Um eine halbe Stunde reduzieren
Dieser Schritt gleicht Schritt 1, du passt lediglich den Auftrag ein wenig an: *»Du hast eine halbe Stunde verschlafen! Dadurch bleibt dir deutlich weniger Zeit, alle Aufgaben zu erledigen. Verschiebe die Dinge, an denen du trotz*

TIPP!

Die drei bzw. vier unterschiedlichen Zeilen lassen sich mit Klebeband voneinander abgrenzen.

der knapperen Zeit immer noch festhältst, eine ›Zeile‹ nach oben.«

Nun kleben ganz oben die Epics, darunter die trotz Verschlafens unbedingt erforderlichen Aufgaben, und die untere Zeile umfasst Dinge, die nur bei ausreichend Zeit zum Tragen kommen.

Schritt 5: Gib ihnen genau 5 Minuten!
Dieser optionale Schritt bringt oft eine Menge Spaß. Die Gruppe durchläuft noch einmal Schritt 1, allerdings reduziert auf die Aktivitäten, die in 5 Minuten zu schaffen sind. Dadurch entsteht eine zusätzliche Zeile mit dem Allernotwendigsten.

Schritt 6: Schlussfolgerungen besprechen
Es zeigt sich, dass man durch Verknappung, beispielsweise der Zeit, gezwungen wird, Entscheidungen zu treffen. Auch bei der Produktentwicklung sollte man bereits im Vorfeld darüber nachdenken, was in Zeiten knapper Ressourcen zuerst umgesetzt werden soll, um schneller ein wertvolles Ergebnis zu schaffen. Die letzten kleinen, kaum wertstiftenden Erweiterungen sind vielleicht nett, aber bei genauer Betrachtung oft eher die »Kerzen auf der Torte«.

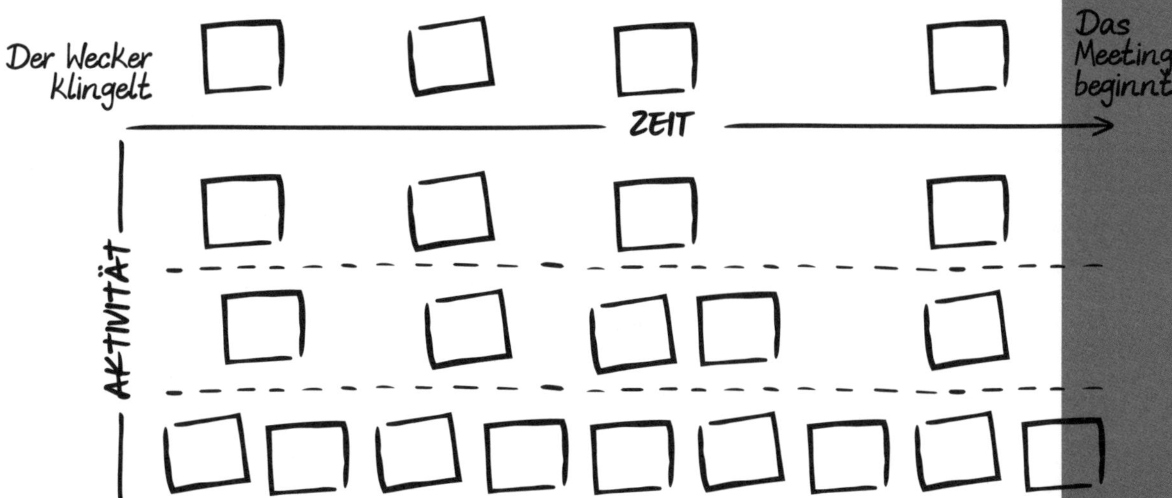

★★★

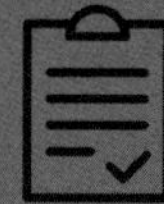

WAS DU DAZU BRAUCHST

- Eine große leere Wand mit Moderationspapier
- Moderationsstifte
- Post-its

DAUER

2 bis 3 Stunden

USER STORY MAPPING – DIE PRAXIS

Eine User Story Map fügt dem Product Backlog eine zweite Dimension hinzu. Die Visualisierung ermöglicht eine neue Sicht auf das Product Backlog, was die Entscheidungsfindung und weitere Verfeinerung des Backlogs unterstützt.

PRAKTISCHER NUTZEN

Am Ende steht eine User Story Map bzw. ein klares, gemeinsames Bild des Produktumfangs, inklusive einer Analyse von Wert/Prioritäten der Teilfunktionalitäten. So liefert diese Visualisierung dem Product Owner wichtigen Input für das Gliedern und Ordnen des Product Backlog.

SCHRITTE

Vorbereitung

Erarbeite im Vorfeld der Aktivität mit dem Product Owner eine Produktvision und reichere sie mit einer knappen Funktionsübersicht an. Diese übergreifende Darstellung gibt die Richtung vor und ermöglicht einen guten Start in die Sitzung. Solch eine Produktvision umfasst Folgendes:

- **Was**: kennzeichnet das Produkt, welche Features soll es auf jeden Fall beinhalten und welche Probleme soll es lösen.
- **Wer**: Für welche Anwender wird das Produkt entwickelt und wer wird es kaufen? Für jeden Anwender sollte der Mehrwert deutlich werden.
- **Weshalb**: Welchen Nutzen zieht die eigene Organisation daraus, dieses Produkt oder Feature zu entwickeln. Wie werden es die Anwender benutzen und wie trägt es zum Gewinn oder zur Verringerung der Kosten bei.

Schritt 1: Den Gesamtprozess festlegen
Fertige mit dem gesamten Team eine Übersicht aller Prozessschritte an, die von einem Anwender durchlaufen werden. Dabei geht es vor allem erst einmal um Breite, noch nicht so sehr um Tiefe. Bitte das Team, sich die wichtigsten Anwender vorzustellen. Wie sieht für einen solchen Anwender ein typischer Tag mit dem Produkt aus? Was macht der Anwender genau, wozu benutzt er das Produkt? Notiert jeden Schritt auf einem separaten Post-it und gruppiert vergleichbare Tätigkeiten. Hängt diese Post-its in zeitlicher Reihenfolge der Tätigkeiten von links nach rechts auf. Diese Kopfzeile ist das Rückgrat der User Story Map.

Schritt 2: Die Prozessschritte ausarbeiten
Teile das Team in zwei Gruppen auf und bitte jede Gruppe, dieses Rückgrat zu füllen, indem sie große Prozessschritte in kleinere aufteilt und Teilaufgaben und Details für das User Interface festlegt. Um die Kreativität der Gruppen zu fördern, kannst du ihnen folgende Fragen stellen:

- Was würdest du tun, wenn es dein eigenes Produkt wäre?
- Was wäre das Allertollste, das wir entwickeln könnten?
- Was kann dabei alles schiefgehen?

Die Gruppen haben etwa 15 Minuten Zeit, Gedanken und Ideen zu entwickeln. Anschließend stellen sie einander ihre Überlegungen vor. Fordere beide Gruppen auf, die Ideen der anderen infrage zu stellen und das Warum bestimmter Entscheidungen tiefer zu ergründen.

TIPP!
Wenn diese Aktivität gemeinsam mit dem Product Owner durchgeführt wird und dazu eventuell noch ein paar wichtige Stakeholder oder Anwender eingeladen werden, können akute Fragen sofort geklärt werden.

Das hilft, die User Story Map weiter zu verbessern. Ordne anschließend die User Story Map und unterteile sie in Nutzeraktivitäten, Nutzeraufgaben und User Stories. Diesen Schritt kannst du ruhig mehrere Male wiederholen.

Schritt 3: Releasecluster festlegen

Um entscheiden zu können, was ihr zu einem gemeinsamen Release zusammenfassen wollt, solltet ihr euch noch einmal vor Augen führen, was mit diesem Release erreicht werden soll. Welche Wirkung soll es erzielen und welche Kunden wollt ihr damit richtig glücklich machen? Beginnt bei Releasecluster 1, benennt dessen Umfang und Kundennutzen, und geht dann weiter zu Releasecluster 2 usw. Versucht, die Releasecluster so klein wie möglich zu halten, nicht größer als die Arbeit für einen Sprint, aber doch mit einer Reihe von Funktionen, die für den Anwender tatsächlich einen Mehrwert bedeuten. Danach sieht die Story Map etwa so aus wie links abgebildet.

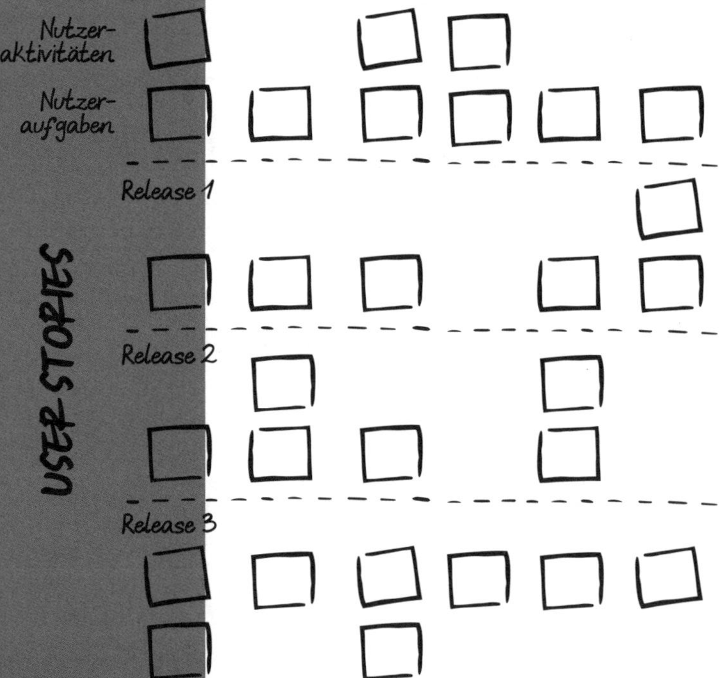

Schritt 4: Verfeinern, sofern erforderlich

Gemeinsam mit dem Team überprüfst du, was noch verfeinert werden muss, zum Beispiel indem User Stories konkretisiert, hinzugefügt oder aufgeteilt werden. Danach lässt sich mithilfe der User Story Map das Product Backlog füllen und ordnen. Der Product Owner entscheidet die endgültige Reihenfolge im Backlog, dabei hilft ihm der Input aus der User Story Map.

USER-STORY-DETAILS

Während dieser Aktivität lernen die Teilnehmenden, dass mehr Spezifikationen und/oder mehr Details nicht per se zu einem besseren Produkt führen. Sie passt zum Beispiel während eines Trainings oder wenn es dem Entwicklungsteam oder dem Product Owner schwerfällt, User Stories zu schreiben, zu lesen oder zu nutzen.

PRAKTISCHER NUTZEN

Diese Aktivität führt zu der Erkenntnis, dass...

- ... mehr Details nicht zwangsläufig ein besseres Produkt bedeuten.
- ... sich nicht jede Spezifikation genau aufschreiben lässt, es bleibt immer Interpretationsspielraum.
- ... die Kreativität des Teams wichtiger ist als vollständige Spezifikationen.
- ... das Team proaktiver handelt und besser kommuniziert, wenn nicht alles ausspezifiziert ist.
- ... die Zeit, die in detaillierte Spezifikationen investiert wird, sich nicht immer auszahlt.
- ... es dem Team mehr Freude bereitet, wenn es während der Übung kreativ sein darf.

SCHRITTE

Schritt 1: Zwei Gruppen bilden

Bitte das Team, sich in zwei Gruppen von je zwei bis fünf Personen aufzuteilen, und anschließend Gruppe 2, den Raum zu verlassen, sodass sie nicht hört, welchen Auftrag Gruppe 1 erhält.

#23

WAS DU DAZU BRAUCHST

- Flipchart-Blätter
- Verschiedenfarbige Moderationsstifte (gern auch Buntstifte, Kreide oder Wachsmalblöcke für besonders Kreative)
- Das Dokument »Spezifikation Weide«

DAUER

2 bis 3 Stunden

TIPP 1

In einem großen Raum lassen sich die Schritte 2 und 3 auch zusammenfassen. Die Gruppen gehen dazu einfach im Raum weit auseinander und führen, ohne groß zu diskutieren, die Aufträge aus. Hintergrundmusik kann dabei unterstützen.

TIPP 2

Zur Inspiration sind zwei verschiedene Spezifikationen hinzugefügt. Diese muss man natürlich nicht benutzen. Wer eine bessere oder nettere Idee hat, sollte auf jeden Fall damit arbeiten.

Schritt 2: Gruppe 1 ihren Auftrag erteilen
Übergib Gruppe 1 eine detaillierte Liste von Anforderungen an eine Weide (siehe nächste Seite oben) mit dem Auftrag, eine Zeichnung anzufertigen. Die Zeichnung muss den Anforderungen auf der Liste genügen. Die Gruppe hat dafür maximal 5 Minuten Zeit. Halte anschließend die Zeichnung von Gruppe 1 verborgen, bevor du zum nächsten Schritt übergehst.

Schritt 3: Gruppe 2 ihren Auftrag erteilen
Rufe Gruppe 2 zurück und übergib ihr eine User Story (siehe nächste Seite weiter unten) mit demselben Ziel (eine Weide) und bitte sie ebenfalls, eine Zeichnung anzufertigen. Auch diese Gruppe hat maximal 5 Minuten Zeit dafür. Die Teilnehmenden in Gruppe 1 können sich aussuchen, ob sie einen Kaffee trinken gehen oder zuschauen, was Gruppe 2 macht. Das kannst du im Rahmen der Moderation natürlich auch einfach festlegen. Sie dürfen jedoch auf keinen Fall jetzt schon mit der anderen Gruppe sprechen.

Schritt 4: Die Diskussion unterstützen
Hänge die Zeichnungen der beiden Kleingruppen nebeneinander und rege die Diskussion mit folgenden Fragen an:

- Wie empfand Gruppe 1 die Übung?
- Wie empfand Gruppe 2 die Übung?
- Ist Gruppe 1 etwas aufgefallen, als sie Gruppe 2 bei der Arbeit beobachtet hat?
- Gab es große Unterschiede?

Möglicherweise kommen im Rahmen der Diskussion schon einige der weiter oben genannten Punkte (siehe »Praktischer Nutzen«) zur Sprache. Arbeite diese Punkte explizit heraus, indem du sie beispielsweise auf einem Flipchart notierst.

Schritt 5: Verbesserungsvorschläge
Dieser Schritt ist optional, kann jedoch äußerst hilfreich sein. Bitte die Gruppe, einen oder mehrere Verbesserungsvorschläge zu erarbeiten, vielleicht mit **#67 1-2-4-All**. Diese Vorschläge können zum Beispiel in zukünftige Refinements und Sprint-Planning-Meetings einfließen.

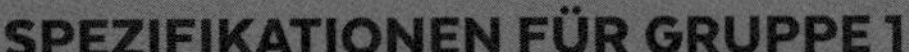

SPEZIFIKATIONEN FÜR GRUPPE 1

Fertige eine Zeichnung entsprechend der nachfolgenden Anforderungen an:

Zeichne eine wunderschöne Weide mit:

- 10 blauen Blumen mit je 5 Blütenblättern
- 5 blauen Blumen mit je 6 Blütenblättern
- 13 roten Blumen mit je 6 Blütenblättern
- 2 Kühen mit 3 schwarzen Flecken
- 1 Kuh mit 7 schwarzen Flecken
- 2 Kühen mit 4 schwarzen Flecken
- 2 Vögeln in der linken oberen Ecke
- 3 Vögeln in der Mitte
- 1 Sonne im rechten Teil mit 5 Strahlen

SPEZIFIKATIONEN FÜR GRUPPE 2

»Zeichne eine wunderschöne Weide mit grünem Gras und verschiedenfarbigen Blumen, ein paar Kühen und einigen Vögeln an einem blauen, sonnigen Himmel.«

TIPP 3

Ist die Gruppe groß, können mehrere Kleingruppen dieselben Spezifikationen umsetzen. Das kann zu neuen Erkenntnissen bezüglich Kreativität und Interpretation führen. Es ist jedoch unbedingt zu vermeiden, dass die Kleingruppen während der Übung voneinander »abgucken«.

TIPP 4

Die Teilnehmenden sollten auf keinen Fall die Abbildungen aus diesem Buch zu sehen bekommen, denn das könnte sie beeinflussen. Sie erhalten lediglich das Set an Spezifikationen.

#24

WAS DU DAZU BRAUCHST

- Digitale Kommunikationstools (z. B. Teams, Zoom, Meet)
- Die Kamera und das Mikrofon eingeschaltet
- Ein Tool (zur Not Stift und Papier), um ein Moodboard zu erstellen, zum Beispiel Mural, Miro oder PowerPoint

DAUER

Etwa 1,5 Stunden

MOODBOARD-TEAMGESPRÄCH

Alle Teilnehmenden gestalten ein digitales Moodboard und stellen es anschließend nacheinander innerhalb einer festen Timebox im Gespräch mit der Gruppe vor.

PRAKTISCHER NUTZEN

Diese Aktivität gibt allen die Möglichkeit, sich zu äußern und etwas von sich preiszugeben. Es ist eine kreative Übung, die zu Gesprächen anregt und sowohl Unterschiede als auch Gemeinsamkeiten zwischen den Teilnehmenden aufzeigt, was sich positiv auf die Zusammenarbeit auswirkt.

SCHRITTE

Schritt 1: Die Aufgabe und die Rahmenbedingungen erläutern

Ein Moodboard ist eine Collage, mit der eine Stimmung anhand von Bildern oder Notizen wiedergegeben wird. Die Teilnehmenden können dafür alles verwenden, was ihnen passend erscheint, wichtig ist nur, dass sie es über den Bildschirm mit den anderen Anwesenden teilen können und ihnen später auch erläutern werden.

Du kannst auch ein Thema für das Moodboard vorgeben, zum Beispiel:

- Welche Gefühle hattest du während des vergangenen Sprints?
- Wie empfindest du deine Rolle im Team und die Zusammenarbeit mit anderen?
- Was ist deine liebste Freizeitbeschäftigung?
- Wie hast du dich im vergangenen Quartal entwickelt?
- Was ist dir von den Neuigkeiten über die Reorganisation in Erinnerung geblieben?

Bevor ihr euch an die Arbeit macht, vereinbart unbedingt, dass alles, was hier besprochen wird, innerhalb der Gruppe bleibt, es sein denn, ihr einigt euch explizit auf etwas anderes.

Schritt 2: Das Moodboard erstellen
Alle Teilnehmenden haben nun 15 Minuten Zeit, ihre Moodboards zu erstellen. Beteilige dich ebenfalls und gestalte ein seriöses Board, das den anderen als Vorbild dienen kann.

Schritt 3: Die Moodboards durchsprechen
Entscheide dich bewusst, ob du zuerst dein eigenes Moodboard vorstellen willst oder jemand anders den Anfang machen soll. Mit Blick auf Gruppengröße und verbleibende Zeit legst du die maximale Dauer pro Gespräch und Moodboard fest. Moderiere die Gespräche über die Moodboards und achte darauf, dass der Gestalter des Moodboards zwar ausreichend zu Wort kommt, aber ein Monolog vermieden wird. Halte Augen und Ohren offen, ob sich aus irgendetwas Maßnahmen für dich oder das Team ableiten lassen.

Schritt 4: Die Aktivität abschließen
Sobald alle Moodboards besprochen sind, solltest du noch einmal in die Runde fragen, ob es noch Fragen oder offene Punkte gibt. Falls während der Gespräche Folgemaßnahmen entstanden sind, solltest du sie jetzt noch einmal zusammenfassen.

TIPP!

Ein bereits im Vorfeld gestaltetes Moodboard lässt sich als Anregung für die Gruppe und als Beispiel während der Einführung verwenden.

#25

★

DAS AGILE MANIFEST – DIE WERTE

Diese Aktivität lädt ein (Management-)Team ein, über die Logik des Agilen Manifests zu reflektieren und zu überlegen, welche Änderungen für das eigene Verhalten sich daraus ableiten lassen.

WAS DU DAZU BRAUCHST

- Ausreichend Ausdrucke des Agilen Manifests – die Werte
- Post-its
- Moderationsstifte
- Flipchart-Blätter

DAUER

1 Stunde

PRAKTISCHER NUTZEN

Die Aktivität hilft einerseits, sich das Agile Manifest anzueignen (es auswendig zu können). Andererseits wird ein Gespräch über notwendige Verhaltensänderungen geführt und darüber, wie die Teilnehmenden sich dabei gegenseitig unterstützen können.

SCHRITTE

Vorbereitung

Bereite etliche Sets (von Zetteln o.Ä.) mit dem Text des Agilen Manifests in einzelnen Worten vor. Also auf einem »*Individuen und*«, auf einem anderen »*Interaktionen*«, auf dem nächsten »*Prozesse und*«, auf einem weiteren »*Werkzeuge*«. Und das für alle vier Werte des Agilen Manifests. Bei drei bis vier Personen je Gruppe brauchst du für 25 Teilnehmende sieben bis acht Sets.

Schritt 1: Das Manifest reproduzieren

Erläutere (sofern das noch nicht bekannt ist), dass das Manifest aus vier Werten besteht, die in Form einer Liste angeordnet sind, wobei der Wert auf der linken Seite wichtiger ist als der Wert auf der rechten Seite. Bitte die Gruppen nun, auf einem Flipchart-Blatt das Agile Manifest so zu reproduzieren, wie es ihrer Meinung nach aussehen sollte (ohne dabei das Internet zu benutzen).

Schritt 2: Das Agile Manifest vorstellen und die Reihenfolge erläutern

Unterstreiche noch einmal dieses »links mehr als rechts«, dass also die linke Seite agiler ist als die rechte. Erläutere dann die Reihenfolge, die von oben nach unten verdeutlicht, dass es zuallererst darauf ankommt, einander wirklich zu verstehen und anschließend dieses Verständnis so schnell wie möglich in ein konkretes Ergebnis zu überführen. Das kann dann mit dem Kunden getestet und dessen Feedback sofort wieder in ein funktionsfähiges Ergebnis umgesetzt werden. Agilität (also Reagieren auf Veränderung) steht erst an vierter Stelle, weshalb die ersten drei die Vorbedingungen dafür sind.

Schritt 3: Die Bedeutung der rechten Seite

Erläutere nochmals, dass sowohl die linke als auch die rechte Seite agil ist, links jedoch mehr als rechts. Erwähne dann, dass unter dem Manifest der Satz steht: »Das heißt, obwohl wir die Werte auf der rechten Seite wichtig finden, schätzen wir die Werte auf der linken Seite höher ein.« Frage die Gruppe dann, welchen Wert die rechte Seite darstellt. Sie sollten gemeinsam zu der Einsicht kommen, dass die rechte Seite die linke unterstützt – die rechte Seite schafft also die Struktur und Sicherheit für die linke.

Schritt 4: In die Diskussion einsteigen

Moderiere die Diskussion über mögliche Verhaltensänderungen auf Grundlage des Manifests. Wann und wo im Arbeitskontext bewegt sich die Gruppe oder die einzelne Person in der Regel auf der rechten Seite des Manifests, und wie könnten sie es mehr linksseitig tun? Diese vier Werte, darauf solltest du noch einmal nachdrücklich hinweisen, bilden das Wertesystem hinter der agilen Denkweise, sodass es schwierig wird, neue Verhaltensweisen zu erlernen, ohne sie verinnerlicht zu haben. Deshalb – das Agile Manifest unbedingt auswendig lernen!

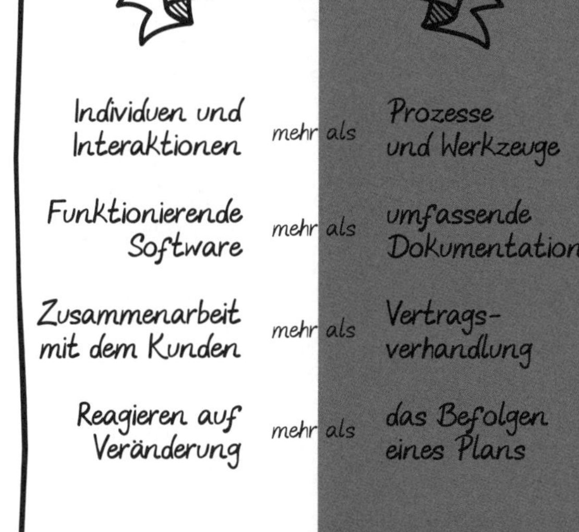

TIPP!
Man muss das Manifest wirklich auswendig kennen, um die Aktivität zu moderieren. Von vorne bis hinten, von links nach rechts und wieder zurück. Ansonsten ist es schwierig, diese Aktivität durchzuführen.

Bereite Beispiele zu jedem der vier Werte des Manifests vor, am besten aus der direkten Arbeitsumgebung oder Beispiele, in die sich alle hineinversetzen können:

- Wert 1: Dass es also besser ist, ein paar Leute zusammenzurufen, als eine E-Mail ins Unternehmen zu schicken. Oder dass Wissensvermittlung zwischen Menschen am besten funktioniert, wenn sie miteinander auf einem Whiteboard zeichnen, und deutlich weniger gut, wenn sie allein ein Dokument lesen.
- Wert 2: Dass es also besser ist, auf der Grundlage eines kurzen einseitigen A4-Dokuments eine erste funktionsfähige Version zu bauen, als vorab einen dicken Stapel von Anforderungen und Randbedingungen zusammenzutragen und dann erst mit dem Bauen zu beginnen. Oder dass es sich verhält wie mit einem Bausatz von IKEA: Die linke Seite ist der zusammengebaute Kleiderschrank im Schlafzimmer, die rechte das Heft mit der Aufbauanleitung – beide sind wertvoll, doch der Schrank (links) ist wertvoller.
- Wert 3: Dass trotz aller großartigen Vereinbarungen und einer Unterschrift wahre Kundenzufriedenheit nicht durch den Vertrag entschieden wird, sondern dadurch, wie man mit dem Kunden zusammenarbeitet. Oder dass es im Grunde wie beim Heiraten mit Ehevertrag ist: Der Vertrag ist wichtig, garantiert aber keine glückliche Ehe; einander glücklich machen zu wollen, sehr wohl.
- Wert 4: Zu akzeptieren, dass es doch nie nach Plan abläuft und man notwendige Veränderungen lieber begrüßt und annimmt, als sich aktiv gegen sie zu wehren. Oder dass es eben genauso ist wie im Urlaub oder zu Hause: Wir haben zwar einen Plan, passen ihn aber kontinuierlich an, wenn die Situation es erfordert. Sollten wir das nicht auch etwas häufiger im Arbeitskontext hinbekommen?

DAS AGILE MANIFEST – DIE PRINZIPIEN

#26

Sobald sich eine Organisation für eine agile Arbeitsweise entscheidet, ist regelmäßige Reflexion über den aktuellen Stand unumgänglich. Diese Aktivität begleitet ein (Management-)Team anhand der zwölf Prinzipien hinter dem Agilen Manifest bei der Reflexion. Alle Teilnehmenden benennen sowohl die eigenen Stärken als auch die der Organisation.

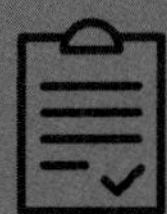

WAS DU DAZU BRAUCHST

- Ausreichend Kartensets des Agilen Manifests
- Post-its
- Moderationsstifte
- Ein Flipchart

DAUER

1 Stunde

PRAKTISCHER NUTZEN

Durch die genauere Betrachtung der zugrunde liegenden Prinzipien vertieft sich das Verständnis für die Werte des Agilen Manifests. Es entsteht ein gemeinsames Bild, wo die Organisation im Augenblick hinsichtlich des Agilen Manifests steht und welche Herausforderungen noch warten.

SCHRITTE

Vorbereitung

Bereite etliche Kartensets vor und schreibe dafür auf jede Karte eines der zwölf Prinzipien. Bei drei bis vier Personen je Gruppe brauchst du für 25 Teilnehmende sieben bis acht Sets.

Schritt 1: Die für die Organisation einfachsten und schwierigsten Prinzipien wählen

Jede Gruppe erhält ein Kartenset und hat 10 Minuten Zeit, gemeinsam zu entscheiden, welche der zwölf Prinzipien in der Organisation bereits gelebt werden und für welche die Herausforderung, sie in der Organisation einzuführen, am größten ist. Bitte die Kleingruppen, für jede dieser Kategorien zwei Karten auszuwählen.

Schritt 2: Ergebnisse diskutieren

Im Anschluss werden die Ergebnisse der Übung mit der gesamten Gruppe besprochen. Möglicherweise gibt es bei den bereits gelebten Prinzipien Übereinstimmungen (du kannst das gegebenenfalls noch einmal hinterfragen). Verständigt euch dann, bei welchen Prinzipien nach Meinung der Kleingruppen eine Implementierung innerhalb der Organisation schwierig werden wird. Ziel ist, sich mit den Prinzipien auseinanderzusetzen und sie zu verstehen. Dabei muss keine Einigkeit erzielt werden, es geht in erster Linie um das Gespräch. Herrscht ein hohes Maß an Übereinstimmung, kannst du die Gruppe bitten, in einem zusätzlichen Schritt über Maßnahmen nachzudenken, um noch stärker von einem Prinzip zu profitieren oder aber ein als problematisch empfundenes Prinzip zu entschärfen.

TIPP 1

Für die Moderation ist es wichtig, die zwölf Prinzipien hinter dem Manifest wirklich auswendig zu kennen. Von vorne nach hinten, von links nach rechts und wieder zurück.

Schritt 3: Die Übung wiederholen

Jede Kleingruppe hat nun eine Viertelstunde Zeit, die persönlichen Präferenzen herauszufinden. Dazu sollen innerhalb der ersten 2 Minuten alle individuell ein Prinzip wählen, das voll und ganz zu ihnen passt, und eines, das ihnen allergrößte Mühe bereitet. In der verbleibenden Zeit besprechen die Gruppenmitglieder miteinander, weshalb sie sich genau für diese zwei entschieden haben.

Schritt 4: Eine Gesamtübersicht erstellen

Gestalte ein Poster mit den zwölf Prinzipien (oder ein Flipchart-Blatt, vielleicht sogar nur mit den Nummern). Visualisiere in zwei Spalten, welche Prinzipien bereits sehr stark verankert sind und welche noch als schwierig empfunden werden. Veranschauliche zum Beispiel mit Strichen, wie viel Teilnehmende welches Prinzip gewählt haben.

Schritt 5: Debriefing

Frage die Gruppe, was ihnen an dieser Übung aufgefallen ist. In erster Linie sollen sie die Prinzipien besser kennenlernen, also versuche das Gespräch vor allem in diese Richtung zu lenken. Gut ist, wenn die Gruppe versteht, dass ein Prinzip, das für manche schwierig erscheint, für andere unter Umständen überhaupt kein Problem darstellt. Die Schwächen der einen sind nämlich oft die Stärken der anderen. Das ist der Grund, darauf solltest du noch einmal nachdrücklich hinweisen, hauptsächlich in Teams zu arbeiten. Dann kompensieren sich die Schwächen untereinander und übrig bleibt eine Summe von Stärken.

DIE ZWÖLF PRINZIPIEN

- Unsere höchste Priorität ist es, den Kunden durch frühe und kontinuierliche Auslieferung wertvoller Software zufrieden zu stellen.
- Heiße Anforderungsänderungen selbst spät in der Entwicklung willkommen. Agile Prozesse nutzen Veränderungen zum Wettbewerbsvorteil des Kunden.
- Liefere funktionierende Software regelmäßig innerhalb weniger Wochen oder Monate und bevorzuge dabei die kürzere Zeitspanne.
- Fachexperten und Entwickler müssen während des Projektes täglich zusammenarbeiten.
- Errichte Projekte rund um motivierte Individuen. Gib ihnen das Umfeld und die Unterstützung, die sie benötigen, und vertraue darauf, dass sie die Aufgabe erledigen.
- Die effizienteste und effektivste Methode, Informationen an und innerhalb eines Entwicklungsteams zu übermitteln, ist im Gespräch von Angesicht zu Angesicht.
- Funktionierende Software ist das wichtigste Fortschrittsmaß.
- Agile Prozesse fördern nachhaltige Entwicklung. Die Auftraggeber, Entwickler und Benutzer sollten ein gleichmäßiges Tempo auf unbegrenzte Zeit halten können.
- Ständiges Augenmerk auf technische Exzellenz und gutes Design fördert Agilität.
- Einfachheit – die Kunst, die Menge nicht getaner Arbeit zu maximieren – ist essenziell.
- Die besten Architekturen, Anforderungen und Entwürfe entstehen durch selbstorganisierte Teams.
- In regelmäßigen Abständen reflektiert das Team, wie es effektiver werden kann und passt sein Verhalten entsprechend an.

TIPP 2

Soll diese Aktivität häufiger und in mehreren Teams zum Einsatz kommen, empfiehlt es sich, die Karten sofort zu laminieren. So erspart man sich eine Menge Arbeit mit Drucken und Ausschneiden.

#27

★★

WAS DU DAZU BRAUCHST

- Eine Agenda
- Eine Organisation oder Abteilung, die dem Erfahrungs-austausch zustimmt
- Die richtige Kontaktperson
- Stifte und Papier oder Post-its, sodass sich die Teilnehmenden während der Führung Dinge, die ihnen auffallen, oder Fragen notieren können.

DAUER

1 Stunde (auch länger, wenn die Agenda erweitert wird)

UNTERNEHMENS-SAFARI

Wissen für sich aufzubauen und sich selbst zu betrachten, ist einfach. Aber wie inspirierend kann es sein, mal bei den Nachbarn vorbeizuschauen? Wie ist deren Abteilung organisiert, wie läuft bei ihnen ein Sprint-Review ab, was sind deren Herausforderungen und Erfolge? Diese Aktivität erläutert, wie man eine solche Safari angeht. Man kann innerhalb der eigenen Organisation auf Safari gehen, sich aber genauso gut für den Erfahrungsaustausch mit einem anderen interessanten Unternehmen entscheiden.

PRAKTISCHER NUTZEN

Man gewinnt Anregungen und Einsichten, die das eigene Team oder die eigene Abteilung weiterbringen können und die sich als Verbesserungsimpulse mitnehmen lassen. In diesem Beispiel findet die Safari in einem externen Unternehmen statt.

SCHRITTE

Schritt 1: Bedürfnisse sammeln

Es ist sinnvoll, sich im Vorfeld zu überlegen, was man mit der Safari erreichen und wovon man sich inspirieren lassen will. Das hängt in hohem Maß von der Zusammensetzung der Gruppe ab, die auf Safari geht. Ist es eine Mischung aus Scrum Mastern und Product Ownern, ist ein komplettes Team dabei, geht es um das Management? Abhängig von diesen Entscheidungen und Bedürfnissen wird ein Kontakt zu Unternehmen gesucht, die diese Anforderungen möglichst erfüllen können.

Schritt 2: **Sich abstimmen**
Bereite als Organisator die Safari gut vor. Das klingt wie eine Selbstverständlichkeit, doch die Erfahrung lehrt, dass frühzeitige gute Abstimmung den Wert des Besuchs zu steigern vermag. Welches Ziel wird aus der Sicht beider Organisationen verfolgt? Wann gilt die Safari als erfolgreich? Dieses Bedürfnis sollte auf jeden Fall Bestandteil der Agenda sein und auch mit der Gruppe geteilt werden.

Schritt 3: **Auf Safari gehen**
Hauptziel einer Safari ist, sich beim Nachbarn oder der Nachbarin umzuschauen, als wäre man wirklich auf einer Safari und wollte sich von all den Dingen inspirieren lassen, die man zu sehen bekommt. Eine Safari besteht grob aus drei Phasen:

Phase 1: Was wird man alles zu sehen bekommen? Ziehe dich mit der Gruppe in einen Raum zurück und gehe noch einmal durch, was während der Führung auf sie zukommen wird. Worauf sollte man besonders achten? Wie läuft die Führung ab? Besprich diese Fragen ganz konkret, sodass der Gruppe bewusst ist, was sie erwartet, und sie sich darauf einstellen kann. Das erhöht die Aufmerksamkeit für Dinge, die sie zu sehen bekommen.

Phase 2: Die Safari. Problematisch kann sein, dass derartige Führungen vom Management betreut werden. Das sollte besser den Teammitgliedern überlassen werden! Schließlich ist es ihr Arbeitsgebiet. Sie sollten selbst zu Wort kommen, erläutern und Fragen beantworten. So wird keine Geschichte erzählt, sondern Erfahrung vermittelt.

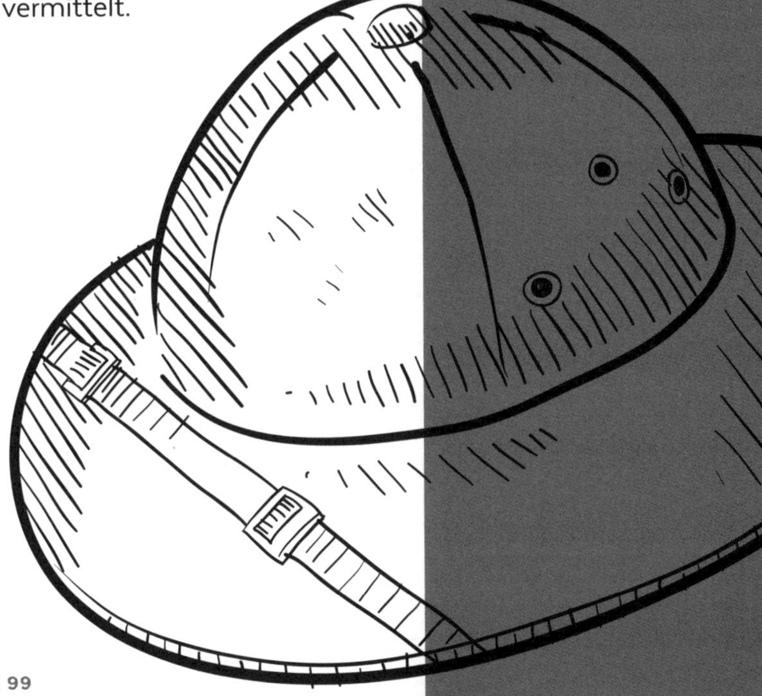

TIPP!

Die Teilnehmenden sollten bereits im Vorfeld darüber nachdenken, was sie persönlich von der Safari mitnehmen wollen. Dann entsteht der Wissensdurst nicht allein aus der Agenda oder dem Moment, sondern auch aus der Gruppe.

Phase 3: Debriefing. Das ist der wichtigste Teil, wenn wirklich eine Wirkung erzielt werden soll. Was ist jedem Einzelnen eigentlich genau aufgefallen? Achte darauf, dass ein interaktiver Austausch in Gang kommt, sodass du moderieren und steuern kannst, was die Teilnehmenden in Erinnerung behalten und mitnehmen. Versäumst du das, gehen sie zwar auch voller Eindrücke nach Hause, diese drehen sich dann aber vielleicht um die Anzahl der Post-its, die zu sehen waren, oder die coole Gaming-Ecke, die es im eigenen Unternehmen auch geben sollte. Schließe das Debriefing mit einigen konkreten Erfahrungen und vielleicht sogar ein paar Maßnahmen ab, die in die eigene Organisation mitgenommen werden können.

Schritt 4: Die Agenda erweitern

Sollte neben der Safari noch Zeit für weiteren Erfahrungsaustausch bleiben, kann das Nachfolgende helfen, ein Programm für den Tag zusammenzustellen:

- Kennenlernen
- Hintergrund der Organisation
- Hintergrund des Teams
- Größte Lernerfahrungen
- Begangene Fehler
- Hospitation bei Events (Review, PI-Planning-Meetings, Market Places usw.)
- Praxisfälle lösen
- Problemstellungen besprechen
- Ausbildungspläne aufstellen

TEAM-DASHBOARD

Während dieser Aktivität wird gemeinsam mit dem Team und möglicherweise der Organisation ein Team-Dashboard erstellt.

PRAKTISCHER NUTZEN

Dieses Board hat einen zweifachen Nutzen. Zum einen entsteht Transparenz über den Fortschritt und den Status des Teams gegenüber der Organisation. Andererseits – was wichtiger ist – fördert es ein Gespräch im Team. Es kann die aktuelle Situation oder aber einen bestimmten Trend widerspiegeln.

SCHRITTE

Schritt 1: Das Ziel festlegen

Ehe das Dashboard eingerichtet wird, solltet ihr gemeinsam festlegen, für wen das Board bestimmt ist. Wichtig ist, dass das Board dem Team »gehört«. Darüber hinaus ist es hilfreich, zu wissen, wer es außerdem und aus welchem Grund einsehen möchte.

Schritt 2: Gemeinsam die Teammetriken festlegen

Sobald klar ist, wer neben dem Team regelmäßig Informationen von diesem Dashboard einsehen möchte, können die Metriken festlegt werden. Sprich darüber zuerst mit den Teammitgliedern. Welche Informationen sind in ihren Augen so wichtig, dass sie transparent sein sollten? Auf welche Weise behalten sie gemeinsam den Überblick, wie es um das Team steht? (Am Ende der Beschreibung dieser Aktivität gibt es dazu Beispiele.)

Schritt 3: Weitere Metriken festlegen

Häufig sind Teams Teil einer sich verändernden Organisation. Und vielleicht möchte ein Transformations- oder Führungsteam derlei Veränderungen mittels der Teams im Auge behalten.

#28

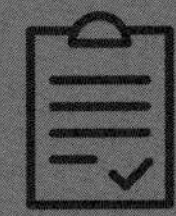

WAS DU DAZU BRAUCHST

- Ein Team (eventuell inklusive Transformations- oder Führungsteam)
- Ein Flipchart, ein Whiteboard oder Moderationspapier
- Post-its
- Moderationsstifte

DAUER

Maximal 2 Stunden (falls du alle »Parteien« an einen Tisch bekommst)

TIPP!

Es ist immer eine gute Idee, mal eine Runde durch die Organisation zu drehen und andere Scrum Master um Unterstützung zu bitten. Es ist sehr wahrscheinlich, dass im Unternehmen schon einige solcher Dashboards hängen und bereits mehrere Teams damit arbeiten. Holt euch dort als Agile Coach oder Scrum Master und Team Anregungen.

Dazu legen sie gewisse Richtlinien oder Rahmenbedingungen fest, innerhalb derer sich Teams bewegen sollen, oder sie wollen den Effekt einer möglichen Veränderung auf die Teams beobachten. Dann können Metriken ihnen helfen, diese Einblicke zu gewinnen. Wenn diese Transformations- oder Führungsteams keine derartigen Anforderungen stellen, du aber in deinem Team ohnehin mit Dashboards arbeiten willst, empfiehlt es sich, die für die Transformation Verantwortlichen einzubeziehen. Achte jedoch darauf, dass diese gewünschten Metriken das Team in seinem Wachstum unterstützen sollen, statt es nach irgendetwas zu beurteilen.

Schritt 4: Die Metriken visualisieren
Sobald klar ist, was gemessen werden soll, kannst du das natürlich mit digitalen Tools visualisieren. Dadurch machst du dich jedoch von den verwendeten Tools, deinen Fertigkeiten im Umgang mit ihnen und den Möglichkeiten innerhalb deiner Organisation abhängig. Deshalb ist eine physische Art der Darstellung zu bevorzugen – ein Whiteboard, ein Stück Moderationspapier oder ein Flipchart-Blatt. Abgesehen davon, dass du dann alle Freiheiten hast, es nach deinen Vorstellungen zu gestalten und einzurichten, ist es oft auch lebendiger und hängt an einer für alle gut sichtbaren Stelle, was die Transparenz fördert. Gestalte ein interessantes, schönes Board, auf das das Team stolz sein kann.

Schritt 5: Vereinbarungen treffen
Bleibt zu klären, wann die Daten aktualisiert werden – täglich, wöchentlich oder vielleicht während der Retrospektive? Wann und wie oft spielt im Prinzip keine Rolle, solange in einem vereinbarten, festen Rhythmus aktualisiert wird. Besprecht ebenfalls miteinander, wie ihr mit den gesammelten Daten umgehen wollt. Neben der Aktualisierung solltest du sie auf jeden Fall regelmäßig mit dem Team und vielleicht sogar noch anderweitig in der Organisation diskutieren. Auch hierbei kommt es nicht so sehr auf das Wann und Wie an, solange im Vorfeld für alle Klarheit darüber besteht. Die Retrospektive ist beispielsweise ein guter Moment, um das

Board mit dem Team durchzugehen und Maßnahmen daraus abzuleiten.

Schritt 6: Das Dashboard anpassen
Nachdem alle Schritte durchlaufen sind, kommt es nun darauf an, gemeinsam herauszufinden, wie dieses Dashboard dem Team und möglicherweise der Organisation hilft. Falls sich herausstellt, dass ihr die falschen Daten sammelt oder dass nicht richtig mit den Daten umgegangen wird, dann zögert nicht, das gemeinsam zu besprechen und das Board anzupassen.

Mögliche andere/ zusätzliche Themen:

- Aktuelle Best Practices
- Releasefortschritt als Burnup/ Burndown
- Anzahl abgeschlossener Stories
- Gelieferter Kundenwert (in € oder Story Points)
- Anwesenheit/ Urlaub von Teammitgliedern
- Komplimente an das Team oder an Teammitglieder

★★

OKRs – OBJECTIVES & KEY RESULTS

OKRs sind wesentliche und messbare Ziele für ein Team. Indem mehrere Teams ihre OKRs miteinander teilen, wird es einfacher, eine gemeinsame Richtung zwischen ihnen abzustimmen.

DAUER

Etwa 1,5 Stunden pro Team, um OKRs festzulegen

PRAKTISCHER NUTZEN

OKRs erhöhen die Motivation des Teams und führen nachweisbar zu besseren Ergebnissen. Indem Ziele und Ergebnisse explizit gemacht werden, lösen sich Unklarheiten und Irritation auf. Die Teammitglieder formulieren diese Ziele und Ergebnisse selbst, wodurch mehr Engagement und Ownership entsteht. Das macht es Teams leichter, Verantwortung zu übernehmen, da allen klar ist, was das Team gemeinsam erreichen will. Dass durch den Zuwachs an Ownership das Gefühl für Ziele und Ergebnisse zunimmt, macht dieses Format auch attraktiv für Führungskräfte.

SCHRITTE

Schritt 1: Einen motivierenden Grund für den Start mit OKRs formulieren

Der Grund für den Einsatz von OKRs kann auf Teamebene liegen. Vielleicht besteht Unklarheit über das übergeordnete Ziel des Teams oder es ist nur unzulänglich messbar, ob Teamziele erreicht werden. Ein motivierender Grund hilft dem Team, selbstständig mittels OKRs aktiv zu werden.

Schritt 2: Einen Workshop organisieren, um die entscheidenden Personen mit OKRs vertraut zu machen
Um die Einführung von OKRs gut begleiten zu können, sollten zumindest das Führungsteam und die Scrum Master/Agile Coaches mit der Materie vertraut sein. Das erreicht man mit einem einführenden Workshop, in dem alle Teilnehmenden ausreichend Wissen aufbauen und lernen, mit OKRs zu arbeiten.

Schritt 3: Erste OKRs mit dem Führungsteam formulieren
Es ist ungeheuer hilfreich, wenn das Führungsteam die Initiative ergreift und als Erstes seine OKRs formuliert. Im Anschluss daran kann die Abstimmung mit den Teams gesucht werden. Beachte dabei, dass als Idee hinter OKRs eine *Abstimmung* steht, nicht das *Herunterbrechen* von Zielen auf Teams. Es geht um Klarheit und Transparenz der Ziele und Schlüsselergebnisse des Führungsteams selbst. Dass seine Teams davon ihrerseits zu Unterstützung inspiriert werden, ist gut, aber es geht auf keinen Fall darum, ihnen OKRs aufzuzwingen.

Schritt 4: OKR-Sitzungen mit den Teams abhalten
Anschließend kann mit jedem Team eine OKR-Sitzung stattfinden. Das sind kurze, etwa anderthalbstündige Workshops.

TIPP!

Das Team sollte die Key Results möglichst in Richtung tatsächlich messbarer Outcomes statt Outputs oder Aktivitäten formulieren. Also nicht: Was werden wir in drei Monaten getan oder geliefert haben? Sondern: Was werden wir in drei Monaten für den Kunden erreicht haben?

- Erläutere zu Beginn, was das Ziel des Workshops ist, was OKRs bezwecken und was OKRs sind (und auch, was nicht).
- Alle Beteiligten denken individuell darüber nach, welches das wichtigste Objective für den kommenden Zeitraum (Standard: 3 Monate) sein muss, und schreiben das auf ein Post-it. Dabei kann man sich an übergeordneten OKRs oder Zielen, genauso gut aber auch an Teamthemen orientieren. Anschließend teilen alle freiheraus ihre Überlegungen mit. Jeder Teilnehmende darf nur genau ein Objective vorstellen.
- Moderiere die Konsolidierung der individuellen Überlegungen hin zu einem Konsens eines geteilten Objective. Dazu kannst du beispielsweise mit Dot Voting (Technik 1 aus **#77**) abstimmen lassen und danach in einer zweiten Runde das Objective weiter und genauer ausformulieren. Falls ein zweites Objective auftaucht, so stelle es vorerst zurück und arbeite zuerst das wichtigste Objective in Key Results aus.
- Moderiere im Folgenden eine vergleichbare Runde für die Key Results, bei der sich ebenfalls alle zuerst individuell eine Meinung bilden und das Team sich anschließend auf etwa drei Key Results für das Objective einigt. Verwende in dieser Runde das SMART-Template (Spezifisch, Messbar, Attraktiv, Realistisch, Terminiert).
- Wiederhole diese Schritte, bis das gesamte Team hinter einem OKR steht, und wende dich dann eventuell einem zweiten Objective zu und beginne von vorn.

Schritt 5: Alle OKRs transparent machen

Bitte alle Teams, ihre OKRs an einer Wand aufzuhängen und zu veröffentlichen. Damit ist auch der Moment gekommen, Führungskräfte, andere Teams, Product Owner und weitere Stakeholder um Feedback zu bitten und die OKRs auszufeilen. Und natürlich auch anderen Teams Feedback zu ihren OKRs zu geben, vor allem, wenn es klare Berührungspunkte gibt.

Schritt 6: Einen Abstimmungsrhythmus etablieren
Achte darauf, dass jedes Team regelmäßig (mindestens wöchentlich) die Messungen seiner Key Results aktualisiert. Etabliere darüber hinaus einen Rhythmus für Abstimmung der Teams untereinander (eventuell in Kombination mit einem anderen Besprechungstermin). Nach drei Monaten können wieder OKRs aufgestellt werden. Die Ziele lassen sich mitunter beibehalten, die Key Results hingegen müssen in der Regel erneuert werden.

WIE FUNKTIONIEREN OKRs?

Wenn man OKRs in einem Satz formuliert, wird daraus: »Wir werden« <Objective> »gemessen durch« <Set von Key Results>. Das Objective gibt an, wohin das Team steuert: das bedeutsame Ziel, das es erreichen will. Ein Objective ist qualitativ, ambitioniert, inspirierend und knapp.

Zu jedem Objective gehören etwa drei Key Results. Sie zeigen dem Team, ob es die richtigen Dinge tut, um in Richtung seines Ziels voranzukommen. Key Results sind im Gegensatz zu Objectives also ganz sicher SMART.

Beispiel: OKR für ein HR-Team
»Wir werden in diesem zweiten Quartal« <die Mitarbeiterzufriedenheit deutlich erhöhen>, »gemessen durch« <die Fehlquote sinkt von 7,5 % auf mindestens 7 % und der mittlere Zufriedenheitsindex steigt von 6,5 auf mindestens 7>.

Dieses Team kann seinem Backlog nun Aktivitäten hinzufügen, mit deren Hilfe es diese Ziele erreichen will. Der Erfolg jeder Aktivität wird anhand der Key Results gemessen. Falls sich nicht die erwartete (und messbare) Auswirkung auf ein Key Result einstellt, wurde noch nicht die richtige Maßnahme gefunden.

MANAGEMENT-TEAMS UNTERSTÜTZEN

TRANSFORMATIONS-CANVAS

Auf einem Transformations-Canvas werden in Grundzügen visuell die wichtigsten Ziele und Randbedingungen einer agilen Transformation ausgearbeitet.

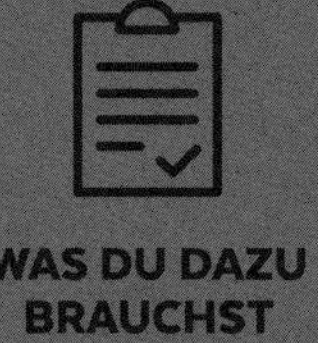

WAS DU DAZU BRAUCHST

- Moderationspapier
- Moderationsstifte
- Post-its

DAUER

2 Stunden

PRAKTISCHER NUTZEN

Den größten Mehrwert dieser Aktivität bilden das Gespräch und die gegenseitige Abstimmung, während das Canvas erstellt und ausgefüllt wird. So entsteht ein einheitliches und gemeinsames Bild von einer agilen Transformation.

SCHRITTE

Ein Transformations-Canvas kann als eigene Übung oder im Rahmen eines Workshops erstellt werden.

Schritt 1: Ein leeres Canvas aufhängen
Zeichne für deine Transformation ein Canvas entsprechend dem abgebildeten Beispiel. Nimm gern Anpassungen vor, falls du etwas vermisst. Natürlich kannst du auch Themen weglassen, dabei solltest du jedoch bedenken, dass sie aufgrund von Praxiserfahrungen ausgewählt wurden. Verwende Moderationspapier, Flipcharts, Post-its usw. Behalte dabei immer im Hinterkopf, dass sich das Canvas noch verändern wird oder zu einem späteren Zeitpunkt als Poster »hübsch« gemacht werden soll.

Schritt 2: Das Canvas ausfüllen
Gemeinsam mit allen Beteiligten wird das Canvas Stück für Stück ausgefüllt, vorzugsweise im Stehen. So entwickelt sich ein gemeinsames Bild, und mögliche Annahmen und heikle Punkte werden frühzeitig sichtbar. Alle Kategorien können gemeinsam ausgefüllt werden oder du bildest Kleingruppen, die sich je einer Kategorie annehmen und die Ergebnisse anschließend der gesamten Gruppe präsentieren. Arbeite in kurzen Iterationen von 10 bis 15 Minuten. Es gelingt nie im ersten Anlauf, das Canvas perfekt auszufüllen, vielmehr geht es um Interaktion und Überarbeitung. Nur so gelingt es, ein gemeinsames Bild in der Gruppe aufzubauen.

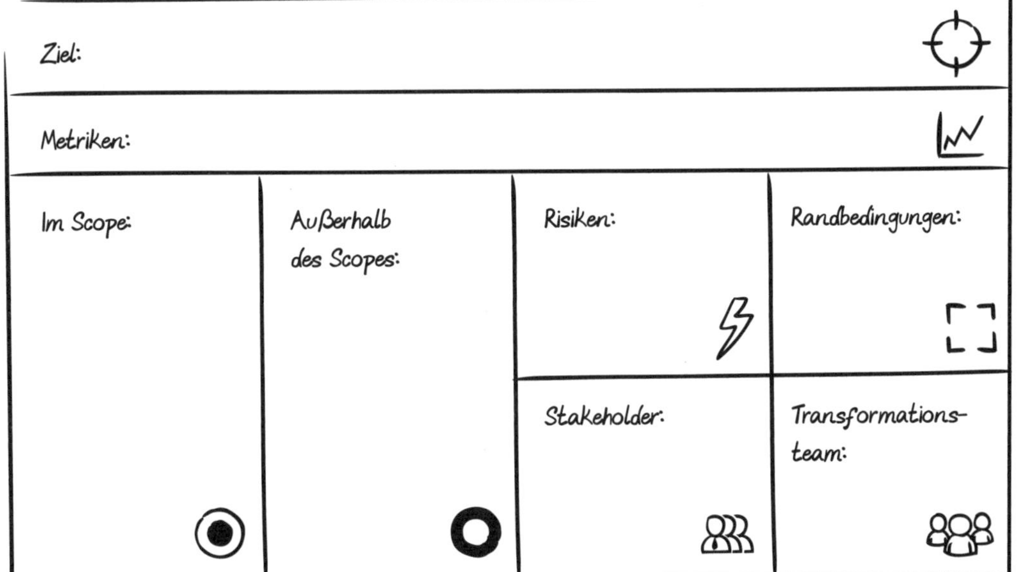

TIPP 1

In das Transformations-Canvas sollte unbedingt zusätzliche Zeit investiert werden, wenn beim Ausfüllen noch viele Unklarheiten bestehen. Das ist ein Zeichen, dass die weitere Transformation zeitraubend werden kann und mit großer Wahrscheinlichkeit unnötige Schritte unternommen werden.

TIPP 2

Die gemeinsame Arbeit mit allen Beteiligten am Canvas trägt dazu bei, sprichwörtlich alle auf dieselbe Linie einzuschwören. Je eher das gelingt, desto schneller wird die Transformation vorankommen.

Schritt 3: Das Canvas reviewen
Als künftiges Kommunikationsinstrument muss das Canvas für jeden klar und verständlich sein. Achte deshalb bewusst auf Klarheit und Eindeutigkeit. Versetzt euch in einen bestimmten Stakeholder oder eine Persona hinein und fragt euch bei jedem Eintrag: Was genau steht hier? Kann das anders interpretiert werden, als es gemeint ist? Überarbeitet anschließend das Canvas, falls erforderlich.

Schritt 4: Kürzen und vereinfachen
Meistens haben die Beteiligten den Drang, das Canvas so vollständig wie möglich auszufüllen. Zu viel Inhalt und Details sind jedoch kontraproduktiv. Deshalb folgt nun eine Vereinfachungsrunde. Fragt euch bei allen Einträgen: Was kann schiefgehen, wenn wir das kürzen oder weglassen?

Schritt 5: Das Canvas veröffentlichen
Du solltest das Canvas dann unbedingt physisch im Unternehmen veröffentlichen bzw. aufhängen, am besten an zentraler Stelle. So werden alle damit konfrontiert und du erhältst Feedback aus der Organisation. Je breiter die Unterstützung für die Transformation, desto besser!

Schritt 6: Das Canvas aktualisieren
Passe das Canvas immer dann an, wenn das der Transformation nützt. Letztlich ist es ein Werkzeug, um eine Transformation in ihrer Gesamtheit zu betrachten und die Vision rund um die Transformation konkret und klar herauszuarbeiten.

BEREICHE DES TRANSFORMATIONS-CANVAS

Das Ziel der Transformation: Was wollen wir erreichen? Welche Probleme wollen wir lösen? Wohin soll die Reise gehen? Dieses Ziel ist inspirierend und knapp formuliert.

Metriken/Key Value Indicators: Wie ermitteln wir quantitativ, ob wir die gesteckten Ziele erreichen? Was ist beispielsweise die Definition von Erfolg? Wie machen wir deutlich, dass es gut (oder nicht gut) läuft?

Im Scope: Was ist die geplante Breite und Tiefe der Transformation? Wie lange soll sie dauern?

Außerhalb des Scopes: Was liegt außerhalb des Scopes der Transformation? Wie gehen wir damit um? Worauf und auf wen konzentrieren wir uns explizit (noch) nicht?

Randbedingungen: Was ist für den Erfolg erforderlich? Woran wird bewusst gearbeitet, um die Transformation zum Erfolg zu führen?

Risiken: Welche Transformationsrisiken sehen wir? Welche Risiken werden bewusst überwacht?

Transformationsteam: Wer ist der Owner der Transformation? Wer gehört zu diesem Team, aufgrund welcher Expertise? Wie sind diese Menschen erreichbar? Wann sind sie tatsächlich anwesend und ansprechbar?

Stakeholder: Wer sind die wichtigsten Interessengruppen der Transformation und wie werden sie einbezogen? Erarbeite gegebenenfalls ein separates Stakeholder-Mapping **(#45)**.

#31

★★

PITCH BUILDING

Für jedes Veränderungsprojekt empfiehlt sich eine sehr klare Kurzpräsentation, sodass allen klar und deutlich kommuniziert werden kann, was man erreichen will und weshalb. Ein guter Pitch dauert maximal eine Minute und transportiert die Essenz der Botschaft in nur wenigen Sätzen. Aber – wie erstellt man eine solche Kurzpräsentation? Und insbesondere: Wie erarbeitet man einen gemeinsamen Pitch mit einer Gruppe? Diese Aktivität unterstützt dabei.

WAS DU DAZU BRAUCHST

- Papier und Stift
- Einen Timer
- Ein Flipchart mit schwarzen, grünen und roten Moderationsstiften
- Eine repräsentativ zusammengesetzte Gruppe

DAUER

45 bis 60 Minuten

PRAKTISCHER NUTZEN

Das Ergebnis ist eine gute Kurzpräsentation, die den Wünschen und Interessen der Zielgruppe entspricht. Der Pitch fesselt die Aufmerksamkeit, erläutert, warum die Maßnahmen wichtig sind und wie die Zukunft aussehen wird. Menschen fühlen sich von ihm angesprochen und zum Handeln motiviert.

Achtung: Ehe eine Kurzpräsentation erstellt werden kann, müssen Nutzen und Notwendigkeit der Veränderung klar sein. Das ist noch nicht der Fall? Dann ist es meist noch zu früh, um einen gemeinsamen Pitch zu erarbeiten.

SCHRITTE

Schritt 1: Gemeinsam den Inhalt festlegen

Stelle gemeinsam mit der Gruppe eine Liste von Themen zusammen, die der Pitch auf jeden Fall enthalten soll, wie zum Beispiel: das Problem, das die Gruppe lösen will, der Umfang des Problems, die Folgen, wenn nichts getan wird, welchen Ansatz die Gruppe verfolgt, welche Unterstützung sie braucht, was sie zu tun gedenkt und welches Ergebnis sie erreichen will.

Schritt 2: Alle einen Pitch schreiben lassen
Nun haben alle 10 Minuten Zeit, um individuell anhand der in Schritt 1 formulierten Bestandteile einen Pitch zu formulieren. Der Pitch darf gerne persönlich sein. Je mehr er von Herzen kommt, desto besser. Wichtige Randbedingung: Der Pitch darf nicht länger als eine Minute sein.

Schritt 3: Die Pitches einander vortragen
Nun werden nacheinander die Pitches vor der Gruppe gehalten. So wird spürbar, welche Themen die Gruppe berühren und welche nicht. Ein Timer zeigt an, ob die Kurzpräsentation die vorgegebene Minute nicht überschreitet.

Schritt 4: Feedback geben und empfangen
Nach jedem individuellen Pitch gibt die Gruppe Feedback. Insbesondere, welche Teile gut waren (sie berührt haben) und welche noch verbessert werden können. Die Person selbst äußert sich nicht (es sei denn, es bestehen Unklarheiten) und notiert das Feedback.

Schritt 5: Eine zweite Version erstellen
In den kommenden 10 Minuten haben alle Zeit, den eigenen Pitch auf den Punkt zu bringen. Dazu können durchaus auch Teile aus Pitches anderer übernommen werden. Bitte die Teilnehmenden, auch das Feedback im neuen Pitch zu berücksichtigen.

Schritt 6: Die zwei besten Pitches auswählen und zusammenfügen
Erneut tragen alle (im Stehen) ihren Pitch vor. Dann wählt die Gruppe die zwei besten aus. Diese werden auf zwei Flipcharts übertragen und alle starken Teile grün und alle, die nicht funktionieren, rot unterstrichen. Bitte anschließend ein oder mehrere Mitglieder der Gruppe, die zwei Vorlagen zu einem einzigen ergreifenden Pitch zusammenzufügen.

Schritt 7: Den Pitch auswendig lernen
Bitte alle, den Pitch auswendig zu lernen, sodass sichergestellt ist, dass genau die eine gemeinsame Geschichte nach draußen getragen wird.

TIPP 1

Schau dir als Inspiration für einen wirklich berührenden Pitch die Rede von Al Pacino im Film »An jedem verdammten Sonntag« (»Any given Sunday«) an: *https://www.youtube.com/watch?v=LQL1q8rlrjE.*

TIPP 2

Diese Aktivität beschreibt den Wert eines Pitchs für ein Change-Projekt. Natürlich lässt sich diese Übung auf andere Themen anwenden, zum Beispiel zum Erarbeiten einer Team- oder Abteilungsvision oder beim Entwickeln eines neuen Produkts gemeinsam mit den Stakeholdern.

TIPP 3

Es ist okay, persönliche Elemente in die Kurzpräsentation einzubringen. Das macht die Geschichte authentisch und glaubwürdig.

BEISPIEL-PITCH

»Der größte Vorwurf unserer Kunden ist, dass wir ihnen nicht schnell genug folgen können und zu langsam ihre Herausforderungen aufgreifen. Das ist bereits jetzt ein Problem und stellt somit unsere größte Bedrohung für die Zukunft dar. Wenn wir daran nichts ändern, gibt es uns in zwei Jahren nicht mehr. Deshalb wollen wir gemeinsam mit euch allen eine große Transformation durchlaufen.

Gemeinsam werden wir herausfinden, wie wir unsere Flexibilität und Schnelligkeit drastisch erhöhen können. Das bedeutet, nicht härter, sondern intelligenter arbeiten zu lernen. Weniger tun bei gleichzeitig viel mehr direktem Kundennutzen. Bist du dabei, unsere Organisation zukunftsfähig zu gestalten? Hilfst du mit, die erforderlichen Veränderungen im Interesse unserer Kunden anzugehen? Wir wollen zum schnellsten und flexibelsten Partner im Markt werden. Das gelingt nur, wenn wir es zusammen anpacken. Wirklich alle gemeinsam. Bist du dabei?«

GEMBA WALK

Keine Sorge, dass ist nicht irgendein Work-out, bei dem man wie eine Garnele (Gamba) laufen muss. Gemba ist ein japanisches Wort und steht für »Ort des Geschehens« oder »der eigentliche Ort« (現場, eigentlich heißt es: Genba). So bezeichnen zum Beispiel japanische Polizisten den Tatort als Gemba. Bei einem Gemba Walk geht es in erster Linie um Beobachtung und Informationsbeschaffung im Rahmen von Organisationsentwicklung. Obwohl der Gemba Walk oft mit dem »Management by Walking Around« (MBWA) verglichen wird, gibt es doch einen großen Unterschied im Managementstil und somit in der Haltung des Managements. MBWA stammt aus einer Top-down-Managementstruktur, während der Gemba Walk zu einer Bottom-up-Struktur gehört.

WIE FUNKTIONIERT'S?

Das Prinzip von Gemba ist sehr einfach. Im Grunde durchläuft man sechs feste Schritte. Entscheidend ist dabei, selbst zu lernen, wie man einen effektiven Gemba Walk läuft. Das erfordert, sich Schlussfolgerungen und direkter Urteile zu enthalten. Man ist vor allem unterwegs, um gut zu beobachten und aufmerksam zuzuhören, und sollte nicht zu schnell denken, dass man bereits weiß, worum es geht. Gemba Walks werden bevorzugt auf unterschiedlichen Managementebenen gelaufen, mit der Absicht, dass sich auch jede Ebene auf den Weg macht. Allerdings unterscheidet sich die Frequenz von Ebene zu Ebene. Während ein C-Level-Manager beispielsweise einmal pro Quartal oder halbjährlich auf Gemba Walk geht, kann ein Abteilungsleiter das jede Woche tun.

#32

WAS DU DAZU BRAUCHST

- Moderation
- Papier und Stifte

DAUER

Etwa 1 bis 2 Stunden für das Topmanagement und 4 bis 8 Stunden für das C-Level-Management. Für Scrum Master und Product Owner ist ein Gemba eher implizit Teil ihrer täglichen Arbeit.

PLANUNG UND UMFANG

- C-Level-Management: einmal pro Quartal im gesamten Unternehmen oder an einem Unternehmensstandort
- Mittleres Management: einmal monatlich in einem Geschäftszweig
- Unteres Management: einmal wöchentlich in der Abteilung
- Scrum Master und Product Owner: täglich

SCHRITTE

Schritt 1: Gemeinsam ein »Thema« festlegen

Ein guter Gemba beginnt mit dem Festlegen eines sogenannten »Themas«. Das schafft Fokus innerhalb der Gruppe, die den Gemba läuft, und verhindert, dass der Gemba zu einer einzigen, großen, unorganisierten Veranstaltung verkommt. Wenn dem Management klar ist, wonach es suchen oder was es inspizieren will, sorgt das für gezieltere Fragen und für Fokus. Die Diskussion darüber, was für wen wichtig ist, findet bereits während der Vorbereitung und nicht im Beisein der Teams statt. Darüber hinaus werden maximal drei Fragen zusammengestellt, die während des Gemba gestellt werden dürfen oder auf die eine Antwort gefunden werden muss. Das Thema und die Fragen können sich aus einer bereits früher abgehaltenen **#33 Wertstromanalyse** oder einem der vorangegangenen Gembas ergeben.

Schritt 2: Den Gemba starten und beobachten

Mit dem Thema und den Fragen vor Augen geht es auf den Gemba Walk. Ein wichtiger Teil eines Gemba ist – das Beobachten! Zuerst einfach beobachten, was vor Ort passiert, und dann, nach dieser ersten Beobachtung, noch einmal *genauer* hinschauen, was wirklich passiert. In dieser Phase sind auf gar keinen Fall bereits Schlussfolgerungen zu ziehen, sondern lediglich die Beobachtungen zu notieren. Vielleicht sind dadurch schon Fragen beantwortet.

Schritt 3: Die Fragen stellen und zuhören

Nach dem Beobachten beginnst du mit dem Team ein Gespräch, indem du die vorbereiteten Fragen stellst und dir anschließend die Antworten der Teammitglieder aufmerksam anhörst. Auch in dieser Phase des Gemba geht es in erster Linie um das Beobachten. Achte darauf, dass du mit mehreren Teams sprichst, damit du dir ein besseres Bild machen kannst.

Schritt 4: Das Gelernte besprechen

Nach dem eigentlichen »Walk« ist der Gemba Walk noch nicht vorbei. Es ist üblich, im Dialog die verschiedenen Beobachtungen zu teilen. Ziel ist, das Gelernte zu verstehen. Darüber hinaus können Folgemaßnahmen festgelegt werden. Beispielsweise: »Das Management wird sich … anschauen« oder »Prozess XYZ erfordert zusätzliche Aufmerksamkeit und das werden wir folgendermaßen angehen: …«.

TIPP 1

Für Scrum Master und Product Owner lässt sich ein Gemba Walk auch weniger formal organisieren. Sie können beispielsweise den Erkenntnissen aus Retrospektiven noch einmal nachgehen.

TIPP 2

Ein Dialog ist etwas anderes als eine Diskussion. Ein Dialog ist ein Gespräch, um voneinander zu lernen und einander kennenzulernen. Eine Diskussion ist dazu gedacht, eine Entscheidung zu treffen und Probleme zu lösen. Bei einem Dialog geht es also mehr um Wissen(saustausch), bei einer Diskussion um Entscheidung(sfreudigkeit).

TIPP 3

Die Scrum Master der Abteilung oder in der Organisation sollten in die Routenplanung des Gemba Walk einbezogen werden. Ein guter Scrum Master wird eingreifen, falls das Management das Team zu »stören« beginnt, wohingegen sich Teammitglieder von sich aus am Gespräch beteiligen werden, sofern sie die Zeit dazu haben.

TIPP 4

Hatten wir beobachten, aufmerksam zuhören und nicht zu schnell Schlüsse ziehen bereits erwähnt?

Schritt 5: Das Gelernte teilen

Achte darauf, dass das Gelernte auch wieder in die Organisation zurückfließt. Nichts ist lästiger, als ein Management, das fortlaufend auftaucht, sich anschließend aber offenbar nichts verändert. Man kann auf verschiedenste Weise Informationen teilen: mittels Intranet, Videos, Vlogs/Blogs/Vorträgen usw. Wichtig dabei: Entscheide dich für Formate, die zu den Menschen in der Organisation passen.

Schritt 6: Den Fortschritt überwachen

Überwache den Fortschritt der Prozessentwicklung und verwende diese Informationen als Input für den folgenden Gemba Walk oder einen **#33 Wertstromanalyse**-Workshop.

WERTSTROM-ANALYSE

Mit einer Wertstromanalyse lassen sich Prozessabläufe innerhalb einer Organisation visualisieren. Meistens sind diese Ströme auf die Fertigung von Endprodukten ausgerichtet – Produkte, die dem Endkunden nutzen. Dieser Workshop unterstützt beim Erstellen und Visualisieren von Wertströmen.

PRAKTISCHER NUTZEN

Die drei wichtigsten Ergebnisse dieses Workshops sind die Visualisierung von Wertströmen, konkrete Verbesserungsmaßnahmen und ein gemeinsames Verständnis bei den Teilnehmenden. Das Ziel des Workshops ist schnell vermittelt: Herausfinden, wo im Gesamtsystem der Organisation Verschwendung auftritt. Anders gesagt geht es darum, wertschöpfende und nicht wertschöpfende Tätigkeiten zu identifizieren. Das beginnt mit der Visualisierung der Istsituation. Im Anschluss wird gemeinsam ein Bild der gewünschten Situation erarbeitet. Anhand der Unterschiede und der identifizierten Verschwendungen können konkrete Verbesserungsmaßnahmen ergriffen werden.

SCHRITTE

Vorbereitung

Für eine Wertstromanalyse werden Vertreter verschiedener Bereiche gebraucht, die die gesamte Wertschöpfungskette repräsentieren. Deshalb sollten mit Blick auf die Kalender frühzeitig mehrere Teilnehmende aus diesem Bereich eingeladen werden. Achte auf ausreichend Platz, um den gewählten Prozess visualisieren zu können. Zum Beispiel kannst du einen großen Raum mit viel Whiteboard-Fläche oder Moderationspapier reservieren. Darüber hinaus sollte ausreichend Moderationsmaterial bereitliegen.

#33

★★★

WAS DU DAZU BRAUCHST

- Moderation
- Eine breite, leere Wand, ein einzelnes oder mehrere große Whiteboards oder Moderationspapier
- Gelbe (Prozessschritt), rosa (Engpass), grüne (VA), rote (NVA) und orange (BNVA) Post-its
- Moderationsstifte

DAUER

4 bis 8 Stunden (abhängig davon, wie umfassend das Mapping werden soll)

TIPP 1

Wird der abgebildete Prozess in ein Kanban-Board umgewandelt, hilft das im Alltag, den Fluss zu visualisieren.

Schritt 1: Den aktuellen Prozess visualisieren

Die Teilnehmenden visualisieren den ausgewählten Prozess, beginnend beim Endprodukt, also von hinten nach vorn. (Wohlgemerkt ein Produkt für richtige Kunden. Interne Kunden gibt es nicht. Eine Value Stream Map für einen Prozess, der etwas an Kolleginnen und Kollegen liefert, ist damit per se unvollständig, denn ein Wertstrom endet immer bei einem richtigen Kunden.) Man arbeitet von hinten nach vorn, weil das zum Nachdenken über den Prozess zwingt. Sobald etwa 80 % des Prozesses visualisiert sind, reicht das in der Regel schon aus. Mehr geht auch, doch es sollte nicht zu viel Mühe investiert werden, um jedes Detail perfekt abzubilden. Verwende bei der Visualisierung von Prozessschritten so viel Verben wie möglich. Schließlich handelt es sich um Tätigkeiten, hier passiert etwas. Unterbinde während des Workshops unbedingt die Verwendung von Prozessübersichten, denn es geht nicht um den irgendwann entworfenen und zu Papier gebrachten Prozess, sondern darum, wie er heute wirklich durchlaufen wird.

Schritt 2: Die Wertschöpfung pro Prozessschritt benennen

Für einen Prozessschritt werden drei Arten von Werten unterschieden:

- VA – Value Adding (wertschöpfend): Das sind die wertschöpfenden Faktoren, die naturgemäß am häufigsten im Prozess zu finden sein sollten.
- NVA – Non Value Adding (nicht wertschöpfend): Das sind die nicht wertschöpfenden Faktoren, die minimiert oder völlig entfernt werden sollten.
- BNVA – Business Non Value Adding (nicht wertschöpfend): Das sind Dinge, die getan werden müssen, um im Geschäft zu bleiben, also beispielsweise Tätigkeiten, die aufgrund von Gesetzen und Vorschriften erforderlich sind.

Behalte immer die folgende Formel im Hinterkopf:

Kapazität = VA + NVA + BNVA

Jeder Prozessschritt wird deshalb explizit gekennzeichnet, ob er VA, NVA oder BNVA ist.

Schritt 3: Die Value Stream Map überprüfen

Nachdem der aktuelle Prozess von den Teilnehmenden visualisiert wurde, wird er noch einmal probeweise durchlaufen. Dieses Mal allerdings von vorn nach hinten. Sollte etwas fehlen, wird es ergänzt. Auch hier gilt: 80 % sind ausreichend. Vermeide lange Diskussionen um absolute Vollständigkeit und Perfektion.

Schritt 4: Den gewünschten Prozess entwerfen

Angesichts der oben genannten Formel ist das Ziel, VA zu maximieren, NVA zu minimieren oder zu beseitigen und BNVA zu minimieren, ohne den Fortbestand des Unternehmens zu gefährden. Dazu nutzt man »die drei Mu«[2]:

Muda: Das bedeutet Verschwendung und steht im Fokus traditioneller Prozessverbesserungen. Während des Workshops werden sieben Arten von Verschwendung unterschieden: Überproduktion, Transport, Vorräte und Zwischenspeicher, Wartezeiten, unnötige Bewegungen, Mangel an Regie/Überblick sowie Fehler/(Beinahe) Unfälle.

Mura: Bezeichnet Unregelmäßigkeit und Unausgeglichenheit. Dabei kann es sich um saisonale Produkte wie Eis, Lebkuchen und Blumen, aber auch um Finanzabteilungen mit Monats-, Quartals- und Jahresabschlüssen handeln. Dinge, die einmal von Bedeutung sind, ein anderes Mal jedoch nicht.

Muri: Das steht für Überbelastung. Menschen wie Maschinen fallen bei langanhaltender Überbelastung aus. Menschen oft aufgrund der Kompetenzkomponente, Maschinen aufgrund von Qualität.

Indem bei jedem Prozessschritt auf Muda, Mura und Muri geachtet wird, entstehen detailliertere Prozessschritte und eine bessere Verteilung von VA, NVA und BNVA. Darüber hinaus sollten auch die Lead Time (Durch-

2 Anm. d. Übers.: »Die drei Mu« bilden die Grundlage der Verlustphilosophie des Toyota Production System (TPS). Es sind Muda (Verschwendung), Mura (Abweichung/Unausgeglichenheit) und Muri (Überlastung).

laufzeit für den Prozess) und die Cycle Times (die tatsächliche Arbeitszeit je Prozessschritt) veranschaulicht werden, also:

$$T_{Durchlaufzeit} = T_{Wartezeit} + T_{Arbeitszeit}$$

Schritt 5: Die Herangehensweise planen
Zuerst wird nach Veränderungen gesucht, die die größte Wirkung entfalten oder am schnellsten umzusetzen sind. Achte darauf, dass die festgelegten Maßnahmen einen Verantwortlichen haben, terminiert, genau definiert und messbar sind. Orientiere dich an der Definition von SMARTen Zielen (Spezifisch, Messbar, Ausführbar, Realistisch, Terminiert). Das Mantra in diesem Schritt lautet: Vereinfachen, Vereinfachen und nochmals Vereinfachen.

Schritt 6: Implementieren und überwachen
Mithilfe von GoSee-Techniken (z. B. **#32 Gemba Walk**) und regelmäßigen Workshops zur Datenstromanalyse lässt sich der Fortschritt der Verbesserungen überwachen. Die Workshops sollten in Abständen irgendwo zwischen einmal monatlich und einmal pro Quartal stattfinden.

TIPP 2

Der Ausgangspunkt bei der Visualisierung des aktuellen Prozesses könnte sein: »Auch wenn wir es nicht mögen, es ist, wie es ist!« Das sollte den Teilnehmenden immer wieder vor Augen geführt werden. Auch beim Erfassen von Wertschöpfung, Verschwendung usw. geht es nur um die Fakten.

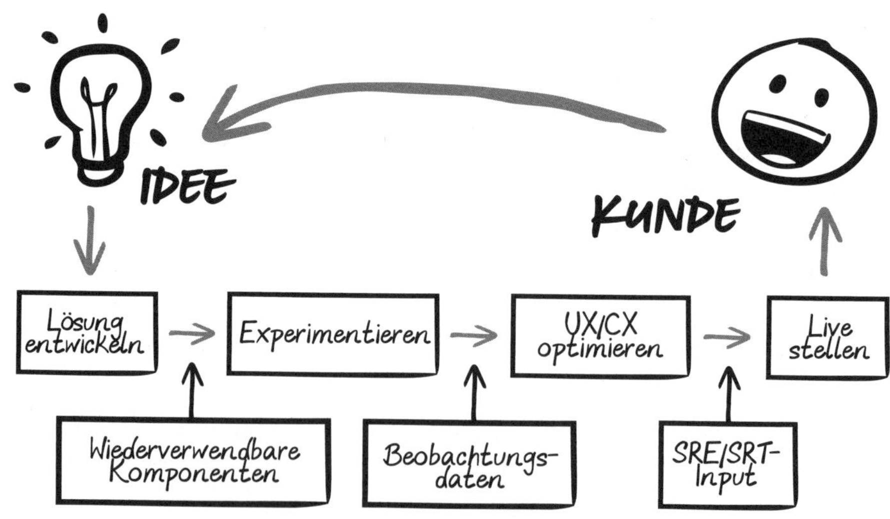

BLAUPAUSE ODER KOHLEZEICHNUNG

★★★

Es wird eine zukünftige Organisationsform gezeichnet, die richtungsweisend als Orientierungspunkt am Horizont dienen kann.

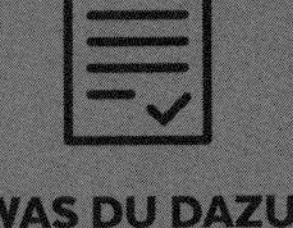

WAS DU DAZU BRAUCHST

- Ein Flipchart oder ein Whiteboard
- Post-its
- Moderationsstifte

DAUER

Etwa 2 Stunden

PRAKTISCHER NUTZEN

Während dieser Aktivität werden die Konturen einer zukünftigen Organisationsstruktur skizziert. Es soll ausdrücklich kein detailliertes Bild mit allen Neuerungen entstehen, in dem bereits überall Namen und Positionen vollständig ausgefüllt sind. Insofern ist der Begriff Blaupause etwas irreführend. Manche sprechen deshalb auch von einer Kohlezeichnung, die später auf der Grundlage konkreter Ergebnisse coloriert und nötigenfalls angepasst wird.

SCHRITTE

Eine Blaupause wird gemeinsam interaktiv erstellt und speist sich aus Wissen und Erfahrung von innerhalb und außerhalb der Organisation.

Schritt 1: Eine Übersicht der Kundengruppen und Produkte erstellen

Beim Erstellen einer Blaupause sollte immer von außen nach innen gedacht werden. Deshalb beginnt alles mit einer Aufstellung der Kunden. Wer sind unsere (angestrebten) Kunden und wodurch unterscheiden sie sich voneinander? Lassen sie sich vielleicht nach Größen, Regionen, Märkten, Servicelevels usw. gruppieren?

TIPP 1

Das Erstellen einer Blaupause ist in Wahrheit eine Serie von Workshops mit Betroffenen, wobei Schritt für Schritt auf einen einzigen Entwurf hingearbeitet wird. Das sollte sich nicht endlos hinziehen, sondern zeitnah sollte ein erster, für die weitere Arbeit maßgeblicher Entwurf erstellt werden, zum Beispiel während eines großen Workshops. Anpassungen sind später immer noch möglich.

Schritt 2: Gestaltungsprinzipien zusammentragen

Einigt euch auf Gestaltungsprinzipien. Diese helfen, wenn später Entscheidungen rund um die Organisationsform zu treffen sind. Erarbeitet eine Liste derartiger Prinzipien, wobei die gravierendsten oben stehen sollten, und hängt sie deutlich sichtbar im Raum auf. Die Blaupause entsteht nicht zum Selbstzweck, sondern als eine mögliche Umsetzung dieser Prinzipien.

Beispiele für Gestaltungsprinzipien:

- Die Blaupause besteht komplett aus interdisziplinären Teams, die autonom und end-to-end für Kunden arbeiten.
- Die Wertströme für Kunden stehen im Mittelpunkt, interne Abteilungen sind dem untergeordnet.
- Jedes Team hat einen direkten »Blick« auf den Kunden und kann so die Kundenwirksamkeit selbst spüren.
- Mitarbeitende sind niemals gleichzeitig mehreren Teams, sondern immer nur einem einzigen Team zugeordnet.
- Jedes Team trägt selbst die Verantwortung für Gewinn und Verlust (Profit & Loss).
- Kundenteams, die Kundenwert liefern, sind gegenüber Komponententeams, die generische Funktionen zur Verfügung stellen, immer federführend.
- Geschwindigkeit und Lieferfrequenz von Komponententeams sind niemals niedriger als die der Kundenteams.

Schritt 3: Einige Skizzen erstellen

Moderiere einen Workshop mit Kleingruppen von drei bis vier Personen. Jede Gruppe erstellt, ausgerüstet mit Flipchart oder Whiteboard, eine Skizze. Sind Entscheidungen zu treffen, gelten die Prinzipien aus Schritt 2. Die Gruppen stellen ihre Skizzen anschließend einander vor und arbeiten die Vor- und Nachteile der verschiedenen Entwürfe heraus. Auf Grundlage dieser Erkenntnisse starten die Gruppen in eine nächste Runde. Im Verlauf einiger Iterationen entsteht so ein Entwurf, mit dem die gesamte Gruppe arbeiten kann. Die Zusammensetzung der Kleingruppen kann im Laufe des Workshops auch wechseln.

Schritt 4: Präsentieren und experimentieren
Hole Feedback ein und suche den Dialog mit Mitarbeitenden und Betroffenen. Beantworte Fragen auf Basis der Gestaltungsprinzipien und experimentiere mit neuen Versionen des Entwurfs. Idealerweise werden Teile davon mit einigen Teams oder innerhalb einer einzelnen Abteilung getestet. Diese praktischen Erfahrungen helfen dann wieder, die Blaupause weiter zu verbessern.

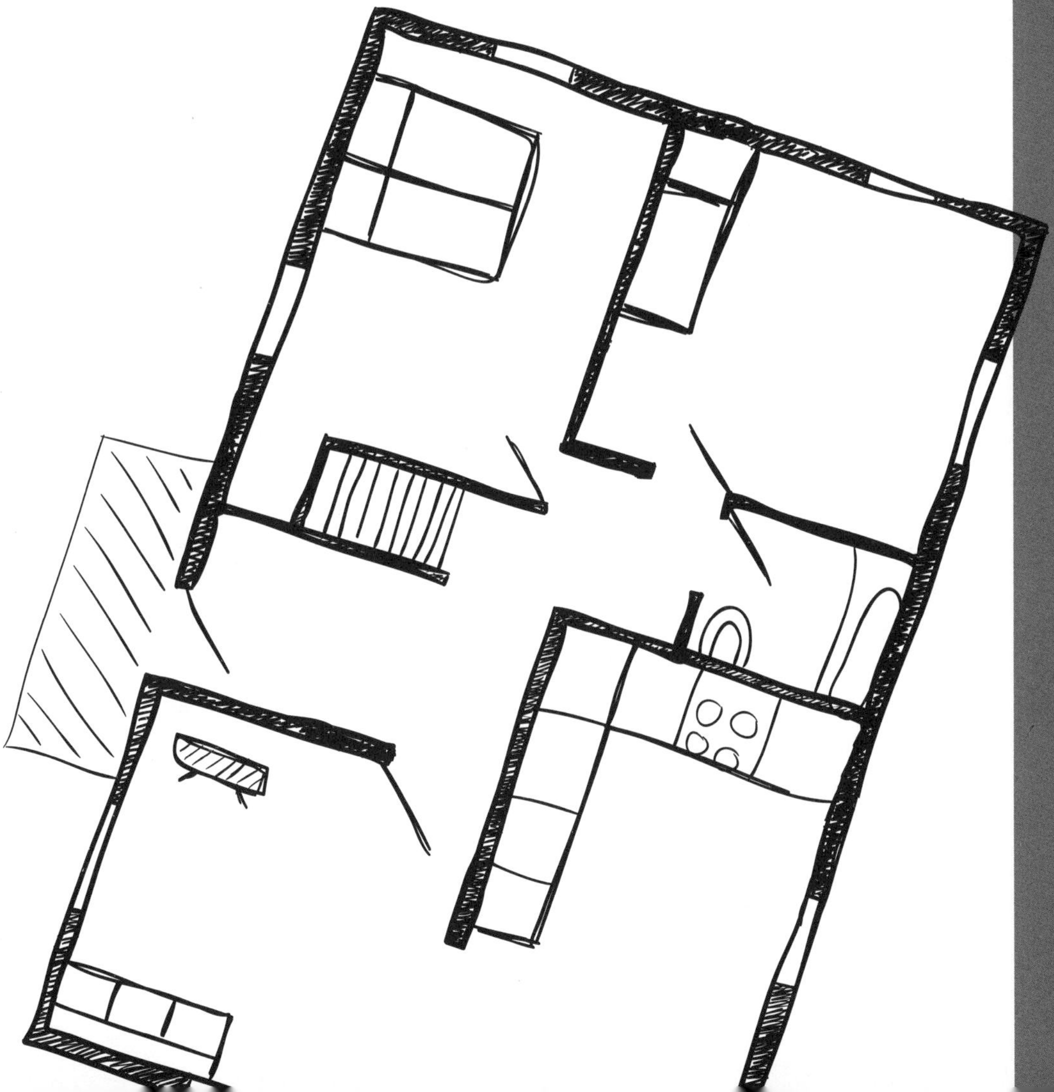

TIPP 2

Es kann von Vorteil sein, die ranghöchste Führungskraft zum Eigentümer des Entwurfs zu machen.

TIPP 3

Die Gestaltungsprinzipien sind maßgeblich, wenn Entscheidungen zu treffen sind. Deshalb sollten sie auf ein Poster oder etwas Vergleichbares gedruckt werden, denn letztendlich sind sie wichtiger als die Skizze.

#35 ★★★

AGILES FÜHRUNGSSELFIE

Beim agilen Führungsselfie geht es darum, selbstorganisierten Teams eine ideale Umgebung zu schaffen. Eine schwierige Aufgabe, denn jedes Team braucht seine ganz eigene Umgebung, um wachsen und sich kontinuierlich verbessern zu können. Regelmäßiges Feedback zur eigenen Arbeit und zum Auftreten als Führungskraft ist unverzichtbar, um sich in dieser Rolle beständig zu verbessern.

DAUER

Etwa 15 Minuten für die Fragenliste

ERLÄUTERUNG

Das agile Führungsselfie ist eine kurze Liste von Fragen, die die Führungskraft selbst beantworten oder zu der sie sich Feedback einholen kann. Diese Aktivität beschäftigt sich mit folgenden vier Dimensionen von Führung[3]:

1. Der Inspirator für Ziele

Die Führungskraft gibt inspirierende Ziele vor. Die Teams suchen nach Lösungen, setzen Verbesserungen um und übertreffen, wenn alles gut läuft, die Erwartungen der Kunden. In dieser Hinsicht wird von agilen Teams viel erwartet. Häufig braucht es eine Menge Energie und Ausdauer, um als Team zu wachsen und die Ziele zu erreichen. Und wenn die Lösungsansätze nicht gleich funktionieren, heißt es für das Team, dranzubleiben und weiter und weiter zu suchen. Deshalb ist es so wichtig, dass die agile Führungskraft in ihrer Rolle als Inspirator sich beständig verbessert, Feedback einholt, lernt und daran wächst.

2. Der Facilitator von Ownership

Es liegt in der Verantwortung der agilen Führungskraft, Ownership des

3 Anm. d. Übers.: Diese Rollen sind dem Buch »Toolkit für agile Führungskräfte. Selbstorganisierte Teams zum Erfolg führen« von Peter Koning (dpunkt.verlag 2019) entnommen und angepasst worden.

Teams zu fördern und zu ermöglichen. Wenn die Arbeit komplex ist, Teams sich kontinuierlich weiterentwickeln und Mitarbeitende Tag für Tag kreative Lösungen für Kunden finden müssen, brauchen sie Ownership, um erfolgreich zu sein. Diese treibt sie an, außerhalb ausgetretener Pfade zu denken und kreative Ideen zu entwickeln, die den Kunden tatsächlich nützen. Solche Teams warten weder darauf, dass andere Lösungen für sie finden, noch geben sie den äußeren Umständen die Schuld. Auch wenn es hart auf hart kommt, suchen sie weiter nach Lösungen und denken in Möglichkeiten.

3. Der Experimentator für Innovation
Die agile Führungskraft trägt die Verantwortung, ein Umfeld zu schaffen, in dem die Teams sowohl schnell von Nutzerfeedback lernen als auch sicher experimentieren können. Denn agile Teams sind auf lange Sicht erfolgreicher, wenn sie intelligent und innovativ nach besseren Wegen suchen, um Kundennutzen zu generieren. In einer komplexen Umgebung lassen sich diese neuen Wege nicht im Vorhinein erkennen, sondern müssen im Handeln entdeckt werden. Agile Teams werden vor allem schneller und besser, wenn sie ein Umfeld vorfinden, in dem sie durch Experimente herausfinden können, was gut funktioniert und was nicht. Deshalb ist es entscheidend, dass sich die agile Führungskraft ständig in ihrer Rolle als Experimentator weiterentwickelt.

4. Der Cultural Leader (Kulturstifter)
Agile Führungskräfte geben ihren Teams viel Freiheit, Raum, Vertrauen und Inspiration für ihre tägliche Arbeit und die Erhöhung ihrer Wirksamkeit für den Kunden. Sie halten sich im Hintergrund und widerstehen dem Bedürfnis, sich in das Tagesgeschäft der Teams einzumischen. Wenn die Ziele inspirieren, die Teams Ownership übernehmen und ihre Lerngeschwindigkeit hoch ist, kann sich die agile Führungskraft mehr und mehr ausschließlich auf die Kultur fokussieren, den Nährboden für schnelle und flexible Lieferung wertvoller Ergebnisse. Sie kann diese Kultur schaffen und erhalten und so das Umfeld der Teams beständig verbessern.

SCHRITTE

Schritt 1: Selbsteinschätzung

Die agile Führungskraft beantwortet und bewertet die unten stehenden Fragen selbst.

0 = stimme ganz und gar nicht zu
1 = stimme nicht zu
2 = neutral
3 = stimme zu
4 = stimme ganz und gar zu

Nr.	Frage	Bewertung
1	Die Teams kennen die Ziele.	
2	Ich stelle offene Fragen, um andere zum Mitdenken einzuladen.	
3	Ich schaffe eine sichere Umgebung für Experimente.	
4	Ich bin persönlich und als Führungskraft in Haltung und Verhalten ein Vorbild.	
5	Ich beziehe die Teams bei der Festlegung ambitionierter Ziele ein.	
6	Ich fördere Initiativen der Mitarbeitenden.	
7	Ich erlaube der Gruppe, aus ihren Fehlern zu lernen.	
8	Ich kenne die informellen Führungskräfte der Gruppe.	
9	Die Ziele sind messbar.	
10	Ich habe regelmäßig Meetings mit meinen Teams, um die Ownership zu verbessern.	
11	Ich messe die Lerngeschwindigkeit der Teams konkret.	
12	Ich verdeutliche, welches Verhalten unangemessen ist.	

Schritt 2: Die Bewertungen zusammenzählen

Kategorie	Bewertung je Frage			Summe
Inspirator	Frage 1	Frage 5	Frage 9	
Facilitator	Frage 2	Frage 6	Frage 10	
Experimentator	Frage 3	Frage 7	Frage 11	
Cultural Leader	Frage 4	Frage 8	Frage 12	

Schritt 3: Verbesserungsmaßnahmen wählen
Gemeinsam mit der agilen Führungskraft suchst du in einem Brainstorming nach möglichen Verbesserungen. Das geht sowohl unter vier Augen mit einem persönlichen Coach, mit dem gesamten Team oder mit einigen Teamvertretern. Wichtig ist, dass es Menschen sind, die die Führungskraft bei ihren nächsten persönlichen Verbesserungsschritten unterstützen können. Eine offene Denk- und Herangehensweise ist dafür Grundvoraussetzung, ein großes Ego dabei eher hinderlich.

Schritt 4: Die Fragenliste für ein 360°-Feedback nutzen
Bitte die agile Führungskraft, die oben stehenden Fragen durch andere Personen, zum Beispiel Teammitglieder, eigene Vorgesetzte und/oder wichtige Kunden und Stakeholder, beantworten und bewerten zu lassen. Vergleicht die Antworten. Dabei ist das Gespräch über die Bewertungen aus diesem Test viel wichtiger als die Bewertungen selbst. Was wird gebraucht? Was fehlt noch? Welche Folgen hat das? Ebenso interessant kann es sein, die Bewertungen näher zu betrachten, bei denen sich Selbstbild und Fremdbild deutlich unterscheiden. Weshalb ist da ein blinder Fleck? Was lässt sich daran verändern?

Schritt 5 (optional): Einen noch breiteren Selbsttest durchführen
Auf *www.stateofagility.com* findet sich ein noch ausführlicherer Test.

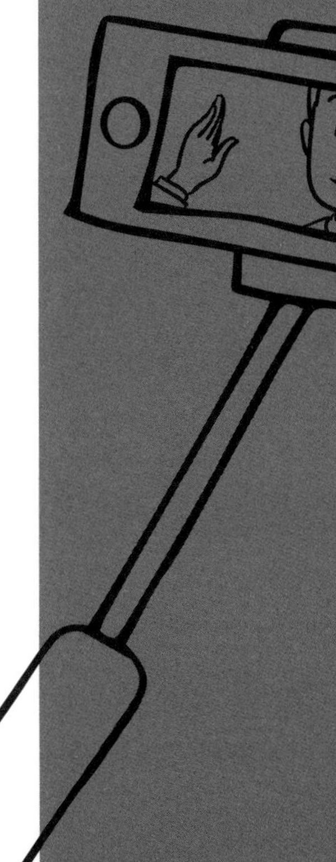

TRANSFORMATIONS-ROADMAP

Eine Transformations-Roadmap ist ein anpassbarer Plan für eine agile Transformation. In diesem Plan werden großflächig die wichtigsten Themen benannt und entlang einer Zeitachse mit Maßnahmen unterlegt.

WAS DU DAZU BRAUCHST

- Eine große leere Wand mit einem großen Stück Moderationspapier
- Post-its
- Moderationsstifte

DAUER

3 Stunden

PRAKTISCHER NUTZEN

Das wichtigste Ergebnis dieser Aktivität ist die Roadmap selbst. Eine agile Transformation verläuft nie nach Plan, dennoch braucht man etwas, um Einblicke zu vermitteln, Fortschritt zu veranschaulichen und den Überblick zu behalten. Deshalb sollte die Roadmap an zentraler Stelle hängen und einfach anzupassen sein. So entsteht ein für alle verständlicher Plan, der dem wachsenden Kenntnisstand angepasst werden kann.

SCHRITTE

Die erste Version einer Transformations-Roadmap wird im Rahmen eines Workshops mit den folgenden Schritten erstellt.

Schritt 1: Moderationspapier aufhängen
Eine komplette Wand wird mit Moderationspapier beklebt und von links nach rechts in eine Zeitachse (von ferner Zukunft zu immer kürzeren Zeitabständen: nächstes Jahr, nächste drei Quartale, dieses Quartal, dieser Monat, diese Woche) unterteilt. In vertikaler Richtung wird die Wand bzw.

Thema	Grandios	Nächstes Ziel	Dieses Jahr	Dieses Quartal	Dieser Monat	Dieser Sprint	In Arbeit	Done
Transformationsteam	Fertig! Überflüssig	Jede Woche konkrete Verbesserungen liefern			Team Maturity Model	Roadmap anpassen		Kick-off Transformationsteam
Management	Richtet High Performance-Umgebungen ein	Leitet selbst die Transformation					Transformations-Planung	
Product Owner	Unternehmer	Wir haben Product Owner	Ausbildungsgang zum Product Owner	Value estimations		Story Mapping		
Teams	Liefern häufig und viel Wert	Entwickler, Tester und Ops arbeiten in einem Team	Team-selfies	Team KPI's	Team kick-off			
Kunden und andere Stakeholder	Botschafter, der dein Unternehmen als Beispiel nennt	Verständnis von Agilität und Wirksamkeit		Rollenbeschreibungen	Agiles Verständnis			

das Papier in Bahnen (Swimlanes) eingeteilt, die jede so hoch wie ein Post-it ist. In diesen Zeilen hängen später die konkreten Aktivitäten.

Schritt 2: Veränderungsthemen auswählen

In diesem Schritt wird festgelegt, an welchen generischen Themen im Rahmen der Transformation gearbeitet werden soll. Das werden dann die Bahnen der Roadmap, für die im Verlauf größerer Zeiträume Veränderungen implementiert werden sollen. Oft genannte Themen auf Roadmaps sind beispielsweise: Teams, Transformationsteam, Kommunikation, Kultur, Governance/Prozesse, Aufsichtsgremien, Finanzen, HR, Weiterbildung, Führung. Jedem dieser Themen wird auf der Roadmap eine eigene Zeile zugewiesen, vorzugsweise von oben nach unten sortiert nach der Reihenfolge ihrer Wichtigkeit.

Schritt 3: Definieren, was jedes »Grandios« bedeutet

Beschreibt für jedes Thema den idealen Endzustand bzw. das Traumziel – also was »Grandios« wäre. Das soll

TIPP 1

Neben den beteiligten Teams sollten auch wichtige Stakeholder eingeladen werden. Das können ein Mitglied der Geschäftsführung, jemand aus dem Unternehmenscontrolling oder interne Kunden sein.

TIPP 2

Diesen entscheidenden Workshop sollte ein erfahrener Moderator begleiten und die Gruppe sollte über viel (möglicherweise externe) agile Transformationsexpertise verfügen.

TIPP 3

Diese Transformations-Roadmap sollte im Rahmen eines Offsite-Meetings oder einer Masterclass erstellt werden, begleitet von externen Experten.

herausfordernd und realistisch sein, also erreichbar, wenn auch nicht ohne Weiteres. Versucht dabei so konkret wie möglich zu sein, wenn es geht sogar messbar. Hängt diese »Grandios«-Zettel auf die Roadmap.

Schritt 4: Den nächsten Zielzustand festlegen

Formuliert ausgehend vom aktuellen Stand den nächsten Zielzustand. Stellt euch vor, das wäre das nächste Camp beim Besteigen eines Bergs. Es geht also darum, was dann erreicht sein wird, und nicht, was alles dafür zu tun ist. Wählt dafür einen Zeithorizont von drei Monaten. Haltet für jedes Thema diese Zielzustände auf der Roadmap fest.

Schritt 5: Klären, wie der Fortschritt gemessen wird

Einigt euch, wie gemessen werden kann, ob die Roadmap dabei hilft, das Ziel der Transformation zu erreichen. Das lässt sich pro Thema machen, viel praktischer ist jedoch ein überschaubarer Satz von Metriken für die gesamte Transformation. Reserviert dafür einen Bereich auf der Roadmap.

Schritt 6: Maßnahmen formulieren

Die Teilnehmenden teilen sich in Gruppen auf und legen pro Thema fest, welche Maßnahmen erforderlich sind. Je näher der Zeitpunkt in der Zukunft liegt, desto konkreter werden die Maßnahmen. Platziert jede Maßnahme in der Zeile des Themas innerhalb des Zeitblocks, in dem sie voraussichtlich umgesetzt wird. Ordnet die Themen denjenigen Teilnehmenden zu, die einen Bezug dazu haben und später konkret daran arbeiten werden.

Schritt 7: Die Transformations-Roadmap veröffentlichen

Die Roadmap wird in einem allgemein zugänglichen Raum im Gebäude aufgehängt, sodass alle sie vor Augen oder Zugang zu ihr haben. So wird sie transparent für alle, die sie betrachten und Fragen dazu stellen können und dürfen. Die Transformations-Roadmap sollte auch Teil von Videos oder unternehmensweiten Präsentationen werden. Und sorge auch für eine Box für Ideen und Anregungen, sodass alle auf passende Weise Input geben können.

ARBEITEN MIT UND ANPASSUNGEN AN DER TRANSFORMATIONS-ROADMAP

Eine Transformations-Roadmap zu visualisieren und zu veröffentlichen ist eine Sache. Mit ihr zu arbeiten und sie lebendig zu halten eine andere. Dazu muss regelmäßig kritisch die Relevanz der Themen, ihre Reihenfolge und der Fortschritt beleuchtet werden. Es können sich weitere Fragestellungen ergeben, die nur schwierig den bestehenden Themen zuzuordnen sind. Das ist logisch, denn man wird immer wieder Dinge entdecken, die einer Veränderung bedürfen und an die im Vorfeld niemand gedacht hat.

Achte darauf, dass die Anzahl der Themen (die Zeilen auf der Roadmap) überschaubar bleibt. Eine Transformations-Roadmap umfasst gewöhnlich maximal zehn Themen. Falls ein neues Thema von entsprechend hoher Priorität auftaucht, empfiehlt es sich, mindestens ein anderes Thema zu entfernen oder zwei andere Themen (von geringerer Priorität) zusammenzufassen.

Eine Transformations-Roadmap lediglich größer und umfangreicher zu machen, hilft nicht bei der Umsetzung – mehr Fokus durch weniger Aufgaben schon. Überlegt deshalb regelmäßig ruhig und besonnen, was wirklich auf die Transformations-Roadmap gehört und was nicht.

★

DEN EIGENEN RHYTHMUS FESTLEGEN

Will ein Managementteam agiles Arbeiten lernen, braucht es einen Rhythmus. Dafür ist eine feste Kadenz mit festen Zeitpunkten entscheidend. Eine solche Kadenz zustande zu bringen und den Rhythmus zu vereinbaren, ist gar nicht so einfach. Diese Aktivität unterstützt dabei.

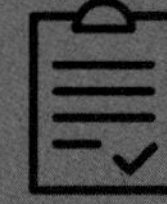

WAS DU DAZU BRAUCHST

- Alle Teammitglieder
- Flipchart-Blätter
- Schwarze, rote und grüne Moderationsstifte

DAUER

Etwa 1 Stunde

PRAKTISCHER NUTZEN

Das Ergebnis ist ein wiederkehrender Rhythmus in den Kalendern aller Führungskräfte, der es ihnen ermöglicht, als Team zusammenzuarbeiten. Diese Termine erscheinen nicht zusätzlich in den Kalendern, sondern ersetzen alle anderen Termine, die sie aktuell miteinander haben. Die Zeit für den Rhythmus sollte möglichst weniger Kapazität der Führungskräfte in Anspruch nehmen als die Summe ihrer bisherigen Termine. Dies kann z. B. dadurch erreicht werden, dass alle Vieraugengespräche, Geschäftsleitungssitzungen und Ähnliches entfallen.

SCHRITTE

Schritt 1: Eine leere Wochenübersicht erstellen

Zeichne auf eines der Flipchart-Blätter eine Übersicht mit den Wochentagen und unterteile jeden Tag in vier Blöcke – zwei am Vormittag und zwei am Nachmittag. Starte vorzugsweise mit einem einwöchigen, ansonsten mit einem zweiwöchigen Rhythmus. Eine längere Kadenz ist (auf jeden Fall für ein Geschäftsleitungsteam) nicht zu empfehlen.

Schritt 2: Den wöchentlichen Review- und Planungszeitpunkt festlegen
Lege den Zeitpunkt fest, an dem sich das Geschäftsleitungsteam trifft, um die Ergebnisse zu besprechen, zu evaluieren und den Plan für die kommende Woche aufzustellen. Dafür wird oft ein kompletter Vormittag oder Nachmittag montags oder dienstags gewählt, wobei sich jeder Wochentag gleichermaßen eignet. Das Team klärt miteinander, wann im Verlauf der Woche es allen am besten passt. Nachmittage sind dabei oft praktischer, weil das Team dann so lange weiterarbeiten kann, bis der Wochenplan steht.

Schritt 3: Den Zeitpunkt für das Daily auswählen
Die Teammitglieder legen fest, zu welcher Tageszeit sie sich zum Daily treffen wollen. Das findet vor dem Board (auf der Geschäftsleitungsetage) statt, wobei es auch möglich (und erlaubt) ist, sich telefonisch dazuzuschalten. Das Daily dauert maximal 15 Minuten. Die meisten Geschäftsleitungsteams planen es deshalb eine halbe Stunde vor Beginn des üblichen Arbeitstages ein. Wenn also normalerweise die ersten Meetings um 9:00 Uhr beginnen, treffen sie sich von 8:30–8:45 Uhr. Im Prinzip ist jeder Zeitpunkt okay, solange alle dabei sein können. Deshalb sollte das Team selbst festlegen, wann es ihm passt. Achtung: Das Daily findet auf jeden Fall jeden Tag zur selben Zeit statt! Nur so entsteht ein Rhythmus.

Schritt 4: Das Startdatum vereinbaren
Der Einstieg in den neuen Rhythmus erfordert manchmal etwas Zeit. Einige Teammitglieder müssen sowohl beruflich als auch privat erst das eine oder andere terminlich klären, ehe es losgehen kann. Einigt euch deshalb innerhalb der Gruppe, ab welchem Datum der Rhythmus voll und ganz eingehalten wird und welche Teile bis dahin mit einer gewissen Kulanz gehandhabt werden. Einigt euch vorzugsweise auf einen möglichst frühen Zeitpunkt.

Schritt 5: Vereinbarungen zur Anwesenheit beim Daily treffen
Das Team sollte explizite Vereinbarungen über die Anwesenheit am Board bzw. per Einwahl treffen. Die Regel ist, dass alle jeden Tag wirklich dabei sind. Sei diesbezüglich streng,

TIPP 1

Bei einem Rhythmus von zwei Wochen sollte sich gegenüber einem einwöchigen Rhythmus auch die Dauer der Meetings verdoppeln, schließlich gibt es auch doppelt so viel zu besprechen. Sollte beim Einrichten einer solchen Kadenz Widerstand aufkommen, kann man vereinbaren, es einfach einmal »auszuprobieren«, allerdings mindestens für drei Monate.

TIPP 2

Die Schritte dieser Aktivität lassen sich auch mit anderen Teams durchlaufen und so deren Rhythmus festlegen.

jedoch nicht dogmatisch. Falls ein Teammitglied an einem bestimmten Tag wirklich verhindert ist, sollte dies untereinander geklärt werden, ebenso wie eine mögliche Vertretung und auch wie Abwesende informiert werden. Eventuell kann auch eine feste Reihenfolge vereinbart werden, in der alle nacheinander das Wort ergreifen. Das ist zumindest dann sinnvoll, wenn sich Teilnehmende einwählen.

Schritt 6: **»Landeplätze« vereinbaren**
Erwartungsgemäß wird es Arbeit geben, die gemeinsam zu erledigen ist und einen gewissen Vorrang hat, aber nicht im Voraus im Kalender eingeplant ist. Deshalb sollten feste leere Blöcke, sogenannte »Landeplätze«, fest in die Kalender eingetragen werden. Zwei Blöcke à zwei Stunden, verteilt über die Woche, reichen normalerweise aus. Für diese »Landeplätze« gelten zwei Regeln: Zum einen dürfen die Zeiten nur für gemeinsame Termine (für die Arbeit innerhalb des Geschäftsleitungsteams) genutzt werden. Zum anderen sollten zu diesen Zeiten alle Teammitglieder am gleichen physischen Ort anwesend sein, auch wenn es noch keine konkreten Terminvereinbarungen gibt. Das eröffnet die Möglichkeit, auch ungeplant gemeinsam an Aufgaben zu arbeiten, da alle vor Ort sind und sich die Zeit freigehalten haben.

Schritt 7: **Offsite-Meetings einplanen**
Der gemeinsame Rhythmus ist wunderbar geeignet, um Detailarbeit zu erledigen und Pläne umzusetzen. Was sich oft genug nicht mit dem Rhythmus vereinbaren lässt, sind strategische Diskussionen und das Erarbeiten eines gemeinsamen Arbeitsvorrats. Dafür bleibt einfach zu wenig Zeit. Dafür sollten, ebenfalls in einem festen Rhythmus, zweitägige Offsite-Meetings in die Kalender eingeplant werden, in denen derer die Geschäftsleitungsmitglieder außerhalb der Geschäftsräume intensiv zurück- und vorausschauen. Vorzugsweise sollten diese einmal pro Quartal stattfinden, allerdings unter Berücksichtigung von Urlaub und Feiertagen. Am besten wird auch hierfür eine feste Kadenz und Regelmäßigkeit etabliert. Einigt euch deshalb darauf, dass die Teilnahme Pflicht ist und künftige Urlau-

be nicht über diese Termine hinweg geplant werden.

Schritt 8: Den Rhythmus in die Kalender übertragen

Die Teammitglieder tragen den neuen Rhythmus in die Kalender ein, und zwar wiederkehrend und bis weit in die Zukunft, sodass er bei der Planung künftiger Termine und Urlaubstage Berücksichtigung findet. Für das Daily kannst du den Tipp geben, eine feste Erinnerung auf dem Handy einzurichten. Um die Teilnahme zu vereinfachen, solltest du dich auch um eine feste Einwahlnummer (im Adressbuch des Telefons, inklusive Zugangscode) kümmern.

Bitte notieren: Offsite in jedem Quartal
Donnerstag 9:00 Uhr bis Freitag 15:00 Uhr in Woche 12, 25, 38 und 51

BEISPIEL

Montag	8:30 Uhr	Daily
Block 1	09:00-11:00 Uhr	
Block 2	11:00-13:00 Uhr	
Block 3	**13:00-15:00 Uhr**	**Review/Retro**
Block 4	**15:00-17:00 Uhr**	**Planung**
Dienstag	8:30 Uhr	Daily
Block 1	09:00-11:00 Uhr	
Block 2	11:00-13:00 Uhr	
Block 3	13:00-15:00 Uhr	
Block 4	**15:00-17:00 Uhr**	**Landeplatz 1**
Mittwoch	8:30 Uhr	Daily
Block 1	09:00-11:00 Uhr	
Block 2	11:00-13:00 Uhr	
Block 3	13:00-15:00 Uhr	
Block 4	15:00-17:00 Uhr	
Donnerstag	8:30 Uhr	Daily
Block 1	09:00-11:00 Uhr	
Block 2	11:00-13:00 Uhr	
Block 3	13:00-15:00 Uhr	
Block 4	**15:00-17:00 Uhr**	**Landeplatz 2**
Freitag	8:30 Uhr	Daily
Block 1	09:00-11:00 Uhr	
Block 2	11:00-13:00 Uhr	
Block 3	13:00-15:00 Uhr	
Block 4	15:00-17:00 Uhr	

TRANSPARENZ SCHAFFEN

#38

FEEDBACK GEBEN

Wenn ein Team wachsen will, ist es wichtig, dass die Teammitglieder den Mut aufbringen, einander Feedback zu geben. Mit dieser Aktivität kann ein Team, das noch wenig Erfahrung damit hat, das schrittweise mithilfe von Feedbackregeln üben.

WAS DU DAZU BRAUCHST

- Einen großen Raum, in dem die Gruppen getrennt voneinander sitzen können
- Ausgedruckte Fallbeispiele
- Ein Flipchart
- Moderationsstifte

DAUER

1 bis 1,5 Stunden

PRAKTISCHER NUTZEN

Am Ende dieser Aktivität wissen die Teilnehmenden, an welche Prinzipien sie sich halten sollten, wenn sie Feedback geben, und haben bereits erste praktische Erfahrungen gesammelt. Auf diese Regeln können sie künftig immer zurückgreifen. Das erhöht die Bereitschaft, Feedback anzunehmen und auf die passende Weise zu geben.

SCHRITTE

Vorbereitung

Ein oder mehrere Fallbeispiele ausdrucken oder aufschreiben (z. B. auf ein Flipchart), mit denen das Team während der Aktivität üben kann.

Schritt 1: Die Bedeutung guten Feedbacks erläutern

Fürs Feedbackgeben ist gegenseitiges Vertrauen eine entscheidende Voraussetzung. Und das Vertrauen, dass das Feedback nur zum Ziel hat, dem Gegenüber zu helfen, und niemals jemanden herabsetzen oder verletzen soll. Gegenseitiges Feedback ist sowohl für die Weiterentwicklung als Individuum als auch als Team unabdingbar. Das sollte allen klar werden. Deshalb solltest du noch einmal nachdrücklich betonen, dass sich das Team durch Feedback verbessern kann, wenn man es richtig macht.

Schritt 2: Die Feedbackregeln vorstellen
Schreibe die vier Feedbackschritte auf ein Flipchart und erläutere sie anhand eines Beispiels.

- **Verhalten**: sachliche und beobachtbare Beschreibung des Geschehens (ohne Wertung)
- **Auswirkung**: objektive Betrachtung der Reaktion anderer auf dieses Verhalten (ohne Wertung)
- **Gefühl**: Beschreibung der eigenen Gefühle bezüglich der vorangegangenen Ausführungen (Beschränkung auf die eigenen Gefühle)
- **Gewünschtes Verhalten**: Beschreibung eines Verhaltens, das man bevorzugen und mit dem man sich besser fühlen würde (bei sich selbst und den eigenen Gefühlen bleiben)

Dank dieser Regeln lässt sich das Verhalten der anderen Person so objektiv wie möglich benennen und die Interpretation bleibt auf die Gefühle des Feedbackgebers beschränkt. Das schafft Sicherheit für den Empfänger des Feedbacks.

Schritt 3: Üben in Kleingruppen
Bitte das Team, sich in Dreiergruppen aufzuteilen und anhand eines Fallbeispiels einander Feedback zu geben. Ein Gruppenmitglied gibt Feedback, ein anderes nimmt es entgegen, Nummer drei beobachtet und achtet darauf, ob die Regeln angewandt werden. Gib einem Mitglied der Gruppe das Fallbeispiel und 5 Minuten Zeit, Feedback an den Nachbarn oder die Nachbarin rechts von sich zu geben. Nach diesen 5 Minuten berichtet der Beobachtende in maximal 1 Minute, inwieweit sich der Feedbackgebende an die Regeln gehalten hat. Danach teilt der Feedbackempfangende mit, wie er sich während des Feedbacks gefühlt hat.

TIPP 1

In Schritt 3 und 4 muss gut darauf geachtet werden, wie die Beobachter denjenigen Feedback geben, die im Rahmen des Fallbeispiels selbst Feedbackgeber waren. Daran lassen sich oft interessante Dinge zeigen, z. B. ob sie sich, sobald es nicht mehr fiktiv ist, noch immer an die Regeln halten oder wieder in alte Muster zurückfallen.

DIE FEEDBACKREGELN[1]

Beginne beim **Verhalten**: Beschreibe, welches Verhalten du an jemandem beobachtest. Beispielsweise: *»Wenn <Situation> eintritt, sehe ich dich <dieses oder jenes machen>.«*

Danach folgt die **Auswirkung**: Erläutere, was die Auswirkungen dieses Verhaltens auf das Umfeld sind. Beispielsweise: *»Die Folge davon ist, dass ich <jemand> <dieses oder jenes machen> sehe.«*

Nun das **Gefühl**: Beschreibe, was du dabei fühlst und was das Verhalten bei dir auslöst. Sprich dabei immer in der Ich-Form, sprich nur von dir und nicht von anderen. Beispielsweise: *»Ich habe dann das Gefühl <Emotion> und das fühlt sich für mich nicht gut an.«*

Falls das Gegenüber dann noch gleichgültig bleibt oder kein Verständnis zeigt, kannst du noch das **gewünschte Verhalten** hinzufügen: Erläutere, wie es dir lieber wäre. Beispielsweise: *»Wenn <Situation> eintritt, würde ich es viel angenehmer finden, wenn du <etwas anderes machen>.«*

---

1 Anm. d. Übers.: Die hier beschriebenen Feedbackregeln heißen im niederländischen Original 4G-Regeln (Gedrag, Gevolg, Gevoel, Gewenst Gedrag). Im deutschen Sprachraum gibt es das 3W- (Wahrnehmung, Wirkung, Wunsch) bzw. 4W-Feedback (Wertschätzende Grundhaltung, Wahrnehmung, Wirkung, Wunsch), das Vergleichbares leistet, wie das hier beschriebene Vorgehen. Daneben finden sich in der Gewaltfreien Kommunikation (GfK) nach Marshall Rosenberg die vier Schritte Beobachtung, Gefühl, Bedürfnis, Bitte/Wunsch. Für beide genannten Methoden sind im Internet passende Anleitungen zu finden.

Schritt 4: Die Übung wiederholen

Gib nun dem Feedbackempfangenden aus Runde 1 das nächste Fallbeispiel, dann wird Schritt 3 wiederholt. Füge gegebenenfalls weitere Fallbeispiele hinzu und lass die Rollen und Dreierteams rollieren.

Schritt 5: Die Beobachtungen teilen

Nun teilst du als Moderator dem Team mit, was dir während der Feedbackübungen mit den Fallbeispielen aufgefallen ist, und gibst, soweit erforderlich, noch ergänzende Tipps. Halte dich dabei an die Regeln!

Schritt 6: Eine Vereinbarung treffen

Am Ende der Aktivität einigst du dich mit dem Team auf eine einzige Maßnahme, mit der sie sich gegenseitig beim Feedbackgeben unterstützen werden. Notiere diese Maßnahme auf dem Flipchart-Blatt mit den Feedbackregeln und hänge es dann im Arbeitsbereich des Teams auf.

FALLBEISPIEL 1

David ist bereits zum dritten Mal eine Viertelstunde zu spät zum Teammeeting gekommen. Alle mussten warten, weil sie ohne ihn nicht anfangen konnten.

MÖGLICHES FEEDBACK

Verhalten: Wir hatten 13:00 Uhr vereinbart und du kommst 13:15 Uhr.

Auswirkung: Jetzt sitzen hier zehn Leute und warten auf dich.

Gefühl: Ich merke, dass ich davon unruhig werde, weil ich denke, dass du uns nicht ernst nimmst.

Gewünschtes Verhalten: Wenn wir um 13:00 Uhr anfangen, würde ich gern vereinbaren, dass alle 12:55 Uhr hier sind und ihr Mittagessen beendet haben. Können wir uns darauf künftig einigen?

FALLBEISPIEL 2

David ist seit einiger Zeit nicht mehr ganz der Alte. Er ist allen gegenüber kurz angebunden, schnell auf hundertachtzig und äußerst empfindlich. Du weißt nicht genau, was los ist, beobachtest aber, dass das Team darunter leidet.

#39

★★

PAPIERKORB-FEEDBACKMEETING

Diese Aktivität ist für Teams gedacht, die mit internen Konflikten zu tun haben.

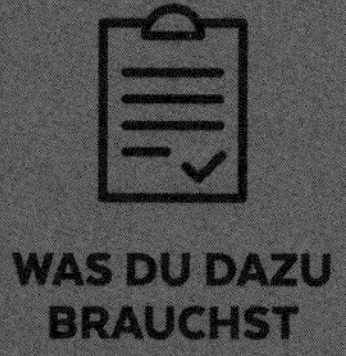

WAS DU DAZU BRAUCHST

- Einen Papierkorb
- Flipchart-Blätter
- Post-its
- Moderationsstifte

DAUER

Mindestens 1 Stunde

PRAKTISCHER NUTZEN

Das Papierkorb-Feedbackmeeting schafft Offenheit unter den Beteiligten. Alle sind eingeladen, miteinander zu reden und (alte) Verletzlichkeiten oder Empfindlichkeiten anzusprechen. So soll diesen Befindlichkeiten ein Raum gegeben und, falls erforderlich, Maßnahmen festgelegt werden, sodass die Gruppe sie anschließend loslassen kann und künftig wieder in der Lage ist, wertschätzend zusammenzuarbeiten.

SCHRITTE

Vorbereitung

Informiere die Gruppe mindestens einen Tag im Voraus über das anstehende Meeting. Bitte sie gegebenenfalls, bereits im Vorfeld über Themen nachzudenken, die sie in ihrer Zusammenarbeit behindern.

Schritt 1: Die Aktivität vorstellen

Bitte die Gruppe, im Stuhlkreis um einen Papierkorb in der Mitte des Raums Platz zu nehmen. Wenn du die Aktivität digital durchführst, kannst du ein Tool wie Mural verwenden. Arbeite in diesem Fall mit einem illustrierten Papierkorb und digitalen Post-its. Dann erklärst du die Agenda – zum Beispiel folgendermaßen: »Wir geben uns gegenseitig Feedback, um die wunden Punkte in der Zusammenarbeit aufzudecken und zu diskutieren. Ziel ist es, diesen Befindlichkeiten einen Raum zu geben, damit wir in

Zukunft hoffentlich nicht mehr darauf zurückkommen müssen.«
Du kannst, falls erforderlich, auch ein paar Feedbackregeln mit auf den Weg geben, zum Beispiel die in **#38 Feedback geben** aufgeführten: Beschreibe zuerst das **beobachtete Verhalten**, anschließend die **Wirkung** dieses Verhaltens, dann das **Gefühl**, das es bei dir auslöst, und schließlich das **gewünschte Verhalten** des Gegenübers, das aus deiner Sicht viel besser ankommen würde.

Schritt 2: Die Aktivität starten
Nun haben alle 10 Minuten Zeit, Feedback füreinander oder zu einer Situation auf Post-its zu notieren. Für jeden Feedbackpunkt sollte ein eigenes Post-it verwendet werden und der Timer sollte gut sichtbar sein, sodass alle die verbleibende Zeit im Blick behalten können.

Schritt 3: Das Feedback teilen
Bitte alle Anwesenden, nacheinander der Gruppe ihr Feedback zu geben. Lass die Gruppe sich selbst organisieren und entscheiden, wer anfängt. Für jedes Thema sollte genügend Zeit zur Verfügung stehen, um es klar und verständlich zu präsentieren. Verwende für die Diskussion eine Timebox von 3 bis 5 Minuten und versuche, das Gespräch in eine konstruktive Richtung zu moderieren. Nach Ablauf der Timebox kannst du zum Beispiel mit Thumb Voting (Technik 2 aus **#77**) abstimmen lassen, ob das Thema nach Ansicht der Gruppe noch mehr Zeit benötigt, und gegebenenfalls eine weitere Timebox starten.

Schritt 4: Die Schlussfolgerungen teilen
Sobald alle Feedbackthemen besprochen sind, werden die Hauptthemen identifiziert und auf einzelne Post-its geschrieben. Die Teilnehmenden haben dann 2 Minuten Zeit, um individuell eine Auswahl zu treffen. Anschließend werden diese Überlegungen wieder in der Gruppe ausgetauscht und maximal fünf Themen ausgewählt. Bitte dazu alle, ihre Top 2 zu küren, und gruppiert diese gemeinsam.

TIPP 1

Beginne die Sitzung, indem du sagst, dass es für dich immer eine große Herausforderung ist, diese Art von Meetings zu moderieren, und bitte alle, dich dabei zu unterstützen, indem sie sich gut einbringen. Dies zeigt die eigene Verletzlichkeit, und die Anwesenden werden wahrscheinlich viel kooperativer sein.

TIPP 2

Es ist in Ordnung, wenn jemand, der im Laufe der Sitzung persönlichen Frust oder ein persönliches negatives Gefühl entdeckt, dies auch auf ein Post-it schreibt und in den Papierkorb wirft. Dafür ist die Sitzung schließlich da. Das sollte allen noch einmal gesagt werden.

TIPP 3

Hängen an einem Thema wichtige Maßnahmen? Dann sollten sie auf keinen Fall ignoriert werden, sondern beispielsweise im Team-Backlog oder bei Einzelnen einen Platz finden. Falls es sich dabei um eine Vereinbarung handelt, kann dieses Thema zu einem späteren Zeitpunkt noch einmal aufgegriffen werden.

Schritt 5: Die Top 5 wegwerfen
Sobald die Top 5 feststehen, sollen die Teammitglieder diese Themen bewusst in den Papierkorb werfen. Schließlich sind diese Dinge ausgetauscht und ausdiskutiert, können also weg. Darüber muss niemand mehr herumgrübeln – die Aussprache hat stattgefunden und so ist nun Zeit für einen Neustart. Dass die Themen wirklich physisch in den Papierkorb geworfen werden, versinnbildlicht das explizite Loslassen der alten Diskussionen. Erst dann ist die Gruppe an dem Punkt angekommen, an dem diese Themen aktiv miteinander geklärt sind. Führe das allen noch einmal deutlich vor Augen.

Schritt 6: Erarbeite ein Team-Manifest
Sofern das gewünscht wird, könnt ihr nun ein Set an Teamregeln **(#8 Team-Manifest)** erarbeiten oder ein bestehendes Manifest um die eben diskutierten Punkte erweitern. So schließt du die Diskussion über Befindlichkeiten mit konkreten Vereinbarungen ab: Was wollen wir – und was nicht?

Schritt 7: Konstruktiv abschließen
Beobachte die Stimmung in der Gruppe und stelle noch einige klärende Fragen. Wurde alles besprochen und von den Teilnehmenden gut aufgenommen? Können nun alle wieder gut miteinander arbeiten? Sollten vielleicht noch Maßnahmen im Rahmen dieser Übung vereinbart werden? Sind alle okay oder gibt es noch offene Fragen?

Schritt 8: Wie geht es weiter
Vielleicht ist es nach dieser Übung Zeit für ein Gruppenevent – eine gemeinsame Mittagspause, ein Besuch im Escape Room oder ein gemeinsamer Restaurantbesuch. Das gibt Zeit, noch einmal in Ruhe über das eine oder andere zu sprechen und eventuell offene Fragen zu klären. Die Stimmung ist günstig, also nutze sie für eine gemeinsame soziale Aktivität!

CUTTING EDGE

#40

Diese praktische Aktivität kommt zum Einsatz, wenn man in Gruppen eine Veränderung anstoßen möchte und gemeinsam lernen will, wie man dabei vorgeht. Man durchläuft dabei gemeinsam ein Modell, teilt Erfahrungen und lernt sich gegenseitig besser verstehen. Diese Aktivität kann in einem Scrum-Team eingesetzt werden, aber auch in jedem anderen Team, das sich mit einer Transformation befasst.

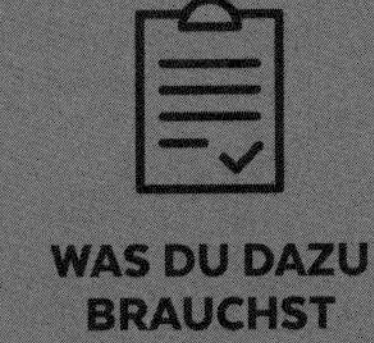

WAS DU DAZU BRAUCHST

- Klebeband
- Jetons in zwei Farben

DAUER

Etwa 20 Minuten

PRAKTISCHER NUTZEN

Diese praktische Aktivität vermittelt einen Einblick in die Schwierigkeiten von Individuen in einem Veränderungsprozess – unter anderem, wie man mit Widerstand umgeht, dass Veränderung sich für jeden anders anfühlt und dass es Zeit kostet, die Menschen mitzunehmen. Ein schöner konkreter Nutzen ist hoffentlich, dass am Ende der Aktivität etliche Menschen bereits über »den Berg« gebracht oder zumindest näher an ihn herangeführt wurden.

SCHRITTE

Vorbereitung

Mit dem Tape wird ein Berggipfel von etwa 2 mal 2 Meter auf den Boden geklebt. Diese Visualisierung hilft dir dabei, die Gruppe in deine Geschichte hineinzuziehen.

Schritt 1: Die Komplexität von Veränderung erklären

Jede Veränderung hat Befürworter und Gegner, was es nicht einfacher macht. Als Scrum Master oder Agile Coach stehst du (mit) an der Spitze von Veränderungen in Teams, Abteilungen, ja vielleicht sogar der gesamten Organisation. Die Schwierigkeiten erwachsen unter anderem aus der Vielzahl von Menschen – alle mit ihren eigenen Bedürfnissen, Persönlichkeiten, Hintergründen und Interpretationen. Auf der anderen Seite aber auch durch bestehende Protokolle

und Prozesse im Kontext, in dem die Transformation stattfindet. Gegebenenfalls kannst du aus früheren Erfahrungen berichten, was Transformationen schwierig, aber auch interessant macht.

Schritt 2: Das Modell erläutern
Platziere einen einzelnen Jeton (grau, das bist du) an die rechte Seite des Berggipfels und lege den Rest nach links unten (schwarz, siehe Schritt 1 der Abbildung). Erläutere, dass die Jetons für Menschen stehen, die sich umso mehr als Gegner der Veränderung verstehen, je weiter sie sich links unten positionieren. Bewegen sie sich hingegen weiter nach oben, so schwindet ihr Widerstand. Sind sie erst einmal über »dem Berg«, werden sie eher zu Befürwortern und vielleicht sogar zu Promotern.

Schritt 3: Die eigene Position erläutern
Wie bereits erwähnt, stehst du als Scrum Master oder Agile Coach, wie im Schritt 1 der Abbildung dargestellt, (mit) an der Spitze der agilen Transformation. Begeistere die Gruppe für das angestrebte Ziel der agilen Transformation und erläutere ihnen, was diese Veränderung für sie bringt. Dies zu erreichen, ist eine Herausforderung, denn du musst dich mit neuen Verhaltensweisen auseinandersetzen und die Menschen mit ins Boot holen. Du arbeitest an innovativen Einstellungen und Verhaltensweisen.

Schritt 4: Die Linien ablaufen
Um Gegner zur Teilnahme zu bewegen, müssen sie erst die Schwelle (Edge) überschreiten: von *dagegen* sein zu *dabei* sein. Wie kann das gelingen? Sicher nicht, indem man ihnen vorwirft, dass ihr Verhalten nicht gut oder sogar schlecht ist. Und gewiss

TIPP!

Sei ehrlich und verurteile niemanden. Höre den Menschen gut zu und versuche bei jedem Schritt, der gegangen wird, durch Fragen Verständnis zu schaffen.

auch nicht, indem man von einer Seite zur anderen hinüberruft. (Stelle dich zur Verdeutlichung auch wirklich an die Stelle der Illustration auf dem Boden, von der aus du sprichst.) Dazu muss man sich auf die Menschen einlassen und verstehen, worum es ihnen geht (stelle dich neben sie).

Bitte nun alle, sich dort aufzustellen, wo er oder sie sich mit Blick auf die agile Transformation am wohlsten fühlt. Versuche durch Fragen herauszufinden, weshalb sie dort stehen und was sie (sowohl vorwärts als auch rückwärts) in Bewegung bringen würde. Verwende offene Fragen wie: »Was könnte für dich der nächste Schritt sein?«, »Was hält dich im Augenblick zurück?«, »Wie könntest du etwas beitragen?«, »Wie fangen wir am besten an?« usw.

Schritt 5: **Bewegt euch gemeinsam**
Starte links unten, nimm die Menschen an die Hand, inspiriere sie und gehe mit ihnen gemeinsam voran. Nutze dabei deine Befürworter als Partner, um die Botschaft zu vermitteln. Steige selbst über »den Berg« zur anderen Seite und begleite den Rest nach oben. Es kann sich anfühlen, als hättest du ein Gummiband am Rücken, an dem andere ziehen. Sie wollen nicht von selbst mitgehen, du musst sie begeistern und inspirieren, ehe sie sich bewegen. Mache das transparent, diskutiere es und gib der Gruppe auch zu verstehen, dass das in Ordnung ist.

Schritt 6: **Inspirieren und teilen**
Vermittle allen noch einmal, dass Veränderung anstrengend ist, ihr das aber gemeinsam in Angriff nehmen werdet. Dass ihr gemeinsam herausfinden müsst, was für jeden funktioniert und was nicht. Es gibt nicht *die eine* Antwort, wie man das zuwege bringt. Jeder Mensch ist anders, deshalb kann es auch keine Standardherangehensweise geben. Gib der Gruppe mit auf den Weg, dass es manchmal einen Schritt vorangeht, man aber genauso wieder in alte Verhaltensmuster zurückfallen kann. Du bist (auch) dazu da, ihnen über diese Schwelle zu helfen, vielleicht werden aber nicht alle diesen Schritt gehen, denn: »Menschen wehren sich nicht gegen Veränderung, sondern dagegen, verändert zu werden« (Peter Senge).

#41

★★

LIEBEVOLL-TRATSCHEN-FEEDBACK

Diese Aktivität unterstützt dabei, niederschwellig Feedback zu geben und zu empfangen, indem über jemanden gesprochen wird, während der- oder diejenige dabei ist.

WAS DU DAZU BRAUCHST

- Einen abgeschlossenen Raum mit ausreichend Stühlen
- Platz, um sich in Dreiergruppen zurückziehen zu können
- Post-its
- Moderations- und andere Stifte

DAUER

1 Stunde

PRAKTISCHER NUTZEN

Wenn man ein Gespräch über sich selbst »belauscht«, erfährt man Dinge, die man sonst sicher nicht so schnell hören würde. Man gewinnt also neue Einsichten! In diesem Beispiel gehen wir davon aus, dass Dreiergruppen gebildet werden und immer zwei aus der Gruppe über die dritte anwesende Person freundlich zu »tratschen« beginnen.

SCHRITTE

Schritt 1: »Die Bühne bereiten«

Eine Grundvoraussetzung zum Feedbackgeben ist Vertrauen. Überleg dir also gut, wann du diese Aktivität einsetzt. Achte auf eine angenehme und konstruktive Atmosphäre. Sorge für einen geschlossenen Raum, in dem sich das Team ungestört mit dieser Übung beschäftigen kann, behalte die Stimmung im Auge und bitte die Gruppe, einander vor allem gut zuzuhören und Informationen aufzunehmen.

Schritt 2: Dreiergruppen bilden

Bitte die Gruppenmitglieder, sich selbstständig zu Dreiergruppen zusammenzufinden, am besten mit denjenigen, denen man gern Feedback geben möchte oder von denen man sich Feedback wünscht. Bitte dann die Dreiergruppen, sich zusammenzusetzen. Falls es ein Online-Meeting ist, verwendest du Breakout-Räume.

Schritt 3: Die Aktivität erläutern
Du könntest die Aktivität mit folgenden Worten einführen:
»Wir werden eine Art von Feedback kennenlernen, bei dem ohne Zurückhaltung, aber respektvoll über jemand anders gesprochen werden kann, während der- oder diejenige dabei ist. Sucht, sobald es losgeht, für eure Dreiergruppe einen Platz im Raum, an dem der Empfänger mit dem Rücken zu den beiden anderen sitzt und diese beiden gut miteinander reden können.
Während sich die beiden 5 Minuten lang unterhalten, notiert sich der Empfänger die wichtigsten Bemerkungen. Das können Erkenntnisse sein, auf die noch weiter eingegangen werden sollte, Auffälliges, neue Einsichten usw.
Es ist wichtig, dass der Empfänger nur zuhört und sich nicht am Gespräch beteiligt. Fragen bitte aufschreiben, sodass sie später noch gestellt werden können.
Sobald die Timebox endet, drehen sich alle um und unterhalten sich kurz über das, was gesagt wurde. Unmittelbar danach beginnt die nächste Runde, in der ein anderes Gruppenmitglied Empfänger ist. Das wird so lange wiederholt, bis alle einmal Empfänger gewesen sind.«

Schritt 4: Runde 1 starten
Bitte alle, sich einen passenden Platz zu suchen, sorge dafür, dass überall der Empfänger feststeht, und verkünde dann den Start der Timebox von 5 Minuten (je nach verfügbarer Zeit kann die Timebox natürlich auch länger sein).

TIPP 1

Die Gruppen sollten nicht zu groß werden, 3 bis 4 Personen ist ausreichend.

TIPP 2

Um Entwicklungspotenziale zu verdeutlichen, kann man jeden eine konkrete persönliche Entwicklungsmaßnahme nennen lassen und die Teilnehmenden darüber hinaus bitten, auf Basis des empfangenen Feedbacks eine Maßnahme zu formulieren - Was wirst du morgen anders machen? Was müsstest du konkret tun, um diesen Schritt zu gehen? Kann die Gruppe oder jemand anderes dabei unterstützen?

Schritt 5: Runde 1 evaluieren
Sobald die Timebox endet, bittest du die Gruppen, sich einander zuzuwenden. Nun ist der Empfänger an der Reihe, der Gruppe mitzuteilen, was ihm aufgefallen ist. Bestehen noch Unklarheiten? Gab es auffällige Themen? Sind vielleicht noch Ergänzungen zur Unterstützung des Gesprächs erforderlich? Wurden Maßnahmen genannt? Verwende auch für diesen Teil eine Timebox von beispielsweise 3 Minuten.

Schritt 6: Runde 2 starten und evaluieren
Sobald die Evaluierung abgeschlossen ist, bittest du die bestehenden Dreiergruppen, sich auf den nächsten Empfänger zu einigen. Sobald alle Gruppen bereit sind, werden Schritt 4 und 5 in der neuen Konstellation erneut durchlaufen.

Schritt 7: Runde 3 starten und evaluieren
Wenn du mit Dreiergruppen arbeitest, ist nach drei Runden Schluss. Bei mehr Teilnehmenden kann es auch mehr Runden geben. Auch diese Runden verlaufen nach dem gleichen Schema wie Runde 1.

Schritt 8: Debriefing
Sobald die gesamte Gruppe Feedback bekommen hat, wird es Zeit für ein Debriefing. Bitte die Teilnehmenden um Rückmeldungen, wie sie die Aktivität erlebt haben. Stelle ihnen frei, darauf zu antworten. Versuche selbst zu erspüren, welche Fragen noch gestellt werden sollten, zum Beispiel:

- Wird nach Verlassen des Raums noch weitere Zeit gebraucht?
- Gibt es Gespräche, die noch nicht abgeschlossen sind?
- Welches weitere Vorgehen wird gewünscht?
- Wie sieht es mit der Energie in der Gruppe aus?

Es empfiehlt sich, diese Sitzung mit einer passenden Aktivität abzurunden. Zur Inspiration kannst du dir **#93 Für den Abschluss** anschauen.

DIE FÜNF DYSFUNKTIONEN VON TEAMARBEIT

Mit dieser Aktivität kann man das kollaborative Umfeld eines Teams beleuchten und herausarbeiten, was die Teammitglieder konkret zu einer Verbesserung beitragen können. Sie eignet sich für ein agiles Team, dessen Zusammenarbeit stagniert, bietet aber auch eine interessante Möglichkeit, um in einer Gruppe von Scrum Mastern oder Coaches Erfahrungen auszutauschen und voneinander zu lernen.

#42

★★

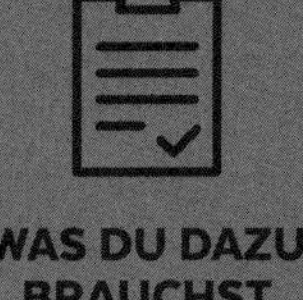

WAS DU DAZU BRAUCHST

- Flipchart-Blätter
- Post-its
- Moderationsstifte
- Klebeband

DAUER

2 Stunden

PRAKTISCHER NUTZEN

Die Aktivität bietet Einblicke in die Zusammenarbeit und das Vertrauen innerhalb eines Teams. Der Zusammenhalt wird durch den Austausch über das Team und das gegenseitige Vertrauen gestärkt. Die Teilnehmenden lernen die Lencioni-Pyramide kennen, die ihnen hilft, Dysfunktionen im Team und bei anderen Teammitgliedern zu erkennen. Außerdem generiert die Aktivität eine Reihe konkreter Verbesserungsmaßnahmen, die das Team angehen kann.

SCHRITTE

Vorbereitung

Bereite die auf der nächsten Seite dargestellten Flipchart-Blätter vor.

Schritt 1: Die Theorie kurz erläutern

Ehe du diese Aktivität verwendest, solltest du dich in Grundzügen mit der zugehörigen Theorie vertraut machen. Besorge dir zum Beispiel das Buch oder informiere dich im Internet. Es gibt reichlich Material. Wenn du dafür keine Zeit hast, kannst du natürlich auch jemanden bitten, der sich mit dem Thema auskennt, dich bei der

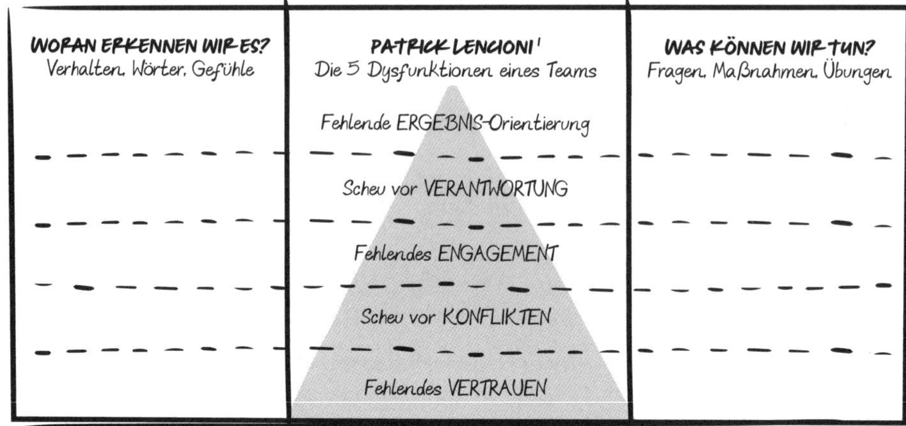

TIPP 1

Man kann diese Aktivität auch einmal mit einer Gruppe Scrum Master und/oder Agile Coaches durchlaufen. Dann geht es jedoch nicht um die Zusammenarbeit miteinander, sondern darum, wie sie die Dysfunktionen in ihren Teams erkennen. In einem solchen Workshop betrachtet man, welche Symptome sich auf jeder Ebene äußern. Wie sprechen Teams miteinander, deren größter Engpass gegenseitiges Vertrauen ist?

Moderation zu unterstützen. Vermittle den Teilnehmenden in dieser kurzen Einführung vor allem einen Überblick über die verschiedenen Ebenen, wie sie sich gegenseitig beeinflussen und welche Auswirkungen das auf die Zusammenarbeit im Team hat.

Schritt 2: Herausfinden, woran sich jede Ebene erkennen lässt

Bitte die Teilnehmenden, sich Post-its und Moderationsstifte zu nehmen, jeder für sich die Ebenen durchzugehen und aufzuschreiben, woran sie beispielsweise *Fehlendes Vertrauen* erkennen. Welches Verhalten beobachten sie im Team? Werden bestimmte Wörter häufig benutzt? Wann ist ein deutlicher Mangel an Vertrauen zu spüren? Lassen sich Situationen finden und beschreiben, die häufig vorkommen? Gib den Teilnehmenden 20 Minuten Zeit, um alle Ebenen auf diese Weise zu betrachten.

Schritt 3: Die Post-its besprechen

Nun geht ihr Ebene für Ebene die beschriebenen Post-its durch und gruppiert und ergänzt sie erforderlichenfalls. Dabei werden miteinander Geschichten ausgetauscht, sodass die Gruppe ein gemeinsames Verständnis davon entwickelt, was jede Ebene der Pyramide exakt ausmacht. Verhindere, dass über spezielle Vorfälle ausführlich gesprochen wird. Du solltest dann das Gespräch unterbrechen und erläutern, dass es nicht um den kon-

1 Anm. d. Übers.: Quelle: *Patrick Lencioni »Die 5 Dysfunktionen eines Teams«*, Wiley, 2014, S. 151.

kreten Sachverhalt, sondern um das Entwickeln einer gemeinsamen Vorstellung über die Pyramide geht.

Schritt 4: Diskutieren, welche Einsichten sich ergeben
Sobald alle Ebenen durchgesprochen sind, bietet sich eine kurze Reflexion an. Dabei kannst du Fragen stellen wie z. B.: Was löst diese Übersicht bei dir aus? Sind überraschende Dinge dabei? Verstehst du die Vielschichtigkeit des Modells? Damit schließt du die Arbeit an diesem ersten Poster ab.

Schritt 5: Maßnahmen zusammentragen
Sobald klar ist, welche Dysfunktionen das Team am stärksten behindern, möchtest du die Teammitglieder natürlich unterstützen. Dieser Schritt ähnelt Schritt 4. Allerdings lässt du nun Zweiergruppen bilden, die gemeinsam für jede Ebene notieren, was konkret gegen diese Dysfunktionen unternommen werden kann. Dabei können sie einen Sachverhalt auch als Bitte um Unterstützung umschreiben, falls sie nicht wissen, was genau zu tun ist. Zum Beispiel »Unterstützung finden, um zu lernen, einander konstruktives Feedback zu geben«.

Schritt 6: Die Post-its besprechen
Dieser Schritt ähnelt sehr Schritt 3. Ihr geht die beschriebenen Post-its wieder durch und gruppiert und ergänzt sie erforderlichenfalls. Achte auch an dieser Stelle darauf, dass die Teilnehmenden nicht zu sehr ins Detail gehen und schon beginnen, über Lösungen nachzudenken. Darum geht es erst im folgenden Schritt. Auch jetzt steht im Vordergrund, sich ein gemeinsames Bild zu erarbeiten.

Schritt 7: Maßnahme zur Umsetzung auswählen
Das Team wählt nun die Maßnahme aus, die ihm am meisten nützt, ganz gleich, ob es dabei selbst etwas unternimmt, eine Vereinbarung trifft oder um Unterstützung bittet. Den meisten Teams fällt das schwer – beruhige sie, dass das normal ist. Oder du fragst bei einer Maßnahme, bei der sie selbst in Aktion treten müssen: »Und wen werdet ihr dabei um Unterstützung bitten?« Um die beste Maßnahme auszuwählen, kannst du Dot Voting (Technik 1 aus **#77**) verwenden.

TIPP 2

Als kleine Überraschung kann am Ende des Workshops das Buch von Patrick Lencioni *»Die 5 Dysfunktionen eines Teams«* an die Teilnehmenden verteilt werden.

★★

SMELL-O-METER

Mit diesem Messinstrument lässt sich der »Smell«[1] in einem Team, einer Abteilung oder der gesamten Organisation überwachen. Dieses Format ist besonders gut geeignet, wenn man die Atmosphäre in der Arbeitsumgebung von Menschen verändern will.

WAS DU DAZU BRAUCHST

- Moderationspapier
- Post-its
- Moderationsstifte
- Klebeband

DAUER

1 bis 1,5 Stunden

PRAKTISCHER NUTZEN

Diese Aktivität liefert folgende Ergebnisse:

- Ein Bild davon, wie die Arbeitsumgebung aussehen muss
- Eine Datensammlung über die aktuelle Arbeitsumgebung
- Engagement bei Menschen
- Eine Anzahl priorisierter, konkreter Maßnahmen, die zur Veränderung beitragen

SCHRITTE

Vorbereitung

Beschaffe dir ein Bild vom »Zentrum von Calcutta«. Das klebst du links auf ein Blatt Moderationspapier von einem Meter Breite. Auf die rechte Seite klebst du ein Bild von einem Frühlingswald – dem »Wald von Fontainebleau«. Zeichne eine horizontale Linie zwischen den beiden Bildern, markiere darauf in gleichen Abständen zehn Markierungen und schreibe die Zahlen 1 bis 10 darüber. Dieses Poster hängst du auf und sorgst für ausreichend Post-its und Moderationsstifte.

1 Anm. d. Übers.: dt. etwa Geruch, Atmosphäre

Schritt 1: Den Workshop starten
Zum Einstieg schaust du mit den Teilnehmenden das YouTube-Video von Professor Sumantra Ghoshal über den Smell of the Place an (mit englischen Untertiteln: *https://www.youtube.com/watch?v=czANndPUOuo*). Bis Position 2:48 ist völlig ausreichend, es geht vor allem um die Erläuterung der Bildsprache *Zentrum von Calcutta im Sommer* versus *Wald von Fontainebleau im Frühling.*

Schritt 2: Ein Beispiel geben
Erzähle den Teilnehmenden davon, wie Fontainebleau und Calcutta in Unternehmen ausgesehen haben, in denen du gearbeitet hast. Ein Beispiel für ein Calcutta-Arbeitsumfeld: Die Belegschaft bewegt sich auf Zehenspitzen, hoher Krankenstand, es herrscht Angst, alle verstummen, wenn der Geschäftsführer in der Abteilung auftaucht. Ein Beispiel für eine Fontainebleau-Arbeitsumgebung: Es gibt viele Freiräume, Menschen sprechen offen über die Fehler, die ihnen unterlaufen sind, es wird gelacht und gescherzt, alle äußern frei ihre Meinung.

TIPP 1

Unbedingt darauf achten, dass es nicht um Calcutta versus Fontainebleau, sondern vor allem um Sommer versus Frühling geht. In vielen Unternehmen trifft man zunehmend häufiger internationale Mitarbeiter, auch aus Indien. An Calcutta ist nichts verkehrt. Es geht vielmehr um das beklemmende und bedrückende Gefühl in Calcuttas Innenstadt mitten im Sommer.

TIPP 2

Eine hochrangige Führungskraft kann eingeladen werden, an den letzten 15 Minuten des Workshops teilzunehmen. Das bietet die Möglichkeit, nach einer kurzen Zusammenfassung dessen, was die Teilnehmenden in der Organisation erleben, um konkrete Unterstützung für Maßnahmen zu bitten, wenn diese auf Führungsebene angegangen werden können (oder müssen). Allerdings sollte das nur geschehen, wenn sich die Teilnehmenden damit wohlfühlen. Wichtig ist, die Teilnehmenden im Voraus zu informieren, sodass es keine Überraschung wird.

Schritt 3: **Beide Arbeitsumgebungen beschreiben**
Bitte die Gruppe, in den nächsten 5 Minuten in Stichworten ihre ideale Arbeitsumgebung, ihren »Wald von Fontainebleau«, zu beschreiben. Wie fühlt es sich an? Was wird ihnen begegnen?

Wiederhole diese Übung für »Zentrum von Calcutta im Sommer«. Beschreibt danach gemeinsam diese beiden Enden der Skala, beispielsweise indem ihr die entsprechenden Post-its unter die Bilder klebt. Wichtig ist vor allem die Diskussion – die Teilnehmenden sollen ein gemeinsames Bild und Gefühl für diese beiden Extreme entwickeln.

Schritt 4: **Die eigene Umgebung einschätzen**
Bitte die Teilnehmenden, auf ein Post-it ihren Namen zu schreiben und dieses auf der Linie zwischen Calcutta und Fontainebleau unter eine der Zahlen von 1 bis 10 zu kleben. Lass dir erläutern, weshalb sie das Post-it genau dort positioniert haben.

Schritt 5: **Verbesserungsmaßnahmen erarbeiten**
Alle Teilnehmenden haben nun 2 Minuten Zeit, um auf Post-its Ideen zu notieren, wie sie ihr Arbeitsumfeld einen Schritt weiter in Richtung ihres eigenen »Waldes von Fontainebleau« entwickeln können. Was können sie konkret dazu beitragen?

Schritt 6: **Die Vorschläge priorisieren**
Nun wird zum Beispiel mithilfe von Dot Voting (Technik 1 aus **#77**) entschieden, welche Idee aus Sicht des Teams als erste in Angriff genommen werden kann.

Schritt 7: **Konkrete Maßnahmen formulieren**
Die gewählte Idee wird in konkrete Maßnahmen heruntergebrochen und es wird sofort vereinbart, wer für welche Maßnahme die Verantwortung übernimmt. Danach kann der Workshop abgeschlossen werden.

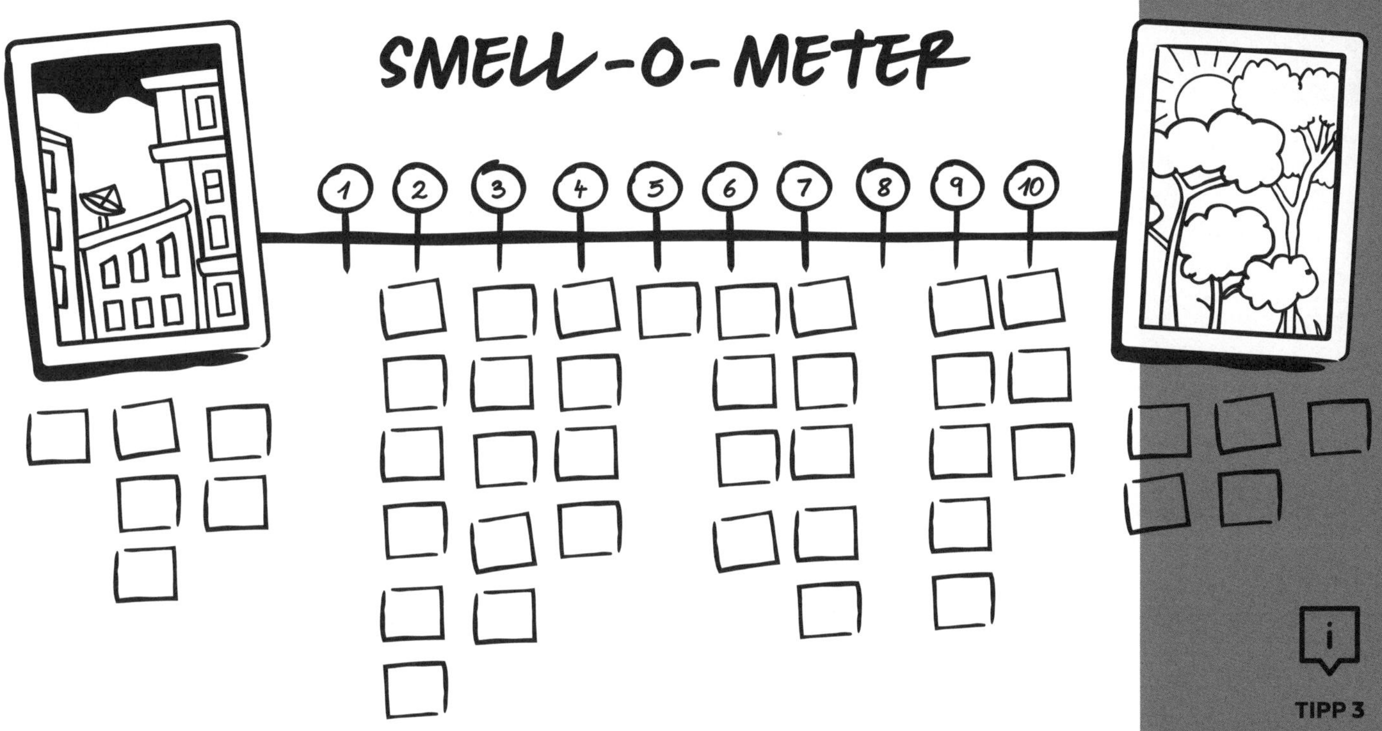

TIPP 3

Es gibt keine Möglichkeit, sich in Präsenz zu treffen? Diese Aktivität kann ebenso gut mit einem digitalen Tool wie Mural durchgeführt werden. Dazu müssen lediglich vor Beginn des Workshops die Grundlagen der Aktivität visualisiert und vorbereitet werden.

#44

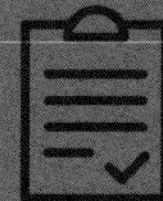

WAS DU DAZU BRAUCHST

- Post-its
- Eine Wand bzw. ein Flipchart
- Klebeband (optional)

DAUER

1 bis 2 Stunden, abhängig von Themenanzahl und Gruppengröße

DELEGATION POKER

Selbstorganisierte Teams fragen sich häufig, wofür sie innerhalb der Organisation wirklich verantwortlich sind und welche Verantwortlichkeiten noch bei ihren Führungskräften oder anderswo im Unternehmen liegen. Diese Aktivität verdeutlicht, über welche Verantwortlichkeiten noch Unklarheit besteht, und betrachtet die Rollen, die Einfluss auf die Entscheidungsbefugnisse des selbstorganisierten Teams haben.

PRAKTISCHER NUTZEN

Am Ende des Workshops ist klar, welche Verantwortlichkeiten beim Team liegen und in welchem Maße sie Entscheidungen treffen dürfen. Darüber hinaus wird transparent, für welche Themen das Team noch keine Entscheidungsbefugnis hat.

SCHRITTE

Schritt 1: Die Motivation klären

Erläutere der Gruppe Motivation und Zweck der Aktivität. Zum Beispiel kannst du darauf hinweisen, dass Unklarheit über gewisse Verantwortlichkeiten besteht und es dazu einer Entscheidung bedarf. Je nach Situation können sich die Gründe natürlich unterscheiden. Achte darauf, dass darüber im Vorfeld Klarheit besteht.

Schritt 2: Brainstorming

Sammelt Themen, die (möglicherweise) zu Diskussionen über die Frage »Wer ist verantwortlich für …?« führen, z. B. Aufstiegschancen, Einstellung neuer Mitarbeiter, Bonusregelungen, Urlaub, Entlassung. Alle haben 5 Minuten Zeit, diese Themen einzeln auf Post-its zu sammeln und vorerst für sich zu behalten.

Schritt 3: Die Themen teilen
Bitte nun die Teilnehmenden, einzeln nacheinander ihre Themen mit der Gruppe zu teilen und die Post-its, gegebenenfalls mit weiteren Erläuterungen, auf ein Flipchart bzw. eine Wand zu kleben. Dabei werden doppelte und vergleichbare Themen sofort gruppiert.

Schritt 4: Themen auswählen
Möglicherweise werden sehr viele Themen genannt, die nicht alle die gleiche Dringlichkeit haben. Mittels Dot Voting (Technik 1 aus **#77**) wählt dann die Gruppe die wichtigsten Themen aus. Fokussiert euch zuerst auf die Top 5, sodass die Übung nicht zu umfangreich wird. Wenn noch Zeit bleibt, lassen sich weitere Themen aufnehmen, andernfalls können sie in einem Folgeworkshop bearbeitet werden.

Schritt 5: Die Delegationslevel festlegen
Die fünf ausgewählten Themen werden untereinander auf ein Flipchart oder eine Wand gehängt. Dann legst du mit dem Team die Delegationslevel fest. Dazu solltest du selbst vorher bereits mindestens fünf Level ausgewählt haben. Diese Level klebst du nun horizontal über die ausgewählten Themen. Verständigt euch miteinander über diese Zahlen und findet heraus, was sie im eigenen Kontext bedeuten. Oft beginnt die Skala mit 1 »vollständig in Verantwortung des Managers« und endet aufsteigend über mehrere Stufen bei »vollständig in Verantwortung des selbstorganisierten Teams«.

TIPP!

Diese Aktivität basiert auf der Delegation-Poker-Definition von Management 3.0. Schau dich doch einmal auf deren Seite um. Über den folgenden Link kann die Anleitung mit Spielkarten heruntergeladen werden: *https://management30.com/practice/delegation-poker/#download.*[1]

Schritt 6: Entscheidungen treffen

Sobald die Delegationslevel jedem klar sind, gehst du mit dem Team die Top 5 durch. Bitte die Teilnehmenden, jedem Thema im Stillen das ihrer Meinung passende Level zuzuordnen und die zugehörige Zahl auf ein einzelnes Post-it zu schreiben. Falls sofort Übereinstimmung besteht, ist die Entscheidung damit getroffen. Unterschiedliche Einschätzungen werden in der Gruppe diskutiert, um zu einer gemeinsamen Entscheidung zu kommen. Dokumentiert die Ergebnisse, um später darauf zurückgreifen zu können.

Schritt 7: Abschluss

Verständigt euch, sobald Einigkeit besteht, auf die nächsten Schritte. Wie sollen die Ergebnisse mit der involvierten Gruppe geteilt und wie mit möglichen neuen Erkenntnissen umgegangen werden, welche offenen Themen müssen noch besprochen werden usw.

	1 Die Führungskraft entscheidet	2 Brainstorming mit dem Team, die Führungskraft entscheidet	3 Brainstorming, das Team entscheidet	4 Das Team entscheidet, die Führungskraft wird informiert	5 Das Team entscheidet
Aufstiegschancen					
Einstellung neuer Kolleginnen und Kollegen					
Bonusregelung				×	
Urlaub					

1 Anm. d. Übers.: Eine Druckvorlage für die deutschen Karten gibt es z. B. hier: *https://www.cocondi.de/service/downloads-links/.*

PRODUCT OWNER UNTERSTÜTZEN

★

STAKEHOLDER-MAPPING

Jedes Projekt und jede Veränderung hat eine Vielzahl von Stakeholdern. Einige sind deutlich sichtbar, andere nicht. Die einen verfügen über großen direkten Einfluss, andere haben vor allem indirekte Macht. Im Rahmen des Stakeholder-Managements sollte bewusst entschieden werden, welchen Stakeholdern man wie viel Aufmerksamkeit widmen will. Mit einer aktuellen Stakeholder-Map behält man die wichtigsten Stakeholder im Blick.

WAS DU DAZU BRAUCHST

- Flipchart-Blätter
- Post-its
- Moderationsstifte

DAUER

1 Stunde

PRAKTISCHER NUTZEN

Eine klare Übersicht über die Key-Stakeholder innerhalb des Gesamtspektrums macht den Unterschied zwischen »Einfluss« und »Interesse« deutlich. Darüber hinaus fördert eine solche Stakeholder-Map die Kommunikation und Zusammenarbeit mit den Stakeholdern und ist für den Product Owner ein praktisches Werkzeug für sein Stakeholder-Management.

SCHRITTE

Schritt 1: Stakeholder identifizieren
Identifiziere mit dem Team in einem Brainstorming mögliche Stakeholder. Wer hat Einfluss auf das Team? Wer ist am Erfolg des Teams interessiert? Mit wem spricht das Team häufig? Bitte die Teammitglieder, Personen/Namen (also keine Abteilungen!) auf Post-its zu schreiben – immer ein Name pro Post-it – und sammle diese auf einem Flipchart-Blatt.

Schritt 2: Die Stakeholder verorten
Zeichne ein Quadrat mit den beiden Achsen »Interesse« und »Einfluss«, jeweils mit einer Skala von gering bis hoch, auf ein Flipchart-Blatt. Gemeinsam mit dem Team werden dann die genannten Stakeholder entlang der Achsen verortet. Dazu platziert nacheinander jedes Teammitglied einen Stakeholder. Vermeide Diskussionen und lass nur Verständnisfragen seitens der Teilnehmenden zu, die du dann kurz beantwortest.

Schritt 3: Die Quadranten analysieren
Besprich mit dem Team, wie sie mit den Stakeholdern in den jeweiligen Quadranten umgehen wollen. Wann soll welche Gruppe wie viel Aufmerksamkeit erhalten und – gelingt das auch in der Praxis? Häufig wird den Teammitgliedern klar, dass sie vergessen, gewisse wichtige Stakeholder einzubeziehen. Oder sie erkennen, dass sie zulasten der wichtigen Stakeholder sehr viel Zeit mit vergleichsweise weniger wichtigen verbringen.

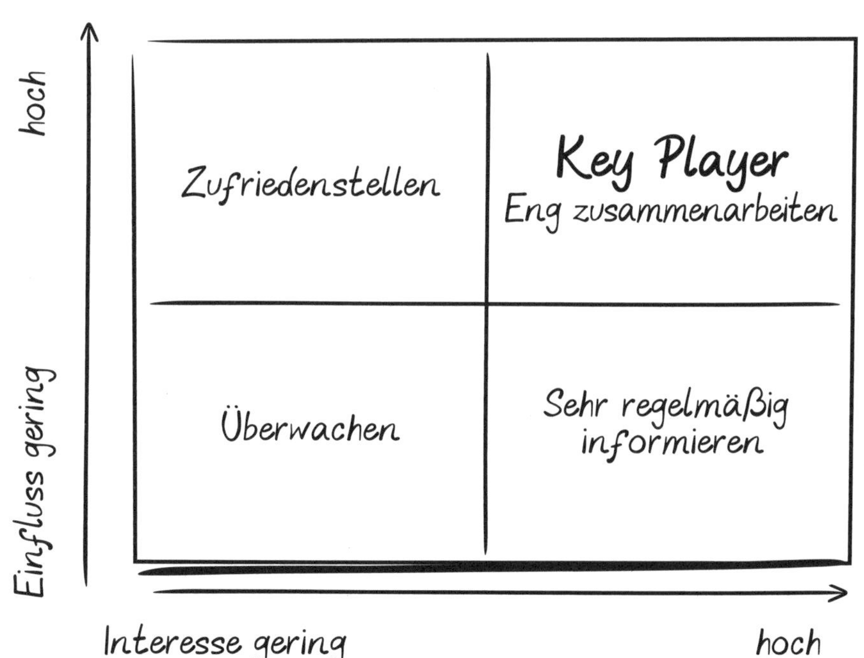

TIPP 1

Für die Abstimmung mit den Stakeholdern empfiehlt sich eine separate (anonymisierte) Stakeholder-Map. Diese kann durchaus Abteilungen, Kundenunternehmen, Teams und den Namen des betreffenden Stakeholders enthalten.

TIPP 2

Mit grünen oder roten Linien lässt sich verdeutlichen, welche Stakeholder einander positiv bzw. negativ beeinflussen, denn wie sich die einen entscheiden, hängt teilweise stark von den Entscheidungen anderer Stakeholder ab.

TIPP 3

Speziell die Stakeholder im linken oberen Quadranten (hoher Einfluss bei wenig Interesse) sollten immer gut im Blick behalten werden. Falls deren Interesse plötzlich wächst, wechseln sie in den Quadranten mit den Key-Stakeholdern. Wer dann erst beginnt, diese Stakeholder einzubeziehen, ist zu spät dran.

Während dieser Analyse können auch noch weitere Stakeholder entdeckt werden, oder es zeigt sich, dass ein Stakeholder im falschen Quadranten verortet wurde. In einem solchen Fall wird die Stakeholder-Map angepasst. Auf diese Weise entwickelt das Team ein gemeinsames Bild von seinen Stakeholdern.

Schritt 4: Mit den Stakeholdern sprechen

Noch im Rahmen dieses Workshops wird vereinbart, wie die Stakeholder über die Ergebnisse informiert werden sollen. Wer kümmert sich wann um was? Was muss bei einem solchen Gespräch herauskommen? Wem wollen wir mehr oder weniger Aufmerksamkeit widmen? Auch die Stakeholder-Map selbst sollte mit den Stakeholdern besprochen werden. Was halten sie von ihrer Zuordnung zu einem bestimmten Quadranten? Welche Erwartungen haben sie bezüglich Kommunikation?

Schritt 5: Vereinbarungen über Kommunikation und Interaktion treffen

Einige dich mit den Stakeholdern über die Kommunikation zwischen ihnen und dem Team. Wo und wann ist es wichtig, miteinander zu reden? Werden spezielle Stakeholder häufiger zu Sprint-Reviews oder Refinement-Meetings eingeladen? Vereinbare darüber hinaus mit dem Team, die Stakeholder-Map einmal pro Quartal, zum Beispiel während einer Retrospektive, zu überprüfen, denn manche Stakeholder wechseln im Laufe der Zeit den Quadranten.

USER STORIES SCHREIBEN

#46

★

Eine gute User Story zu schreiben, ist eine Kunst für sich und zugleich ein entscheidender Ausgangspunkt, um genau darüber zu sprechen, was der Kunde wirklich haben will. Das Wichtigste ist natürlich dieses Gespräch miteinander, weshalb es sich empfiehlt, die User Story kurz und prägnant zu halten. Diese Aktivität ist gut für ein Team geeignet, das bereits mit einem Backlog arbeitet, es aber immer noch schwierig findet, die Anforderungen auf die richtige Weise zu beschreiben. Sie ist aber auch ein guter Einstieg für ein (relativ) neues Team.

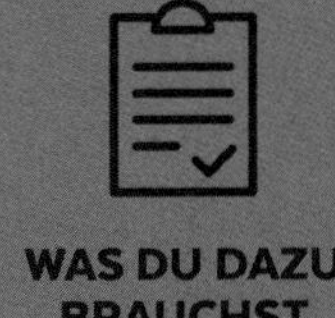

WAS DU DAZU BRAUCHST

- Das aktuelle Product Backlog
- Post-its
- Moderationsstifte

DAUER

1 Stunde

PRAKTISCHER NUTZEN

Diese Aktivität hilft dabei, mit ein paar Schritten zu einer guten User Story zu gelangen. Dem Team werden ein wenig Grundlagenwissen und eine Übung vermittelt, um selbst User Stories schreiben zu lernen.

SCHRITTE

Schritt 1: Das Was und Warum kurz erläutern

Erläutere der Gruppe, was User Stories sind und weshalb sie verwendet werden: Eine User Story verkörpert eine Funktionalität, die für den Nutzer oder Käufer eines Systems oder einer Software einen Wert besitzt. Vor allem aber ist sie eine Einladung zu einem Gespräch, um herauszufinden, was der Kunde genau will, *und* zu einer Diskussion im Team, in der geklärt wird, wie diese Funktionalität umgesetzt wird und ob sie in Iterationen geliefert werden kann und wie die Planung dazu aussieht.

TIPP 1

Es hilft, im Vorfeld schon ein Flipchart mit dem Format einer User Story, den INVEST-Kriterien und der Beispiel-User-Story vorzubereiten.

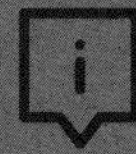

TIPP 2

Für alle, die mehr über User Stories wissen wollen, ist das Buch von Mike Cohn »*User Stories Applied*« zu empfehlen.[1]

Independent: Eine User Story muss in sich vollständig sein, darf also nicht von anderen User Stories abhängen.

Negotiable: User Stories können, solange sie nicht Teil eines Sprints sind, jederzeit angepasst und überarbeitet werden.

Valuable: Eine User Story muss dem Endanwender Wert liefern.

Estimable: Das Entwicklungsteam muss jederzeit den Umfang einer User Story einschätzen können.

Small: User Stories sollten nur so groß sein, dass es möglich ist, sie mit einem gewissen Maß an Sicherheit zu planen/zu priorisieren.

Testable: Die User Story oder eine zugehörige Beschreibung muss die erforderlichen Informationen enthalten, um testbar zu sein.

Schritt 2: **Die Struktur erläutern**

- Es handelt sich um eine geschriebene »Karte«, deshalb solltest du für die Aktivität Post-its verwenden. Natürlich können dazu später, abhängig von den Präferenzen des Teams, auch Online-Tools zum Einsatz kommen.
- Das Format einer User Story sieht folgendermaßen aus:

  Als … <Nutzer, Persona>
  will ich … <Funktionalität, Ziel>
  um … <Wert, Nutzen>

  Akzeptanzkriterien:
  - …
  - …
  - …

- Daneben muss eine User Story den **INVEST**-Kriterien genügen.

Schritt 3: **Ein anschauliches Beispiel vorstellen**

Product Ownern, Stakeholdern und Teams fällt es oft nicht leicht, beim User-Story-Format das »um« zu formulieren. Oft wird ein Wunsch beschrieben: Als Kunde will ich einen Homebutton. Ein Teil des »Was« ist damit klar. Doch der Ent-

1 Anm. d. Übers.: Der Titel der deutschen Ausgabe lautet »*User Stories: für die agile Software-Entwicklung mit Scrum, XP u.a.*«.

wickler braucht das »um« für die Entscheidung, wie er den Wunsch umsetzt. Ein Beispiel für eine gute User Story ist:

Als Besucher der Website
will ich einen Homebutton,
um mit einem Klick zur Startseite
zurückkehren zu können.

Akzeptanzkriterien:

- Der Homebutton ist auf allen Seiten sichtbar.
- Der Homebutton ist als solcher erkennbar.
- Nach Klick auf den Homebutton kehrt der Benutzer auf die Startseite zurück.
- Die Rückkehr auf die Startseite erfolgt innerhalb 1 Sekunde.

Sollte sich der Nutzer oder die Persona genauer benennen lassen, ist das auf jeden Fall zu empfehlen. Auf diese Weise können unterschiedliche Zielgruppen und Besuchertypen berücksichtigt werden. Auch die Akzeptanzkriterien sind wichtig, denn aus ihnen lassen sich bereits im Vorfeld Testfälle ableiten, mit denen geprüft wird, ob die Umsetzung der User Story den Anforderungen genügt.

Schritt 4: Eine eigene User Story schreiben
Verwende für diesen Schritt das existierende Product Backlog. Bitte die Teammitglieder, sich jeweils für ein Backlog Item zu entscheiden und es anhand der oben stehenden Regeln innerhalb einer Timebox von 10 Minuten als User Story zu formulieren.

Schritt 5: Die User Stories tauschen
Am Ende der Timebox tauschen alle ihre User Story mit der Nachbarin oder dem Nachbarn und haben wieder 10 Minuten Zeit, um einander Feedback zu den geschriebenen User Stories zu geben.

Schritt 6: Einige User Stories mit allen besprechen
Wie viele User Stories du hier besprichst, ist abhängig von der Gruppengröße und der verfügbaren Zeit. Es sollten mindestens drei sein. Diese Stories werden sofort gemeinsam mit der Gruppe angepasst.

Schritt 7: Ein letzter Check
Nach der Diskussion in der Gruppe haben alle noch einmal 2 Minuten Zeit, die nicht besprochenen User Stories noch einmal auf den Punkt zu bringen. Fügt sie dann (wieder) in das Product Backlog ein.

TIPP 3

Mit **#23 User-Story-Details** kann eine Gruppe oder ein Team erleben, dass Details und User Stories nicht immer der Schlüssel zur Verbesserung der Produktqualität sind. Und wer ein interessantes Spiel zum Schneiden von User Stories durchführen will, sollte im Internet einmal nach »Elephant Carpaccio« suchen.

★★

OBEYA EINRICHTEN

Ein Obeya (japanisch für »großer Raum«) ist ein Raum in einer Organisation, der Transparenz über Ergebnisse und Fortschritt schafft, indem alle Informationen visuell an den Wänden präsentiert werden. Mit einem Obeya fördert man Zusammenarbeit auf der Basis von Fakten und Erkenntnissen. Außerdem wird schnell klar, wie sich mögliche Störungen auf geplante Vorhaben auswirken können, da alle relevanten Informationen visuell vorhanden sind. Dadurch lässt sich die Wahrscheinlichkeit einer Zielerreichung einschätzen und Verbesserungsinitiativen können im Blick behalten werden.

WAS DU DAZU BRAUCHST

- Platz (einen Raum/Wände)
- Strategie/Ziele
- Informationen, wie es aktuell um die Ziele, Teams und Finanzen steht
- Das Engagement von Kolleginnen und Kollegen

DAUER

3 Monate

PRAKTISCHER NUTZEN

Obeya veranschaulicht die Verbindungen zwischen Teams, ihren Tätigkeiten und die damit einhergehenden Auswirkungen auf die Ziele. Das ist seine Stärke. Die Kombination aus Einblick in Strategie, Planung, Fortschritt und Teamstatus ermöglicht es, Entscheidungen zu treffen, die die Fakten berücksichtigen und deren Auswirkungen transparent sind. Beabsichtigt ist, Hindernisse zu beseitigen, die Teams bei der Erreichung ihrer Ziele blockieren. Der Einsatz von Obeya (oder das Einrichten einer »Wall of Transparency«) stellt für Führungsteams zugleich einen wichtigen Schritt in Richtung »mache selbst, was du predigst« (practice what you preach) dar, denn es ist ein klares Beispiel für Transparenz, Vertrauen und Zusammenarbeit. Deshalb passt Obeya gut in agile und Lean-Umgebungen.

SCHRITTE

Schritt 1: Einen passenden Platz auswählen

Idealerweise ist ein Obeya ein zentraler Raum mitten in der Abteilung, um die es sich dreht. Alternativen für eine erste Einrichtung können zum Beispiel

Wände, Glasflächen oder die Rückseite eines Schranks sein, solange der Ort gut zu finden ist, Menschen sich dort treffen können und es genügend Platz zum Aufhängen von Dingen gibt.

Schritt 2: Den Scope festlegen

Wichtig ist, sich gemeinsam darüber im Klaren zu sein, was man erreichen will. Das klingt einfach, scheint aber in der Praxis oft schwierig zu sein. Finde heraus, an welchen Zielen die Teams arbeiten, und verknüpfe diese mit der Strategie und den Zielen des Unternehmens. Der Umfang des Obeya bestimmt, von wem und wie detailliert etwas diskutiert wird. Beginne damit, alle verfügbaren Informationen an die Wand zu hängen.

Schritt 3: Die richtigen Personen einbeziehen

Wer wird für die Zielerreichung, Planung und Umsetzung gebraucht? Wie lässt sich die Verbindung zwischen der Strategie und den Arbeitspaketen der Teams herstellen? Denke über die Rollen in der Organisation nach und wie sie gemeinsam das Ergebnis sicherstellen. Lade zunächst die Kolleginnen und Kollegen ein, die dir als Erstes einfallen. Beginne mit den Personen,

TIPP 1

Es ist wichtig, so früh wie möglich weitere Personen einzubeziehen. Der gesamte verfügbare Raum sollte genutzt und das Bestehende ohne Bedenken angepasst werden.

TIPP 2

Fange klein an! Einen Obeya aufzusetzen gleicht einer Reise. Man startet zuerst mit einem Pilotprojekt, um herauszufinden, welche Erkenntnisse mit wem geteilt werden müssen. Sobald sich ein funktionierender Rhythmus etabliert hat, kann man schneller werden und Obeya erweitern oder skalieren.

TIPP 3

Die Macht eines physischen Obeya liegt darin, dass man sich gemeinsam dort treffen kann und alle Informationen direkt visuell vor sich hat. Sollte es sich nicht vermeiden lassen, digital zu arbeiten, lässt sich ein Obeya auch an einem »öffentlichen« digitalen Ort einrichten. Seine aktive Nutzung erfordert dann allerdings (noch) mehr Aufmerksamkeit. Dazu sind klare Vereinbarungen zu treffen und die Abteilungen und die Organisation sollten immer wieder konsequent an die Existenz des Obeya erinnert werden.

von denen du weißt, dass sie sich einbringen werden. Du wirst sehen, dass die anderen von selbst folgen.

Schritt 4: Daten sammeln

Definiere, welche Daten benötigt werden, um die heutigen Leistungen und die aktuelle Situation abzubilden. Entscheide auch, wie der Fortschritt von Veränderungen oder einer Transformation visualisiert werden soll. Nutze diese Messwerte und Informationen, um die richtigen Diskussionen zu führen. Das zwingt dich, ehrlich zu sein. Das kann anfangs durchaus unangenehm sein, aber es hilft! Veröffentliche Informationen sofort an der Wand, auch wenn die Daten noch nicht vollständig sind. Lieber loslegen und später verbessern, als ohne Transparenz so lange zu warten, bis alles perfekt ist. Inspect & Adapt!

Schritt 5: Die Events festlegen

Entscheidet, wann ihr euch treffen wollt, um Fortschritt und Ergebnisse zu besprechen und so unterschiedliche Themen zu steuern, die beispielsweise mit Themen zusammenhängen, die auch in Scrum einzeln betrachtet werden:

- Priorisieren und planen: Welche Ziele wollen wir (im kommenden Zeitraum) gemeinsam erreichen?
- Gegensteuern und unterstützen: Ist Unterstützung bei den laufenden Arbeiten erforderlich?
- Teams und Ergebnisse: Wie geht es unseren Mitarbeiterinnen und Mitarbeitern und was können wir für sie tun? Ist es uns gelungen, die gewünschten Ergebnisse zu liefern?
- Evaluieren und anpassen: Wie lässt sich die Zusammenarbeit weiter verbessern?

Jedes dieser vier Elemente hat einen eigenen physischen Platz an der Wand oder im Obeya-Raum. Mit jedem dieser Themen geht ein eigener Termin oder ein eigenes Event einher. Dafür die richtige Frequenz zu finden, ist eine gemeinsame Aufgabe.

Schritt 6: Ein Quartal lang experimentieren

Vereinbart miteinander, mindestens drei Monate lang zu testen, ob Obeya für euch funktioniert. Indem man eine gewisse Zeit lang gemäß den Grundelementen vorgeht und, falls erforderlich, den Raum schrittweise anpasst, kann man gemeinsam entscheiden, ob Obeya bei der Zielerreichung hilft. Plant von Anfang an ein Event zur Evaluierung am Ende der Testphase ein und nehmt euch nach jeder einzelnen Sitzung kurz Zeit, um nach Verbesserungspotenzialen für das nächste Mal zu suchen.

Schritt 7: Mit dem ersten Entwurf starten

Ein Obeya ist selten von Anfang an perfekt. Beginnt damit, vieldiskutierte Übersichten aufzuhängen, zum Beispiel Roadmaps, Backlogs und Planungen. Anschließend erweitert ihr die Wand oder den Raum auf Basis der für die unterschiedlichen Events erforderlichen Informationen. Ab dem Startpunkt gilt, dass alle bestehenden Besprechungen von nun an im Obeya-Raum stattfinden.

BEISPIEL EINES OBEYA

In einem großen multinationalen Unternehmen wurde ein Programm umgesetzt, das sich über viele Abteilungen und Wertströme erstreckte. Das hatte zur Folge, dass viele Menschen damit in Berührung kamen und das Interesse daran groß war, es aber für die meisten nicht oberste Priorität hatte – die eigene Arbeit ging vor. Und es waren viele (falsche) Geschichten über den Fortschritt des Programms im Umlauf – bis ein Obeya eingerichtet wurde, mit allen relevanten Informationen, dem Programmfortschritt und vor allem den gegenseitigen Abhängigkeiten. In einem festen Rhythmus von wiederkehrenden (kurzen) Zusammenkünften erfolgte die Abstimmung mit den Beteiligten. Der Obeya wurde zum wichtigsten Ort für die Treiber des Programms. Hier spielte die Musik, hier wurde beraten und gesteuert. Dass das Programm ein gewisses Maß von »Kontrolle« ausstrahlte, war ein großer Vorteil. Die Mitglieder der Geschäftsführung oder die Verantwortlichen in den Abteilungen, die Fragen hatten, wurden zum Obeya gebracht, wo sie vor Ort Antworten erhielten und ihre Bedenken ausgeräumt werden konnten.

#48

★★

GQM – ZIELE KONKRETISIEREN

GQM (Goal-Question-Metric) hilft Product Ownern und Managern, abstrakte oder qualitative Ziele zu konkretisieren. Dazu werden zwischen Ziel und Metriken Fragen formuliert, die mittels Daten beantwortet werden müssen. So wird deutlich, was man noch nicht weiß und wie die Messwerte analysiert werden können.

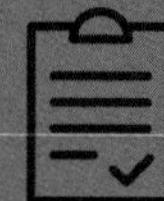

WAS DU DAZU BRAUCHST

- Ein Flipchart
- Moderationsstifte (schwarz, grün und rot)
- Die Führungskraft und/oder den Product Owner
- Eine Abordnung von Teammitgliedern und Stakeholdern

DAUER

1 bis 2 Stunden für Schritt 1 bis 6, Schritt 7 und 8 folgen zu einem späteren Zeitpunkt

PRAKTISCHER NUTZEN

GQM macht sichtbar, was zur Zielerreichung beiträgt und was nicht. Deshalb passt diese Aktivität perfekt zu einem agilen Ansatz. Und durch den Einsatz von Fragen und die Suche nach Antworten fördert GQM gleichzeitig einen Lernprozess.

SCHRITTE

Schritt 1: Das Ziel (Goal) formulieren

Zunächst sollte klar formuliert werden, was erreicht werden soll: ein Ziel, die Lösung eines Problems oder beispielsweise die Verbesserung einer bestimmten Situation. Dazu kann man das Template auf der gegenüberliegenden Seite ausfüllen.

Schritt 2: Die Ziele durch Fragen verfeinern

Je Ziel werden etwa fünf offene Fragen formuliert, die alle mit wer, was, weshalb, wie, in welchem Maße, auf welche Weise usw. beginnen. Dafür eignen sich Workshops oder (Gruppen-)Interviews, zu denen die wichtigsten Kunden, Teammitglieder und/oder Stakeholder hinzugezogen werden. Anstatt zu versuchen, alles auf einmal perfekt hinzu-

Analysiere:	<Thema, Kundenwirkung oder anderes Businessthema>
Mit dem Ziel:	<Einblick zu gewinnen, in den Griff zu bekommen, zu optimieren>
Mit Blick auf:	<spezieller Fokus auf zu betrachtende Aspekte>
Aus dem Blickwinkel von:	<spezifische(n) Stakeholder oder Persona(s) benennen>

bekommen, ist es besser, Schritt für Schritt zu lernen. Zu einem späteren Zeitpunkt können immer noch Anpassungen, Streichungen und Ergänzungen vorgenommen werden.

Schritt 3: Die erforderlichen Metriken definieren

Neben bereits bestehenden Metriken können zur Beantwortung der Fragen auch weitere, ergänzende Metriken ausgewählt werden. Trotz allem sollte es einfach und übersichtlich bleiben, denn Daten sammeln kostet Zeit.

Schritt 4: Die Verbindung zwischen Fragen und Metriken visualisieren

Zur Verdeutlichung der Top-down-Hierarchie vom Ziel zu den Fragen und Metriken werden Linien zwischen Fragen und Metriken gezogen, wobei jeder Frage mindestens eine Metrik zugeordnet ist. Eine Metrik kann mit mehreren Fragen verknüpft sein (siehe Beispiel für einen GQM-Baum).

Schritt 5: Überprüfen, ob (fiktive) Messungen wirklich Antworten liefern

Erstellt eine (fiktive) Tabelle oder ein Diagramm für eine Metrik und überprüft, inwieweit die (fiktiven) Daten die damit verbundene Frage beantworten. Wechselt zwischen Fragen und Metriken hin und her und formuliert sie um, soweit das erforderlich ist. Verwendet darauf nicht zu viel Zeit.

Schritt 6: Sollwerte und Erwartungen festlegen

Für jede verbundene Frage wird nun der untere und obere Sollwert einer Metrik festgelegt, denn Messungen sollen schließlich in Maßnahmen münden. Deshalb muss im Vorhinein

TIPP 1

Der Baum sollte klein und fokussiert bleiben. Ein großer und allumfassender GQM-Baum ist der größte Fallstrick. Am besten ist es, einfach loszulegen und die Dinge später auf Basis von Messungen und Antworten anzupassen.

TIPP 2

Entscheidend sind vor allem die Sollwerte und die beabsichtigten Veränderungen. Solange Antworten und Messungen nicht in Maßnahmen münden, hat es noch keinen Sinn zu messen.

TIPP 3

Zu guter Letzt sollte unbedingt geprüft werden, ob alle Metriken wirklich erforderlich sind, denn je weniger Metriken und je mehr Antworten, desto besser.

BEISPIEL FÜR EINEN GQM-BAUM

Ziel: Die Kundenzufriedenheit bei Bestellungen über die App erhöhen

Q1. Welche Faktoren haben den größten Einfluss auf die Kundenzufriedenheit?

Q2. Mit welchen einfachen Maßnahmen lassen sich die größten Steigerungen je Faktor erzielen?

Q3. Welche Kundengruppen haben den größten Bedarf an App-Verbesserungen?

M1. Net Promoter Score (NPS) pro App-Funktionalität

M2. NPS je Kundengruppe

M3. Nutzung von App-Funktionalität in Umfang, Umsatz, Gewinn und Frequenz

M4. Umfang und Frequenz der App-Nutzung je Kundengruppe

M5. Umsatz, Gewinn und Wachstumspotenzial je Kundengruppe

M6. NPS pro Kundengruppe und pro Funktionalität

M7. Spezielle Kundenbeschwerden über die App

geklärt werden, was zu tun ist, wenn eine Metrik unterhalb, oberhalb oder zwischen den Sollwerten liegt. Man kann auch nichts unternehmen, solange es sich dabei um eine bewusste Entscheidung handelt.

Schritt 7: Daten sammeln und analysieren

Sammelt zu den Metriken passende Daten und veranschaulicht sie in Diagrammen und/oder Tabellen. Schaut euch dazu die Beispiele in Schritt 5 an, wo ihr überprüft habt, wie Fragen mittels der Metriken beantwortet werden können.

Schritt 8: Antworten geben, Maßnahmen umsetzen, den GQM-Baum anpassen

Bitte Stakeholder, Teammitglieder und/oder Kunden, auf Basis der Messungen Antworten zu formulieren. Alternativ formulierst du sie selbst und prüfst mit ihnen, ob die Antworten logisch sind. Setzt die Maßnahmen um, die zu den im Vorfeld festgelegten Sollwerten und den beabsichtigten Veränderungen passen. Validiert von Zeit zu Zeit auch den gesamten GQM-Baum und überarbeitet oder entfernt Fragen.

KVI - MESSBARER WERT

#49

★★

Mit den Key Value Indicator (KVI) wird der gelieferte Wert konkret, greifbar und messbar. Es ist der quantitative Indikator für den Erfolg und/oder die Existenzberechtigung des Teams, der Abteilung oder der gesamten Organisation. Agilität hat schließlich zum Ziel, mehr zu erreichen und Nutzern und Kunden ein Maximum an Wert zu liefern - möglichst mit minimalem Aufwand. Der KVI besteht aus einer einzigen Metrik (oder maximal aus dreien), visualisiert in einer Trendlinie, die den Zusammenhang zwischen Kundennutzen und Wert für das Unternehmen verdeutlicht. Ziel ist, Kunden (und Nutzer) intelligenter und besser zu bedienen, sodass sie mehr Wert erleben. Diese Kennzahl ist also ein vollständig nach außen gerichtetes Tool.

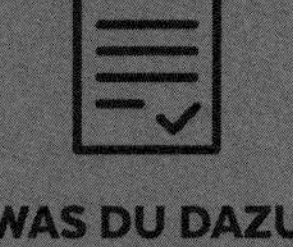

WAS DU DAZU BRAUCHST

- Stifte und Papier
- Ein Flipchart zum Brainstormen
- Eine repräsentative Gruppe

DAUER

1 bis 1,5 Stunden

PRAKTISCHER NUTZEN

Der KVI ist eine aktuelle Kennzahl, mit der das Team die Auswirkungen von Handlungen über den Kundennutzen messbar macht. Teammitglieder sind in der Lage, diese Kennzahl selbstständig abzurufen und zu analysieren. Mehrere Teams, die zusammen am selben Ziel arbeiten, haben deshalb auch denselben KVI.

Viele Unternehmen verwenden bereits seit Jahren KPIs (Key-Performance-Indikatoren), die die Effizienz und Qualität des internen Prozesses messen. In einem komplexen und dynamischen Markt kommt es jedoch darauf an, dass Teams sich auf den Kunden fokussieren. Deshalb ist der KVI ein *kundenorientiertes* Tool.

TIPP!

Häufig ist es wichtiger, einen ersten KVI zu finden, als sofort den perfekten auszuwählen. Deshalb sollten etwa 45 Minuten in einen recht passablen KVI investiert und anschließend damit gearbeitet werden. Anhand konkreter Daten und Erfahrungen wird von selbst klar, ob ein besserer KVI möglich ist.

SCHRITTE

Schritt 1: Den Workshop vorbereiten

Denke mit dem Product Owner darüber nach, was das Produkt für den Kunden (oder Nutzer) wertvoll macht. Arbeitet gemeinsam die Vorteile des Produkts klar heraus: ein gewisser Komfort, es macht sie schneller oder glücklicher, es verringert die Risiken, sie leiden weniger, sie können schneller ihre eigenen Ambitionen verwirklichen oder sie sind auf andere Weise erfolgreicher. Anschließend stellt ihr eine Liste von Stakeholdern zusammen, die ebenfalls zum Brainstorming mit dem Team eingeladen werden sollten.

Schritt 2: Den Workshop durchführen

Erläutere dem Team, dem Product Owner und den eingeladenen Stakeholdern kurz das Ziel des Workshops. Dann verdeutlicht der Product Owner den Anwesenden, wie das Produkt einen Mehrwert für den Kunden schafft. Die Teammitglieder haben die Möglichkeit, Fragen zu stellen. Ermutige sie gegebenenfalls dazu. Es ist wichtig, dass sie wirklich gut verstehen, weshalb das Produkt wertvoll ist. Macht euch anschließend in mehreren Runden à 15 Minuten iterativ auf die Suche nach der besten Metrik für den Kundennutzen, die praktisch umzusetzen und aussagekräftig genug ist (siehe die Beispiele auf der nächsten Seite).

Häufig sind die Daten unzureichend, um den KVI zu aktualisieren, oder das Team hat nur eingeschränkten Zugang zu diesen Daten, um selbstständig mit dem KVI zu arbeiten. Deshalb sollten in diesem Workshop konkrete Vereinbarungen zur Lösung dieses Problems getroffen werden. Klärt ebenfalls, wie das Team die Daten auswertet, daraus lernt und die Erkenntnisse teilt.

Schritt 3: Evaluieren
Die gleichen Teilnehmenden wie oben evaluieren gemeinsam, wie sich der KVI während der zurückliegenden Zeit ausgewirkt hat. Überprüft, ob der Fokus nun stärker auf der Lieferung von mehr Wert für Kunden (und Anwender) liegt. Denkt während eines anschließenden Brainstormings über Verbesserungen nach, zum Beispiel den KVI anzupassen oder zu ersetzen. Dieses Evaluierungstreffen solltest du am besten schon in Schritt 2 planen und in die Terminkalender eintragen.

BEISPIELE
Daily Active Users (DAU) – die Anzahl der Nutzer, die innerhalb der letzten 24 Stunden die Website, die App oder das Produkt verwendet haben. Es besteht zwar ein enger Zusammenhang zwischen der Anzahl der Nutzer und dem Umsatz oder Gewinn, doch die Anzahl der Nutzer muss in kürzeren Zyklen (schneller) gemessen werden.

Supportanfragen vermeiden (SV) – die Anzahl unnötiger Supportanfragen, die für die Kunden entfallen, weil die Website, Rechnung, Übersicht oder die App strukturell verbessert sind.

Anzahl der Angebote und Umwandlungen – das Vertriebsteam nutzt eine Kombination aus zwei Kennzahlen. Sie wollen die Anzahl der verschickten Angebote und die Umwandlungen in einen Kauf kennen.

Umsatz zufriedener Kunden (€ 8+) – es zählt nicht nur der Prozentsatz zufriedener Kunden, sondern vor allem der Umsatz, der mit zufriedenen Kunden realisiert wird. Nicht jeder Kunde zahlt denselben Betrag.

★★

T-SHIRT-GRÖSSEN: SORTIERUNG NACH WERT

Nach Wert priorisieren ist viel einfacher gesagt als getan. Diese Aktivität verwendet T-Shirt-Größen als relatives Maß, um stark voneinander abweichende Initiativen dennoch miteinander vergleichen zu können.

WAS DU DAZU BRAUCHST

- Ausreichend Platz
- Moderationsstifte
- Moderationskarten (oder Post-its)
- Eine Gruppe von Stakeholdern/ Product Ownern
- Entscheider mit Mandat

DAUER

2 bis 2,5 Stunden

PRAKTISCHER NUTZEN

Eine Gruppe von Entscheidern (Product Owner, Führungskräfte und/oder Geschäftsführer) priorisiert eine beliebige Liste von Themen nach Wert. Daraus resultiert eine breit akzeptierte Liste priorisierter Initiativen, zu der alle wichtigen Beteiligten ihren Input geben konnten. Hinzu kommt, dass sich durch diese Aktivität eine gemeinsame Sprache und geteilte Wahrnehmung rund um Wert und wertorientierte Priorisierung entwickeln.

SCHRITTE

Vorbereitung

Sorge dafür, dass dieses Meeting in allen Kalendern eingeplant ist. In vielen Organisationen ist es ein wiederkehrender Termin – einmal pro Monat reicht meistens aus. Bitte die Teilnehmenden, sich im Vorfeld vorzuberei-

ten, indem sie die Initiativen, die sie einbringen wollen, sammeln und, soweit möglich, deren Wert (auf eigene Weise) konkretisieren. Jede Initiative muss wiedererkennbar in einem Satz oder mit wenigen Worten auf einer Moderationskarte Platz finden.

In der Mitte des Raums sollte ein großer Tisch stehen, auf dem alle Initiativen auf einzelnen Karten abgelegt werden können. Unterteile den Tisch in Bereiche, die mit den T-Shirt-Größen XS bis XXXL gekennzeichnet sind, wobei die Bereiche von XL bis XXXL größer sein sollten als die anderen. Alternativ lassen sich auch mehrere einzelne Tische verwenden, wobei jeder Tisch eine der T-Shirt-Größen repräsentiert. Manchmal liegt eine Initiative genau zwischen zwei Größen. Für einen solchen Fall kann man zwischen

TIPP 1

Es empfiehlt sich, die Initiativen auch innerhalb einer Kategorie bereits nach relativem Wert zu sortieren, zum Beispiel indem sie über- oder untereinander gelegt werden. So kennt man neben dem relativen Wert zwischen den T-Shirt-Größen auch den im Inneren.

TIPP 2

Es sollte nicht zu viel Zeit mit der Diskussion über die Reihenfolge verwendet werden. In Zweifelsfällen kann immer der Entscheider konsultiert werden, oder man lässt ihn gleich die Reihenfolge innerhalb der Kategorien festlegen.

zwei benachbarten T-Shirt-Größen noch eine Zwischengröße einführen.

Schritt 1: Die Aktivität erläutern
Erläutere den Anwesenden, dass alle Initiativen mithilfe der T-Shirt-Größen nach ihrem Wert geordnet werden sollen. Wenn die Gruppe bereits häufiger so gearbeitet hat, ist es praktisch, wenn man für jede Größe über ein gemeinsames »Benchmark« verfügt – also eine Initiative aus der Vergangenheit, die für diese Größe als Beispiel und Referenz benutzt wird. Damit hat jede Kategorie sofort einen klaren Startwert. Im Übrigen entwickelt sich für jede Kategorie im Laufe des Meetings ohnehin ein relativer Wert. Achte darauf, dass in der Gruppe ein Entscheider ist, der aus seiner Rolle oder Funktion heraus das Mandat besitzt, Entscheidungen über Wert und Prioritäten zu fällen. Diese Person lässt der Gruppe die Freiheit, so viel wie möglich selbst zu entscheiden, trifft jedoch die finalen Entscheidungen und kann von der Gruppe konsultiert werden. Der Entscheider bringt selbst keine eigenen Initiativen ein, sondern trifft lediglich Entscheidungen.

Schritt 2: Die lange Runde starten
Alle Beteiligten erhalten nacheinander die Gelegenheit, innerhalb von 30 Sekunden eine Initiative einzubringen und zu erläutern. Die anderen hören zu und stellen anschließend Verständnisfragen. Vermeide an dieser Stelle Diskussionen über den Wert. Jetzt ist nur wichtig, dass jedem klar wird, worum es in der Initiative geht.

Anschließend wird die Karte mit der Initiative bei der passenden T-Shirt-Größe abgelegt. Der Wert der Initiative muss mit denen vergleichbar sein, die bereits dort liegen. Bei Unstimmigkeiten oder Meinungsverschiedenheiten wird die Karte für die kurze Runde zurückgestellt (siehe Schritt 4). Manchmal werden Karten verschoben und es kann sogar passieren, dass sich ganze T-Shirt-Größen verschieben. Das ist alles in Ordnung, solange es sich dabei um ein gemeinsames Bild und ein mit allen geteiltes Werteverständnis handelt.

Es kann pro Runde immer nur eine Initiative eingebracht werden. Nachdem alle an der Reihe waren, beginnt die nächste Runde, bis alle Initiativen eingebracht sind oder, besser noch: bis die Timebox abgelaufen ist. Beispielsweise ist 45 Minuten lang Zeit, um Initiativen vorzustellen, danach ist Schluss.

Schritt 3: Pause mit Marktplatz
Nun ist Zeit für 15 Minuten Pause. Verteile alle zurückgestellten Karten unter den Teilnehmenden, mit der Aufgabe, im Laufe der Pause die entstandenen Meinungsverschiedenheiten zu diskutieren und aufzulösen.

Schritt 4: Die kurze Runde starten
Legt die noch offenen Karten bei den entsprechenden T-Shirt-Größen ab. Falls sich die Teilnehmenden während der Pause nicht einigen konnten, ordnet der Entscheider die Karten zu. Der Entscheider hat nun auch die Möglichkeit, Karten, die seiner Meinung nach nicht an der richtigen Stelle liegen, zu verschieben.

Schritt 5: Mit Maßnahmen beenden
Nun liegen alle Initiativen nach relativem Wert sortiert auf dem Tisch. Legt fest, wer die Verantwortung übernimmt, alles zu dokumentieren, und welche Folgemaßnahmen rund um die Initiativen ergriffen werden. Danach beendest du das Meeting.
Noch besser ist es, in einem nächsten Schritt den Wert in Beziehung zum Aufwand zu setzen – siehe **#51 Fortsetzung T-Shirt-Größen: Return on Investment**.

★★

FORTSETZUNG T-SHIRT-GRÖSSEN: RETURN ON INVESTMENT

WAS DU DAZU BRAUCHST

- Ausreichend Platz
- Moderationsstifte
- Karten (oder Post-its)
- Eine Gruppe von Stakeholdern/ Product Ownern
- Entscheider mit Mandat

DAUER

2 bis 2,5 Stunden

Mit dieser Aktivität lassen sich die gewählten wertbasierten T-Shirt-Größen in eine relative Reihenfolge gemäß dem Return on Investment (ROI) überführen. Dazu ist erforderlich, dass die Aktivität zur Priorisierung nach Wert zu einem früheren Zeitpunkt bereits stattgefunden hat oder dass man sie unmittelbar vor dieser Aktivität durchführt.

PRAKTISCHER NUTZEN

Eine Gruppe von Entscheidern (Product Owner, Manager und/oder Geschäftsführer) priorisiert eine nach Wert sortierte Liste von Initiativen mit Blick auf den Return on Investment. Daneben können Initiativen, die weit unten in der Liste stehen, in kleinere Initiativen aufgeteilt werden und so an einen anderen Platz rücken. Das Ergebnis ist folglich eine breit akzeptierte Liste von priorisierten Initiativen, zu der alle wichtigen Beteiligten ihren Input geben konnten.

SCHRITTE

Schritt 1: #50 T-Shirt-Größen: Sortierung nach Wert durchführen

Entweder sollte in einer vorangegangenen Sitzung bereits eine in T-Shirt-Größen nach relativem Wert geordnete Liste von Initiativen erstellt worden sein oder diese Liste wird in dieser Sitzung erstellt und nach einer kurzen Pause wird direkt zur Priorisierung nach dem ROI übergegangen.

Schritt 2: Den relativen Aufwand ergänzen
Ergänze jede Initiative um den relativen Aufwand, ebenfalls in T-Shirt-Größen. Einigt euch anhand vergangener Initiativen auf die Zuordnung und eine gemeinsame relative Skala. Möglicherweise müssen einige der Teilnehmenden dazu Rücksprache mit Personen halten, die nicht anwesend sind. Gib ihnen dazu die Möglichkeit oder mache eine zusätzliche Pause.

Schritt 3: Nach relativem ROI sortieren
Nun folgt das Kunststück. Ersetze die T-Shirt-Größen für den Wert durch aufsteigende Zahlen, zum Beispiel S=1, M=2, L=3, XL=4 usw. Es sind auch andere Zahlen möglich, zum Beispiel die Fibonacci-Reihe. Vielleicht lässt sich der Wert ja auch schon monetär umrechnen. Dann erfolgt noch einmal dasselbe mit den T-Shirt-Größen für den Aufwand. Auch hier kann es sich um beliebige, aufsteigende Zahlen handeln, aber vielleicht kann der Aufwand in Personentagen oder in Geldwert ausgedrückt werden. Wenn ihr nun für jede Initiative den Wert durch die Kosten teilt, erhaltet ihr den zugehörigen ROI. Sortiert die Initiativen nun untereinander nach ihrem relativen ROI.

Schritt 4: Aufteilen und relativen Aufwand korrigieren
Möglicherweise landen manche Initiativen im unteren Bereich, während sie gefühlsmäßig weiter oben stehen sollten. Verkleinert in einem solchen Fall die Initiative, indem ihr sie aufteilt: Behaltet den wertvollen Teil, legt den relativen Aufwand neu fest und berechnet dann erneut den ROI. Ihr werdet erleben, dass sich der relative Aufwand für Initiativen unter Beibehaltung ihres Werts verkleinern lässt und sie dadurch in der Liste nach oben wandern.

Schritt 5: Mit Maßnahmen beenden
Nun liegen alle Initiativen nach relativem ROI sortiert auf dem Tisch. Legt fest, wer die Verantwortung übernimmt, alles zu dokumentieren, und welche Folgemaßnahmen rund um die Initiativen ergriffen werden. Danach beendest du die Sitzung.

TIPP 1

Man kann rückblickend schauen, ob eine bestimmte Initiative einen messbaren (monetären) Wert hat. Passt sie dann wirklich noch zu der im Vorfeld zugewiesenen T-Shirt-Größe? Wenn ja (oder wenn sie zu einer anderen Größe passt), wird dieser T-Shirt-Größe so ein Geldwert zugeordnet, der wiederum als Benchmark fungieren kann.

TIPP 2

Für manche Initiativen lässt sich der Wert nur schwer monetär beziffern. Doch wenn eine Initiative beispielsweise der Größe XL zugeordnet ist und eine andere XL-Initiative nachweislich einen Wert von 500.000 Euro hatte, dann kann für die erste Initiative ungefähr dieser Wert angenommen werden.

#52

★★

PRODUKT-DEFINITION

Um in welcher Form auch immer am Markt effektiv agieren zu können, ist eine gute Produktdefinition unverzichtbar. Innerhalb eines Unternehmens können zum Beispiel für Marketing, Entwicklung usw. mehrere Produktdefinitionen im Umlauf sein. Diese Aktivität ist vor allem auf die Produktdefinition für eine Entwicklungsorganisation ausgerichtet.

WAS DU DAZU BRAUCHST

- Moderation
- Post-its
- Moderationsstifte
- Ein Whiteboard oder Moderationspapier

DAUER

Etwa 1 bis 2 Stunden (Für eine Definition sind mehrere Sitzungen erforderlich.)

PRAKTISCHER NUTZEN

Diese Aktivität unterstützt bei der Formulierung einer wertorientierten Produktdefinition, die am Mission Statement des Unternehmens ausgerichtet ist. In diesem Workshop werden nur Produkte betrachtet, die von einem Kunden außerhalb des Unternehmens abgenommen werden können. Es gibt keine internen Kunden (Kolleginnen und Kollegen) und keine internen Produkte, also (Hilfs-) Mittel, die innerhalb des Unternehmens genutzt werden. Wer in einem Finanzunternehmen in der IT-Abteilung arbeitet, die an interne Aufsichtsgremien liefert, hat kein Produkt. Die Berichte werden nicht verkauft, die Wirtschaftsprüfer sind schlicht Kolleginnen und Kollegen. In **#33 Wertstromanalyse** wird dieser Teil »Business Non Value Adding« (BNVA) genannt.

SCHRITTE

Vorbereitung

Lade eine Gruppe von Personen mit produktrelevanter Verantwortung ein – Abteilungsleiter, Produktmanager, Product Owner, auch das Marketing. Bei Programm- und Projektmanagern ist eher Vorsicht geboten, denn sie verantworten häufig nur einen zeitlich begrenzten Anwendungsbereich und sind nicht für den gesamten Produktlebenszyklus verantwortlich. Sorge darüber hinaus dafür, dass das Produktportfolio bekannt bzw. sichtbar ist, also die Produkte und Dienstleistungen, die auf der Website zu finden sind. Diese Informationen müssen während der Sitzung verfügbar sein. Das gilt auch für das Mission Statement des Unternehmens. Gelieferte Produkte sollten auf jeden Fall darauf einzahlen.

Schritt 1: Produkte verorten

Die Produkte und/oder Produktgruppen werden nun auf einem Whiteboard entsprechend ihrem Einfluss auf die Mission entlang einer Achse von »trägt vollumfänglich bei« über »trägt bedingt bei« bis hin zu »irrelevant für die Mission« verortet. Letzteres bedeutet im Übrigen nicht, dass diese Produkte für das Unternehmen irrelevant sind! Nehmen wir nur die Berichterstattung an externe Aufsichtsgremien.

Schritt 2: Das Produkt definieren

Beschäftigt euch zuerst mit den relevantesten Produkten und/oder Produktgruppen und versucht im Rahmen einer Diskussion, eine übergreifende Produktdefinition im Einklang mit dem Mission Statement zu finden. Dabei kann durchaus eine utopische, schwer erreichbare Produktdefinition entstehen. Das ist genau das Richtige, um für die Entwicklung ein kreatives und innovatives Umfeld zu schaffen. Denn schließlich handelt es sich um eine Produktdefinition für die Entwicklung.

Schritt 3: Nächste Schritte

Betrachtet als Nächstes die Auswirkung des von euch definierten Produkts, beispielsweise mit **#49 KVI – messbarer Wert**, oder, wenn bereits die richtige Auswirkung erzielt wird, die Effizienz bei der Lieferung. Dazu lässt sich zum Beispiel **#56 Wertmetriken** nutzen.

TIPP 1

Die Gruppe sollte, zumindest in den ersten Runden, nicht größer als 3 bis 5 Personen sein.

TIPP 2

Diese Sitzungen sind am effizientesten, wenn Personen mit einem Mandat teilnehmen. Dabei handelt es sich häufig um Führungskräfte einer höheren Ebene.

TIPP 3

Es ist nicht zu erwarten, dass jeder Schritt gleich beim ersten Mal perfekt ist. Deshalb empfiehlt es sich, die Schritte mehrmals zu wiederholen. Die Schritte 2, 3 und 4 können ruhig mehrere Male hintereinander durchlaufen werden. Dabei helfen kurze Timeboxen von 10 bis 15 Minuten Länge.

#53

PRODUKTVISION

Diese Aktivität unterstützt den Product Owner bei der Formulierung einer klaren Produktvision.

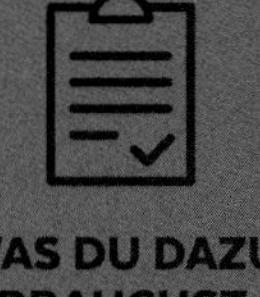

WAS DU DAZU BRAUCHST

- Auf A3 ausgedruckte Product Vision Boards
- Post-its
- Stifte/Moderationsstifte

DAUER

2 Stunden

PRAKTISCHER NUTZEN

Eine Produktvision veranschaulicht den Wert eines Produkts und das Ziel, auf das hingearbeitet wird. Die Vision unterstützt beim Füllen und Priorisieren des Backlogs – was gehört hinein und was ganz bewusst nicht? Anhand der Produktvision kann der Product Owner entscheiden, was für den Kunden, die Organisation und das Team wichtig ist. Zudem hilft die Produktvision dabei, alle auf dieselbe Linie einzuschwören.

SCHRITTE

Schritt 1: Die Bedeutung erläutern

Erläutere den Anwesenden, weshalb es wichtig ist, eine Produktvision zu entwickeln. »Was werden wir tun und warum tun wir es?« Dieses Verständnis vereinfacht die Arbeit des Product Owners, da er sofort eine erste Auswahl treffen kann, was zu dieser Vision passt und was nicht.

Schritt 2: Die Felder ausfüllen

VISION Was ist die Motivation, das Produkt zu entwickeln? Welche positive Veränderung schafft das Produkt oder die Dienstleistung?

ZIELGRUPPE	BEDÜRFNISSE	PRODUKT/ DIENSTLEISTUNG	BUSINESS GOALS
In welchem Markt oder Marktsegment befindet sich deine Zielgruppe? Wer sind deine Kunden? Wer sind deine Anwender bei diesen Kunden?	Welche Probleme löst dein Produkt oder deine Dienstleistung? Welchen nachweisbaren Wert bietet es?	Um was für ein Produkt oder eine Dienstleistung handelt es sich? Was macht seine Einzigartigkeit aus?	Wie zahlt dieses Produkt oder diese Dienstleistung auf deine Strategie ein? Welche strategischen Ziele willst du mit diesem Produkt oder dieser Dienstleistung erreichen?

Product Vision Board von Roman Pichler

Die Felder des Product Vision Board von Roman Pichler nacheinander auszufüllen, hilft dabei, eine starke, wertorientierte Produktvision zu formulieren. Erinnere die Product Owner noch einmal nachdrücklich daran, dass sie mit der »Zielgruppe« beginnen, sich dann den »Bedürfnissen« zuwenden und erst danach die Felder »Produkt/Dienstleistung« gefolgt von »Unternehmensziele« ausfüllen. Erst ganz zum Schluss wird das Feld »Vision« ausgefüllt. Das klingt logisch, doch du wirst feststellen, dass die meisten Product Owner dazu tendieren, mit dem Feld »Produkt/

TIPP 1

Diese Aktivität kann sehr gut mit einem einzelnen Product Owner durchgeführt werden, doch mit mehreren gleichzeitig wird es für die Product Owner inspirierender.

TIPP 2

Man kann diese Aktivität auch mit dem gesamten Team durchführen. Der Product Owner ist hauptverantwortlich für das Erstellen der Vision, kann sich aber natürlich vom Team unterstützen lassen.

TIPP 3

Wenn diese Aktivität mit einer größeren Gruppe durchgeführt wird, empfiehlt es sich, bei der Beantwortung der Fragen zum Beispiel **#67 1-2-4-All** zu verwenden.

Dienstleistung« zu beginnen. Das hat zur Folge, dass die anderen Fragen aus einer viel zu eingeschränkten Perspektive betrachtet werden, weil sie schon ein bestimmtes Produkt oder eine konkrete Dienstleistung im Sinn haben. Von links nach rechts zu arbeiten birgt die Herausforderung, zuerst zu den Kernbedürfnissen vorzudringen, um so eine wirklich spezifische Produktidee zu entwickeln. Das bedeutet, offen für Ideen und kreativ zu sein.

Schritt 3: Einen inspirierenden Satz formulieren

Das folgende Format kann dabei helfen, die Botschaft (Vision) verständlich und spannend zu vermitteln. Verwende das Board aus Schritt 2, um die folgenden Sätze zu vervollständigen:

Wofür (Zweck des Kunden)
Wer (Dringlichkeit oder Gelegenheit)
(Produktname) ist ein (Produktkategorie)
Das (entscheidender Vorteil, Kaufargument)
Nicht wie (alternative Lösung)
Unser Produkt (Hauptunterscheidungsmerkmal)

Schritt 4: Die Vision testen

Überprüfe, ob die Vision gut ankommt, ob die Kunden sich wiederkennen und ob auch das Management deiner Organisation dahintersteht. Und das Allerwichtigste – schau, wie die Vision beim Team ankommt. Damit alle an einem Strang ziehen, muss das Team die Vision verstehen, annehmen und beginnen, danach zu handeln. Vereinbare mit den Product Ownern, wie sie dabei vorgehen wollen. Dies sollte so kurzfristig wie möglich geschehen, am besten innerhalb von zwei Wochen.

Schritt 5: Voneinander lernen

Wenn mehrere Product Owner die vorangegangenen Schritte gemeinsam durchlaufen haben, kann es hilfreich sein, die Ergebnisse untereinander auszutauschen, um sich gegenseitig zu inspirieren und gegebenenfalls die Vision zu schärfen.

IMPACT MAPPING

#54

Impact Mapping ist eine interaktive Technik, um die Interessen von Stakeholdern in Richtung der Unternehmensziele zu bündeln und einen höchstmöglichen Kundennutzen zu schaffen. Es wird dabei über das »Warum« statt über das »Was« gesprochen. Ein perfektes Werkzeug für Product Owner und Führungskräfte.

WAS DU DAZU BRAUCHST

- Post-its
- Stifte und Moderationsstifte
- Moderationspapier oder Flipcharts

DAUER

1,5 bis 2 Stunden

PRAKTISCHER NUTZEN

Es wird gemeinsam eine visuelle Mindmap (Impact Map) aufgebaut, um verwertbare Ergebnisse zu identifizieren und zu entwerfen, die einen direkten Mehrwert für ein einzelnes Geschäftsziel liefern.

Mit einer breit gefächerten Gruppe aus Stakeholdern, Anwendern und Teammitgliedern werden verborgene Annahmen und Bedürfnisse untersucht. In jeder Impact Map geht es um genau ein Unternehmensziel, für das im Verlauf eines Gesprächs die Funktionalitäten ermittelt werden. Die Impact Map ermöglicht letztendlich, dem Backlog Einträge hinzuzufügen, die mit einem Geschäftswert verbunden sind. So kann man sich darauf konzentrieren, die richtigen Dinge zu tun, statt lediglich hart zu arbeiten.

Eine Impact Map beschäftigt sich mit folgenden Fragen (Komponenten):

- Ziel: Warum tun wir das?
- Akteure: Wer trägt zum Erreichen des Ziels bei und wird davon beeinflusst?
- Impact (Wirkung): Wie können die Akteure einen Beitrag zum Erreichen des Ziels leisten?
- Verwertbare Ergebnisse: Was brauchen sie, um das Ziel zu erreichen?

TIPP 1

Personen mit unterschiedlicher Expertise aus verschiedenen Wissensgebieten einbeziehen.

SCHRITTE

Vorbereitung

Mit der Gruppe werden alle genannten Komponenten durchlaufen. Achte darauf, dass die beteiligten Product Owner das Ziel so klar wie möglich formuliert haben. Das gibt eine initiale Richtung für die Bedürfnisse vor, das »Warum«. Was will das Unternehmen damit erreichen und weshalb ist es ihm wichtig? Das ist das Unternehmensziel und zugleich der Startpunkt der Impact Map. Verbindet man damit messbare Kennzahlen, wird das Ziel noch konkreter. Bringe alle Stakeholder und Teammitglieder in einem einzigen Raum zusammen und achte auf ausreichend Platz und Material, um eine Mindmap aufbauen zu können. Falls es nicht gelingt, sich in Präsenz zu treffen, kannst du Tools wie Mural oder Miro verwenden, um die Diskussion visuell zu moderieren.

Schritt 1: Das Ziel teilen

Mit einem Pitch wird der Gruppe die Zielstellung vorgestellt. Achte darauf, dass Fragen beantwortet werden. Dieses Gespräch hilft, die Zielstellung weiter zu präzisieren und eine gemeinsame Vorstellung zu entwickeln. Sobald das Ziel allen ausreichend klar ist, wird es in einem aussagekräftigen Satz als Startpunkt der Impact Map formuliert und auf die linke Seite der Impact Map gehängt, die in den folgenden Schritten nach rechts erweitert wird.

Schritt 2: Die Akteure identifizieren

Nun sollen die Anwesenden mit dem »Weshalb« im Hinterkopf darüber nachdenken, wer zu diesem Ziel beitragen kann. Wer sind die Anwender oder Konsumenten des Produkts? Wer ist davon betroffen? Wer kann das Ziel behindern? Tragt die Ergebnisse dieses Brainstormings auf einem separaten Blatt zusammen, zum Beispiel mit **#67 1-2-4-All**. Anschließend werden die Ergebnisse auf die Impact Map übertragen. Die Gruppe der Akteure mit dem größten Impact steht dabei an oberster Stelle.

Schritt 3: Den zu liefernden Beitrag ermitteln

Verständigt euch über die Stellung der Akteure mit Blick auf das Unternehmensziel, beispielsweise anhand von Fragen wie: Wie muss sich das Verhalten unserer Akteure verändern? Wie können sie uns bei der Zielerreichung unterstützen? Wie können sie unseren Erfolg verhindern? In größeren Gruppen kannst du dazu **#70 Brainstorming-Karussell** verwenden.

Schritt 4: Ergebnisse
Sobald alle Fragen beantwortet sind, folgt eine Diskussion zum Anwendungsbereich anhand von Fragen wie: Was können wir als Organisation oder Team tun, um die erforderliche Auswirkung zu erzielen zu liefern? Die Antworten liefern die verwertbaren Ergebnisse, Features oder Tätigkeiten. Im Backlog können dies unterschiedliche Elemente sein.

Schritt 5: Die Impact Map veröffentlichen
Sorge dafür, dass die Impact Map nach der Sitzung veröffentlicht wird. Du kannst das Moderationspapier mit der Map oder eine ausgedruckte Version der Online-Ergebnisse beispielsweise an eine Wand in der Abteilung hängen. Das hilft dem Team, die Ziele und Ergebnisse im Blick zu behalten. Während der Umsetzung dieses Ziels können immer wieder Anpassungen oder neue Erkenntnisse hinzukommen. Die Map sollte sich iterativ diesen gewonnenen Einsichten anpassen.

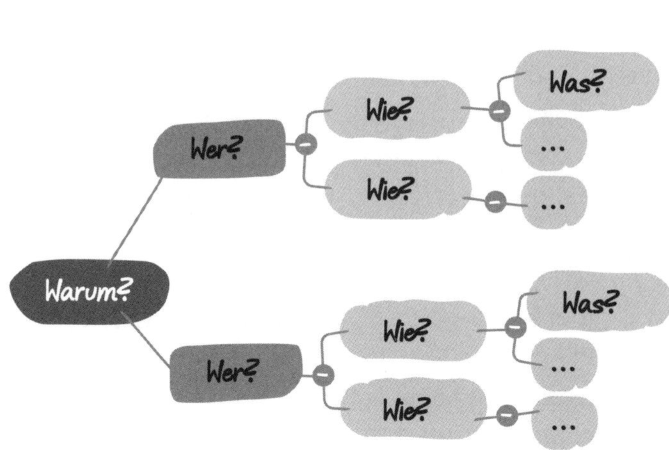

TIPP 2

Impact Map und Story Map werden häufig miteinander verwechselt. Das Ergebnis einer Story Map kann ein Product Backlog oder dessen Erweiterung sein, während sich die Impact Map auf der Ebene der Produktvision bewegt. Auch diese kann natürlich für das Product Backlog herangezogen werden.

★★★

BUSINESS MODEL CANVAS

Ein Business Model Canvas verwendet man, um mit einer Gruppe neue oder bestehende Produkte und Dienstleistungen zu beschreiben, zu entwerfen, zu diskutieren und zu entwickeln.

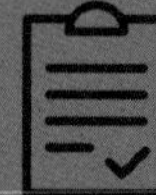

WAS DU DAZU BRAUCHST

- Eine Idee oder ein bestehende(s) Produkt bzw. eine Dienstleistung
- Einen kreativen Raum
- Post-its
- Moderationsstifte
- Ein leeres Canvas oder ein großes Blatt Papier
- Einen Mix aus Stakeholdern, Entwicklern und Kunden des Produkts oder der Dienstleistung

DAUER

1 bis 2 Stunden

PRAKTISCHER NUTZEN

Am Ende dieser Sitzung sind die Stärken des Produkts oder der Dienstleistung klar herausgearbeitet und es ist erkennbar, an welchen Stellen das angedachte Erlösmodell noch auf wackeligen Beinen steht. Zudem entwickelt sich eine klare Vorstellung, was die Geschäftsstrategie für das Produkt oder die Dienstleistung ist oder sein muss.

SCHRITTE

Schritt 1: Das Ziel der Sitzung erläutern

Mache die Gruppe mit dem angestrebten Ziel dieser Sitzung vertraut. Worum soll es gehen? Eine neue Dienstleistung entwickeln? Ein existierendes Produkt verfeinern? Die vage Idee des Product Owners konkretisieren? Diese Entscheidung sollte also bereits im Vorfeld gefallen sein. Erläutere danach kurz die neun Bereiche des Canvas oder zeige diesen Film: *https://www.youtube.com/watch?v=QoAOzMTLP5s.*

Schritt 2: Die Aktivität und das Canvas vorstellen

Erläutere der Gruppe, dass du gleich einen Timer auf 20 Minuten einstellen und regelmäßig über die verbleibende

Zeit informieren wirst. Die Teilnehmenden dürfen gern diskutieren, doch es wird von ihnen aktuell noch keine eindeutige Antwort erwartet. Es ist viel besser, wenn sie als Gruppe möglichst viele statt zu wenig Post-its aufhängen. Diese Übung wird in mehreren Iterationen durchgeführt, wobei die Ergebnisse in jeder folgenden weiter verfeinert werden. Achte darauf, dass die Gruppe es nicht zu kompliziert angeht. Je simpler, desto besser.

Schritt 3: Erste Iteration starten – die Kundenblöcke

Die Gruppe hat nun 20 Minuten Zeit, die Blöcke 1 bis 5 über die Kunden auszufüllen. Achte darauf, dass von den Teilnehmenden als Erstes die Zielgruppe spezifiziert wird. Sicherlich können alle diese Produkte gebrauchen, aber an wen richten sie sich in erster Linie? Nutzt dazu gegebenenfalls Personas.

Füllt dann aus, wie Wert für die Kunden geschaffen wird, wie die Kunden erreicht und Kundenbeziehungen aufgebaut werden sollen, und wie der Wert für die Kunden zu Wert für das eigene Unternehmen führt. In diesem zweiten Block steckt das Wesentliche. Sobald der Gruppe klar ist, welches Problem sie lösen und wie demzufolge Wert geschaffen werden kann, ergibt sich der Rest von allein. Sich über Absatzkanäle den Kopf zu zerbrechen bringt nichts, solange nicht klar ist, welches Problem gelöst werden wird. Bitte die Gruppe anschließend, in den Blöcken 3, 4 und 5 eine Art Brain Dump durchzuführen, bei dem alle ihre Ideen auf Post-its schreiben und an das Canvas heften. Tauscht diese Ideen anschließend miteinander aus, ohne zu tief in die Diskussion einzusteigen.

TIPP 1

Es gibt sicher tausend verschiedene Canvas. Neben dem Business Model Canvas sind das Lean Canvas, Value Proposition Canvas und das Lean UX Canvas sehr populär.

TIPP 2

Das Canvas sollte leben. Das ausgefüllte Canvas verkörpert lediglich die aktuelle Strategie auf der Grundlage des aktuellen Wissensstands. Deshalb ist wichtig, dass das Canvas regelmäßig überprüft wird. Welche Veränderungen haben sich ergeben? Wie hat sich der Markt entwickelt? Was haben wir durch Kundenfeedback gelernt?

Block 5 muss nicht von vornherein klar sein. Viele Start-ups kümmern sich erst einmal darum, dass sie Mehrwert für Kunden liefern, und überlegen erst danach, wie sie daraus Wert für das eigene Unternehmen generieren können. Dafür gibt es verschiedene Wege, zum Beispiel mit Werbung (Facebook), Abonnenten (FAZ) oder Daten (Google).

Schritt 4: Die erste Iteration fortsetzen – die Organisationsblöcke
Nun geht es in weiteren 20 Minuten um die Blöcke 6 bis 9. Folgende Fragen können die Gruppe beim Ausfüllen unterstützen: »Was ist an Personal und Ressourcen erforderlich, um den Wert zu schaffen? Welche Aktivitäten müssen wir ausführen? Welche Partner brauchen wir dazu? Was sind unsere wichtigsten Kostenblöcke? Achte auch hier auf Einfachheit. Es gilt herauszufinden, ob das Produkt Aussicht auf Erfolg hat.

Schritt 5: Kurze Retrospektive
Starte eine Timebox von 2 Minuten und frage die Gruppe, was sie in der nächsten Iteration besser machen werden. Einigt euch zügig auf genau einen Verbesserungsaspekt.

Schritt 6: Die folgende Iteration starten
Die Schritte 3, 4 und 5 werden wiederholt, um die bereits gesammelten Informationen zu verfeinern und zu verbessern. Ihr startet also wieder bei den Kundenbereichen. Möglicherweise haben die Überlegungen zur Kostenstruktur zu einer Anpassung der Zielgruppe geführt. Vielleicht braucht ihr für bestimmte Themen auch nicht mehr so viel Zeit und entscheidet euch, 10 der 20 Minuten auf einen spezifischen Block zu verwenden, weil es dort noch viel Diskussionsbedarf gibt. Auf die zweite Iteration kann eine dritte und vierte folgen. Das hängt davon ab, wie weit ihr schon gekommen seid.

8 SCHLÜSSEL-PARTNER

Wer sind die strategischen Partner?

Wer sind die wichtigsten Lieferanten?

Was brauchen wir von diesen Partnern?

Was sind die wichtigsten Arbeiten/Aufgaben dieser Partner?

7 SCHLÜSSEL-AKTIVITÄTEN

Welche Aktivitäten sind nötig, um dieses Wertversprechen zu erbringen?

Nutzt dazu den Input der Kanäle Kundenbeziehungen und Einnahmequellen.

6 MENSCHEN UND RESSOURCEN

Welche Menschen und Ressourcen brauchen wir für unser Wertversprechen?

Nutze dazu den Input der Kanäle Kundenbeziehungen und Einnahmequellen.

2 WERTVERSPRECHEN

Welchen Wert liefern wir dem Kunden?

Welche Kundenprobleme und -bedürfnisse adressieren wir damit?

Welche Pakete bieten wir bestimmten Segmenten an?

Was ist unser minimales Produkt?

4 KUNDENBEZIEHUNGEN

Wie finden wir neue Kunden und wie behalten wir sie?

Welche Kundenbeziehungen bestehen bereits?

Passen sie zum Rest unseres Geschäftsmodells?

3 KANÄLE

Über welche Kanäle können und wollen wir unsere Kunden erreichen?

Wie erreichen andere Unternehmen derzeit diese Kunden?
Was funktioniert am besten?

Was ist aus Kostensicht eine gute Wahl?

Lassen sich Kanäle integrieren?

1 KUNDENSEGMENTE

Für wen schaffen wir Wert?

Wer sind unsere wichtigsten Kunden?

Was sind ihre typischen Merkmale und Bedürfnisse?

9 KOSTENSTRUKTUR

Was sind die wichtigsten (festen und variablen) Kosten dieses Geschäftsmodells?

Welche Menschen und Ressourcen sind am teuersten?

Welche Aktivitäten sind am teuersten?

5 EINNAHMEQUELLEN

Für welchen Wert sind Kunden bereit zu bezahlen?

Wofür bezahlen sie im Augenblick?

Was ist das Erlösmodell?

Wie wird der Preis festgelegt?

#56

★★

WERTMETRIKEN

Diese Aktivität dient dazu, mit verschiedenen Rolleninhabern innerhalb der Organisation zu untersuchen, was alles gemessen werden kann, um Einblick in die Performance der Organisation und den Erfolg der angebotenen Produkte und Dienstleistungen zu erhalten. Dieses Format eignet sich besonders für Manager, Coaches und Product Owner.

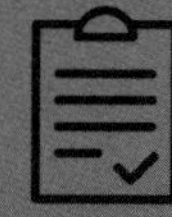

WAS DU DAZU BRAUCHST

- Post-its
- Moderationsstifte
- Eine leere Wand oder Moderationspapier

DAUER

1 Stunde

PRAKTISCHER NUTZEN

Es entsteht ein gemeinsames Verständnis über die verschiedenen Arten von Metriken, die im gesamten Produktentwicklungsprozess eine Rolle spielen. Darüber hinaus wird ein Bewusstsein dafür geschaffen, dass sowohl Metriken bezüglich der Unternehmensperformance als auch rund um den Kunden- und Geschäftswert von Bedeutung sind. Die Diskussion über mögliche Fallstricke, zum Beispiel wie Metriken zu unerwünschtem Verhalten in der Organisation führen können, wird gefördert.

SCHRITTE

Vorbereitung

Bereite für den Workshop Post-its mit folgenden Begriffen vor:

- Cockpit-Metriken (großes Post-it)
- Wertmetriken (großes Post-it)
- Product Owner
- Scrum Master
- Entwicklungsteam
- Management
- Leading
- Lagging
- Kobra-Effekt

Schritt 1: Die Bühne bereiten

Erläutere die Ziele der Aktivität:

- Gemeinsam herausfinden, was alles gemessen werden kann, um den Zustand der Organisation und ihrer Produkte und Dienstleistungen im Blick zu behalten.
- Den Unterschied zwischen Früh- (»Leading«) und Spätindikatoren (»Lagging«) sowie den Zusammenhang zwischen beiden verstehen.
- Die Fokusschwerpunkte der verschiedenen vorhandenen Rollen klären (Product Owner, Scrum Master, Entwicklungsteam und Management).
- Sich Wissen über Tipps und Fallstricke rund um Metriken aneignen.

Schritt 2: Ein Metriken-Brainstorming durchführen
Unterstütze die Gruppe, sich mithilfe von **#67 1-2-4-All** so viele einzigartige Metriken wie möglich auszudenken. Gib ihnen gegebenenfalls ein paar Beispiele (Velocity, Anzahl behobene Fehler, Geplant vs. Geliefert, Anzahl Neukunden usw.).

Schritt 3: Den Unterschied zwischen Cockpit- und Wertmetriken erläutern
Klebe das Post-it »Cockpit-Metriken« auf die linke Seite, während du Folgendes erläuterst: »Das sind Metriken, die ein Pilot verwendet, wenn er über den Zustand des Flugzeugs Bescheid wissen will. Das Flugzeug ist hier eine Metapher für die Organisation. Deshalb sagen die Cockpit-Metriken etwas darüber aus, wie es um die Organisation steht.«

Klebe das Post-it »Wertmetriken« auf die rechte Seite, während du erklärst, dass es sich hierbei um Metriken handelt, die etwas über den Kunden- und Geschäftswert aussagen. Deshalb wird es wahrscheinlich Metriken geben, die weit rechts oder weit links hängen werden oder aber in der Mitte, wenn die Zuordnung weniger klar ist.

Schritt 4: Metriken platzieren und gruppieren
Nun verortet die Gruppe alle Post-its aus Schritt 2 auf Basis der vorangegangenen Erläuterungen auf der Wand. Perfektion ist dabei nicht erforderlich, Bauchgefühl reicht aus. Sobald die Gruppe fertig ist, bittest du sie, einen Schritt zurückzutreten und das Ergebnis zu betrachten.

Schritt 5: Das Ergebnis analysieren
Betrachte mit der Gruppe das Ergebnis und stelle dazu folgende Fragen: Was fällt euch auf? Hängen mehr links oder mehr rechts? Was hat das zu bedeuten, woher kommt das? Führe das Konzept von Früh- und Spätindikatoren ein: Frühindikatoren lassen sich in der Organisation relativ einfach messen (Velocity, Krankentage). Spätindikatoren (Kundenzufriedenheit, Umsatz) sind schwieriger zu messen und folgen nach den Frühindikatoren. Erläutere, dass beide Arten von Indikatoren von Bedeutung sind. Verfügt man lediglich über Wertmetriken und ein Trend entwickelt sich unerwartet, bleibt ohne Cockpit-Metriken unklar, welche Ursachen dafür innerhalb der Organisation verantwortlich sind.

Schritt 6: Die Fokusschwerpunkte der unterschiedlichen Rollen benennen
Frage die Gruppe, auf welche Metriken sich der Product Owner fokussieren sollte (rechts) und klebe dann ein Post-it »Product Owner« rechts an die Wand. Stelle dieselbe Frage für den Scrum Master und klebe dann ein Post-it »Scrum Master« links an die Wand. Wiederhole das Ganze für das Entwicklungsteam – sie messen ihre eigene Reife und wie gut das Produkt im Markt ankommt. Klebe das Post-it »Entwicklungsteam« mitten auf die Wand. Frage abschließend, auf welche Metriken sich die Manager fokussieren sollten (das ist situationsabhängig, der Manager muss die Scrum-Teams bei der Implementierung der richtigen Metriken unterstützen, begleiten und fordern). Klebe das Post-it »Management« oben in die Mitte.

Schritt 7: Tipps und Fallstricke präsentieren
Beende den Workshop mit einer Warnung vor dem Kobra-Effekt – ein Versuch, ein Problem zu lösen, kann das Problem unbeabsichtigt verschlimmern. Erläutere, dass das vor allem bei Cockpit-Metriken zu beobachten ist, da diese Metriken das Verhalten beeinflussen können. Frage die Gruppe, welche Metriken auf der linken Seite eventuell zu einem Kobra-Effekt führen können. Sollte die Gruppe nach einem Beispiel fragen, kannst du Folgendes verwenden: Die Velocity zu messen und einen Bonus daran zu koppeln, führt zu einer

»Story-Point-Inflation«. Dasselbe gilt für die Anzahl der behobenen Defekte. Sobald man einen Bonus daran koppelt, entsteht keine Kobra-Farm, sondern eine Defekt-Farm.

Gib der Gruppe gegebenenfalls noch die folgenden Tipps rund um die Metriken mit:

- Starte klein, »weniger ist mehr«.
- Kopple Früh- und Spätindikatoren (zum Beispiel: Führt mehr Testautomatisierung zu weniger Beschwerden am Helpdesk?).
- Investiere regelmäßig in Inspect & Adapt, denn das Metriksystem ist nicht statisch!
- Achte auf klare Verantwortlichkeiten: Wer kümmert sich um was? Was sind unsere Erwartungen?

Schritt 8: Debriefing

Erkundige dich bei der Gruppe, wie ihnen die Aktivität gefallen hat, was sie mitnehmen und wie sie das in der Praxis umsetzen werden. Konfrontiere sie mit der Behauptung, dass wir sehr gut sind im Aufstellen von Annahmen, oft genug aber vergessen zu messen, ob die auch wirklich zutreffend sind. Dabei können gute Metriken unterstützen!

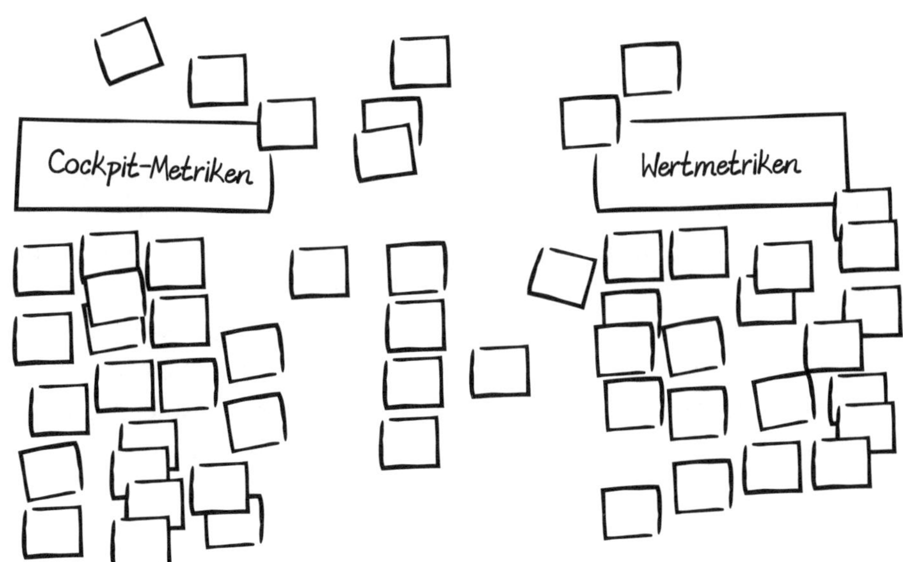

#57

★★★

WAS DU DAZU BRAUCHST

- Flipcharts
- Post-its
- Moderationsstifte
- Einen großen Raum
- Tischgruppen
- Präsentationsmöglichkeiten

DAUER

2 Arbeitstage

PI PLANNING (BIG ROOM PLANNING)

Sobald eine große Zahl agiler Teams, die in hohem Maße voneinander abhängig sind, gemeinsam Ergebnisse liefern wollen, sind Zusammenarbeit und Koordination unerlässlich. Eine Best Practice ist, diese Koordination mit allen Teams und allen sonstigen Stakeholdern im Rahmen eines gemeinsamen, zweitägigen Planungsmeetings durchzuführen. Im Scaled Agile Framework® (SAFe®) wird dieses Meeting PI Planning genannt (PI steht für Product/Program Increment). Ein PI Planning wird mit vielen Teilnehmenden abgehalten und ist eine kostspielige Investition. Ein solches Planning ist sehr wertvoll, erfordert jedoch auch eine gute Vorbereitung.

PRAKTISCHER NUTZEN

Diese Aktivität unterstützt dabei, ein PI Planning gut vorzubereiten. Ein erfolgreiches PI Planning liefert folgende Ergebnisse:

- SMARTe Teamziele, denen Stakeholder Geschäftswert beimessen, und aggregierte Programmziele für all jene Teams, die gemeinsam daran arbeiten.
- Ein Programmboard mit allen zu liefernden Features, wichtigen Meilensteinen und Abhängigkeiten. Dieses Board wird von den Teams selbst erstellt und aktualisiert.
- Das Commitment aller beteiligten Teams und Stakeholder auf die Ziele und den gemeinsamen Plan für den kommenden Zeitraum.

SCHRITTE

Schritt 1: Die Teams finden, die gemeinsam Wert schaffen

Der hierarchische Aufbau von Organisationen stimmt oft nicht mit den Wertströmen zum Kunden überein. Um sich schnell einen Überblick zu verschaffen, ist es ratsam, eine Wertstromanalyse (siehe **#33 Wertstromanalyse**) durchzuführen. Unterscheide dabei zwischen dem *operativen Wertstrom* (Wie liefert die Organisation Wert an den Kunden?) und dem *entwickelnden Wertstrom* (Wie verbessert die Entwicklungsorganisation den operativen Wertstrom?). Daraus wird ersichtlich, welche agilen Teams und Stakeholder ins PI Planning einbezogen werden müssen.

Schritt 2: Für die Anwesenheit der entscheidenden Stakeholder sorgen

Der Plan, den die agilen Teams im Laufe des PI Planning erarbeiten, wird nur dann funktionieren, wenn auch die wichtigsten Stakeholder dahinterstehen. Sorge deshalb dafür, dass sie bei den für sie relevanten Programmpunkten wie der Eröffnung, der Präsentation der Planentwürfe und der endgültigen Pläne sowie beim Managementreview anwesend sind. Achte darauf, sie frühzeitig einzuladen und aktiv einzubeziehen. Es kann vorkommen, dass Stakeholder lediglich Vertreter ohne wirkliches Mandat schicken oder bei den wichtigsten Punkten nicht anwesend sind. Versuche dies zu vermeiden, denn das führt nur zu Teilentscheidungen und zu Verzögerungen.

TIPP 1

Das Ergebnis eines PI Planning muss ein grober Plan sein, auf den sich sowohl die Teams als auch die Stakeholder gemeinsam verständigen. Das schafft Ruhe und Klarheit für den geplanten Zeitraum und vermeidet eine Menge Ad-hoc-Abstimmungen, Störungen und Verzögerungen innerhalb der Sprints.

Schritt 3: Die Logistik organisieren
Das PI Planning ist ein zweitägiges Event, in dessen Mittelpunkt die persönliche Interaktion zwischen den Teilnehmenden steht. Dafür solltest du einen großen Raum buchen, in dem sowohl im Plenum präsentiert werden kann und dabei jedes agile Team seine eigene Tischgruppe hat, als auch genügend Platz für alle Stakeholder ist. Achte auch auf ausreichend Moderationsmaterial wie Post-its, Flipcharts, Stifte usw. Reserviere darüber hinaus rechtzeitig Flüge und Hotels, berücksichtige auch Visa und Ähnliches. Natürlich kann man auch Videoverbindungen zwischen mehreren Standorten einrichten, es ist jedoch besser, alle Teilnehmenden an einem einzigen Standort zusammenzubringen.

Schritt 4: Alle Beteiligten gut schulen
Um sicherzustellen, dass alle ihre Rolle ausfüllen können, ist es wichtig, die Beteiligten gut zu schulen. Durch so ein zusammenhängendes Paket von Trainings entsteht ein gemeinsames Verständnis, was von jedem vor, während und nach dem PI Planning erwartet wird. Die Empfehlung ist, alle Teams gleichzeitig unmittelbar vor dem ersten PI Planning zu schulen. Der sicher größte Fallstrick ist, ohne Schulung und Anleitung loszulegen und die Fehler zu wiederholen, die andere Organisationen schon früher gemacht haben. Das Rad wurde schließlich schon einmal erfunden!

Schritt 5: Das Program Backlog vorbereiten
Das Produktmanagement und die Product Owner bereiten im Vorfeld des PI Planning den Umfang/die Features vor und stimmen sie mit allen Stakeholdern ab. In den Wochen vor dem PI Planning werden auch die agilen Teams einbezogen, sodass sie ausreichend mit der Materie vertraut sind. Es sollte mit einem einzigen Backlog gearbeitet werden, sodass die Aufgaben untereinander verglichen und relative Schätzungen in Bezug auf deren *Wert* und *Größe* vorgenommen werden können. Das Backlog sollte mithilfe der Faustregel priorisiert werden, die besagt, dass zirka zehn Features gut vorbereitet werden sollten, was ungefähr dem Anderthalb-

fachen der Arbeit entspricht, die die Teams im kommenden Zeitraum realistisch umsetzen können.

Schritt 6: Die Agenda vorbereiten
Obwohl jedes PI Planning einzigartig ist, kann dennoch eine Standardagenda für ein zweitägiges PI Planning erstellt und nach Bedarf angepasst werden (siehe Beispiel auf der nächsten Seite). Insbesondere die Präsentationen zur Eröffnung des ersten Tages müssen gut vorbereitet werden. Den Anfang sollte ein einflussreicher Stakeholder (z. B. ein Senior Manager oder Geschäftsführer) mit dem Businesskontext machen. Seitens des Produktmanagements wird die Produktvision vorgestellt, wozu auch die Präsentation der Features gehört. Ein Architekt oder eine technische Expertin präsentiert eine Architekturvision.

Einige Organisationen versuchen, das PI Planning in einem einzigen Tag unterzubringen. Das sieht effizient aus, ist aber weniger effektiv. Zwei Tage lang iterativ zu planen und bewusst eine Nacht darüber zu schlafen (und am Abend sich informell weiter darüber zu unterhalten), kann eine Menge Wert stiften.

Schritt 7: Einen festen PI-Planning-Rhythmus festlegen
Mit einem festen Rhythmus lassen sich die folgenden PI Plannings sofort einplanen, sodass alle sie in der Folge berücksichtigen können. Dank dieser Vorhersagbarkeit kann sich der Fokus auf all die anderen komplexen Aspekte rund um die Wertschöpfung richten. Häufig fällt die Entscheidung für einen Rhythmus von zwölf Wochen (sechs Sprints à zwei Wochen). Ein weiterer Vorteil davon ist, dass ein Programminkrement (PI) dann ungefähr ein Quartal dauert. Ein anderes wichtiges Element von SAFe® ist das Meeting Inspect & Adapt (I&A). Es bildet den Abschluss des Programminkrements und befasst sich damit, das Produkt und den Prozess zu verbessern. Es ist ein halbtägiges Meeting, an dem alle Teams teilnehmen. Deshalb sollte das I&A-Meeting direkt vor dem nächsten PI Planning stattfinden, sodass die Erkenntnisse aus diesem Meeting direkt in die Planung einfließen können.

TIPP 2

Bahalte das Ziel im Blick und erinnere auch alle Teilnehmenden immer wieder daran. Ein PI Planning ist eine zeitraubende und kostspielige Sache. Deshalb sollte es sich aufgrund von Wissenstransfer, Abstimmung und Vermeiden von Missverständnissen und Nacharbeiten wirklich lohnen.

BEISPIEL-AGENDA FÜR EIN PI PLANNING

TAG 1

8:00-9:00	Businesskontext
9:00-10:30	Produktvision
10:30-11:30	Architekturvision und Entwicklungsansatz
11:30-13:00	Planungskontext und Mittagspause
13:00-16:00	Team-Breakout-Meetings
16:00-17:00	Präsentation des Planentwurfs (Konzept)
17:00-18:00	Managementreview und Problemlösung

TAG 2

8:00-9:00	Anpassung der Planung
9:00-11:00	Team-Breakout-Meetings
11:00-13:00	Präsentation der definitiven Planung und Mittagspause
13:00-14:00	Risikobetrachtung
14:00-14:15	PI-Vertrauensabstimmung
14:15-??:??	Überarbeitung des Plans?
14:15-14:45	Planungsretrospektive und nächste Schritte

AGILE MEETINGS BEGLEITEN

#58

WAS DU DAZU BRAUCHST

- Planning-Poker-Karten oder eine entsprechende App
- Vorbereitete Post-its, auf die neun Ländernamen geschrieben sind
- Moderationsstifte
- Ein Flipchart

DAUER

Etwa 1 Stunde

PLANNING POKER GAME

Beim Planning Poker Game lernen die Teilnehmenden, die Arbeit relativ nach Wert und/oder Komplexität oder Größe zu schätzen, um so ein gemeinsames Verständnis für die Arbeit zu entwickeln sowie Vorhersagbarkeit und Liefertreue zu erhöhen.

PRAKTISCHER NUTZEN

Während dieser ersten Begegnung und Erfahrung mit Planning Poker lernt ein Team diese Methode spielerisch kennen und es fällt ihm anschließend leichter, sie in der Praxis anzuwenden.

SCHRITTE

Schritt 1: Die Fibonacci-Reihe erläutern

Gib dem Team einen Satz Planning-Poker-Karten oder bitte sie, eine entsprechende App herunterzuladen. Erläutere, dass das Planning-Poker-Kartenspiel aus einem Satz von Karten besteht, die von der Fibonacci-Reihe abgeleitet sind. Die Zahlen stehen für ein Maß an Aufwand, Komplexität, Zeit, Unsicherheit usw., wobei die Abstände zwischen ihnen immer größer werden:

0 - ½ - 1 - 2 - 3 - 5 - 8 - 13 - 20 - 40 - 100 - ? - ∞ - ☕.

Schritt 2: Das »Warum« relativen Schätzens erklären

Mach deutlich, worin das Ziel relativen Schätzens mittels der Pokerkarten besteht. Bitte alle Teilnehmenden aus dem Fenster zu schauen, zeige zur

Veranschaulichung auf zwei Gebäude und erläutere, dass man zwar auf den ersten Blick erkennen kann, dass das eine Gebäude doppelt so hoch ist wie das andere, eine exakte Schätzung der Höhe jedes einzelnen Gebäudes jedoch nahezu unmöglich ist. Da es sich um relative und nichtexakte Schätzungen handelt, kann man sich auf eine Zahlen- bzw. Punktereihe beschränken.

Schritt 3: Die Länder zeigen
Schreibe vor der Aktivität die Namen von neun Ländern (siehe unten) auf Post-its und klebe sie in beliebiger Reihenfolge untereinander auf ein Flipchart.

United States
Norwegen
Spanien
Portugal
Irland
Dänemark
Niederlande
Belgien
Luxemburg

Schritt 4: Eine erste Reihenfolge erstellen
Bitte die Gruppe, die Länder nach ihrer Größe zu sortieren – beginnend beim größten Land und darunter dann das folgende immer kleiner als das vorangegangene. Die anschließende Diskussion im Team ist durchaus interessant und kann als eine erste Form von Refinement angesehen werden.

TIPP 1

Man kann auch einige weniger bekannte Länder hinzufügen und eine Weltkarte aufhängen.

DIE SPIELREGELN VON PLANNING POKER

1. Bei Planning Poker hat jedes Teammitglied sein eigenes Kartenset mit den Zahlen 0, ½, 1, 2, 3, 5, 8, 13, 20, 40 und 100 auf der Hand. Die Zahlen stehen für die relative Größe einer zu schätzenden Aufgabe (also die Menge an Arbeit).
2. Zunächst wird durch das Team eine kleine und relativ häufig vorkommende Aufgabe ausgewählt und ihr eine 2 zugeordnet. Das ist der Referenz- bzw. Bezugspunkt. So kann jederzeit noch ½ oder 1 für etwas noch Kleineres (die Hälfte an Arbeit), vergeben werden, die meisten Aufgaben werden jedoch größer sein.
3. Ausgehend von diesem Bezugspunkt schätzt das Team nun die anderen Aufgaben (auch User Stories genannt) im Vergleich zu dieser »2«. Also nicht in Stunden, sondern relativ zu dieser Referenz-Story mit 2 Punkten.
4. Pro User Story wählt jedes Teammitglied die Karte aus seinem Set, die am besten passt, und legt sie verdeckt auf den Tisch. Alle wählen also individuell die Karte aus (ohne sie zu zeigen – darum heißt es ja auch Poker), die am besten der relativen Größe entspricht.
5. Sobald alle eine Karte gewählt haben, werden die Karten umgedreht. Es gibt immer Unterschiede in der Einschätzung durch die Teammitglieder. Und genau diese Unterschiede sind das Interessanteste.
6. Diejenigen mit der höchsten und der niedrigsten Karte beginnen nun eine kurze Diskussion, um herauszufinden, was der Grund für den Unterschied ist. In dieser Diskussion werden die Details der Aufgabe besprochen und die Teammitglieder entdecken, was sie übersehen haben (oder auch nicht).
7. Nachdem die Visionen und Ideen kurz diskutiert wurden, nehmen alle ihre Karten wieder auf und es folgt eine zweite Runde, in der erneut alle eine Schätzung abgeben.
8. Danach folgen noch eine Diskussions- und eine Schätzrunde. In der Regel reichen zwei bis drei Runden aus, um zu einer gemeinsam getragenen Schätzung zu kommen.
9. Auf diese Weise wird das gesamte Backlog geschätzt.

Schritt 5: Die Basis festlegen
Nach einigen Minuten hat das Team eine erste grobe Sortierung nach Größe festgelegt. Bitte das Team nun, ausgehend von der oben genannten Fibonacci-Reihe eine Basis/ein Referenz-Item (Land) auszuwählen, das mit Blick auf alle anderen als 2 gelten kann. Dann können einige Länder kleiner geschätzt werden, die Mehrzahl jedoch größer. Aus diesen Ländern werden die Niederlande häufig als Referenzland gewählt, deshalb geben wir den Niederlanden in diesem Beispiel als Größe den Wert 2.

Schritt 6: Relativ schätzen lassen
Bitte die Gruppe nun, mittels der Planning-Poker-Karten die Größe der restlichen Länder auf Grundlage der für die Niederlande angenommenen 2 zu schätzen. Lasse die Gruppenmitglieder sich darüber austauschen. Was denken wir? Worin liegt der Zweifel begründet? Verstecken sich irgendwelche Annahmen in manchen Schätzungen und welche hingegen sind völlig klar?

Gehören die Antillen auch zu den Niederlanden? Geht es um Nord-, Süd- oder das gesamte Irland? Was ist mit den norwegischen Inseln? Geht es auch um die Einwohnerzahlen? Alles Fragen, die beantwortet oder überprüft werden können. Das Refinement hat begonnen! Im Folgenden findest du ein mögliches Ergebnis. Das Ergebnis der Gruppe muss nicht exakt damit übereinstimmen, sollte ihm aber nahekommen.

∞ - United States
12 - Norwegen
12 - Spanien
5 - Portugal
3 - Irland
3 - Dänemark
2 - Niederlande
2 - Belgien
0,5 - Luxemburg

Schritt 7: Die Übung reflektieren
Diskutiere mit der Gruppe, wie es für sie funktioniert hat und ob sie Planning Poker nun auch auf reale Arbeitsaufgaben anwenden könnte.

Schritt 8: Reale Arbeitsaufgaben pokern
Siehe dazu **#59 Planning-Poker-Praxis.**

TIPP 2

Statt Ländern können beispielsweise Obstsorten, Transportmittel oder Häuser geschätzt werden – zum Beispiel auch nach Gewicht, Preis oder Volumen. Und das ruhig so lange, bis die Gruppe fit darin ist.

#59

★★

WAS DU DAZU BRAUCHST

- Planning-Poker-Karten oder eine entsprechende App
- Ein gefülltes Product Backlog
- Moderationsstifte
- Ein Flipchart

DAUER

Etwa 10 % der Sprint-Zeit, im Rahmen von Refinement oder Sprint Planning. Eine initiale Schätzung dauert etwa 2 Stunden.

PLANNING-POKER-PRAXIS

Diese Aktivität kommt häufig direkt nach dem **#58 Planning Poker Game** zum Einsatz, um eigene Product Backlog Items zu schätzen.

PRAKTISCHER NUTZEN

Praktische Anwendung von Planning Poker auf das eigene Product Backlog.

SCHRITTE

Schritt 1: Das Planning Poker Game üben

Nach dem Planning Poker Game überträgst du den Gedanken auf das Product Backlog des Teams. Die Items, um die es hierbei geht (User Stories, Bugs, Features, technische Schulden, Verbesserungen usw.), lassen sich bezüglich Zeit, Komplexität, Unsicherheit, Unvorhersagbarkeit, Abhängigkeit, Wiederholbarkeit usw. auf die gleiche Art relativ schätzen. Erläutere das dem Team.

Schritt 2: Basis, Referenz-Item und Bezugspunkt festlegen

Frage die Gruppe, welches Product Backlog Item ihrer Meinung nach:

- für die gesamte Gruppe einfach zu verstehen oder zumindest zu erklären ist und
- innerhalb eines Sprints gut fertigzustellen, aber groß genug ist, um ein paar Tage daran zu arbeiten.

Achte darauf, dass das gesamte Team, gegebenenfalls nach ausführlicher Diskussion, versteht, was das spezielle Item beinhaltet, was sein Scope ist, was außerhalb des Scopes bleibt, welche Abhängigkeiten es gibt usw. Dieses Referenz-Item steht für eine 2 oder 3. Das soll die Gruppe entscheiden, denn letzten Endes ist es ihr Bezugspunkt. Für diesen Zweck ist ein vor Kurzem umgesetztes Item gut geeignet, darüber ist schließlich schon viel bekannt.

Schritt 3: Die Basis ausarbeiten
Lasse die Gruppe nun über das ausgewählte Item diskutieren. Wichtig ist dabei, dass im Interesse einer einfachen Dokumentation jemand mitschreibt, was besprochen wird. Auf diese Dokumentation kann künftig in Refinements zurückgegriffen werden, denn schließlich ist es die Basis, auf die beim Pokern Bezug genommen wird.

Schritt 4: Die Arbeit schätzen
Ausgehend von diesem Basis- oder Referenz-Item kann der Rest der Items im Product Backlog geschätzt werden. Solchen, die viel größer, komplexer oder unsicherer sind, wird eine höhere Punktzahl zugeordnet als kleineren oder größenmäßig vergleichbaren Items. Ehe gepokert wird, sollte der Product Owner oder ein Teammitglied das Item erst erläutern und mögliche Fragen beantworten. Eine Timebox von 5 Minuten sorgt dafür, dass das nicht zu viel Zeit kostet. Falls nun alle dieselbe Zahl gepokert haben, wird sie dem Item zugewiesen. Falls nicht, bittest du diejenigen mit dem niedrigsten und höchsten Wert, zum Beispiel einer 3 und einer 13, um eine kurze Diskussion. Achte darauf, dass die beiden einander verstehen, und stelle gegebenenfalls klärende Fragen. Verwende auch dafür immer eine Timebox.

TIPP 1

Es kann interessant sein, sich anzuschauen, wie andere Teams pokern. Dadurch gewinnen Teammitglieder bereits einen besseren Einblick, ehe sie mit dem Pokern ihrer eigenen Arbeit beginnen.

Nach zwei bis drei Runden kommt man so zu einer passenden Einschätzung. Nachdem sie dem Item zugewiesen ist, geht es mit dem nächsten weiter. Verwende nie Mittelwerte, sondern immer Zahlen aus der Reihe.

Schritt 5: Die aktuelle Velocity bestimmen

Nach etwa fünf Sprints wird die Anzahl der Punkte, die innerhalb eines Sprints abgearbeitet werden, vorhersagbar. Diese Anzahl ist ein Maß für die Velocity eines Teams. Für den Anfang lassen sich auch die zurückliegenden zwei Wochen oder der vergangene Sprint rückwirkend pokern und man erhält so eine Velocity. Bei neuen Teams ist das noch etwas schwieriger; in diesem Fall ist es das Beste, erst einmal ein paar Sprints abzuwarten.

Schritt 6: Den kommenden Sprint bestimmen

Ermittle mit dem Team die Anwesenheit der Teammitglieder im kommenden Sprint. Sind alle an allen Arbeitstagen anwesend oder sind Urlaub, Trainingstage usw. geplant, die sich auf den Umfang der Ergebnisse auswirken können? Legt ausgehend von der Kapazität und der im letzten Sprint umgesetzten Punkte (Velocity) fest, welche Items zu schaffen sind.

Schritt 7: Große Arbeitsaufgaben schneiden

Items, die zu groß sind, um innerhalb eines vereinbarten Sprints sicher realisiert zu werden, müssen kleiner geschnitten (refined) und somit besprochen werden. Siehe dazu **#60 Product Backlog Refinement**.

TIPP 2

Unter Umständen kann ein Teammitglied aus einem anderen (erfahrenen) Team bei der Übung unterstützen. Die Erklärungen einer Kollegin oder eines Kollegen werden in der Regel viel besser angenommen.

PRODUCT BACKLOG REFINEMENT

#60

Durch ein Product Backlog Refinement wird das Product Backlog besser verständlich. Dafür werden etwa 5 – 10 % der Kapazität des Entwicklungsteams kontinuierlich während des Sprints investiert.

WAS DU DAZU BRAUCHST

- Ein sortiertes Product Backlog mit mindestens einem Item
- Planning-Poker-Karten/App
- Stakeholder (optional)

DAUER

Oftmals ein wöchentlicher Termin von üblicherweise 1 bis 2 Stunden

PRAKTISCHER NUTZEN

Beim Refinement des Product Backlog entsteht ein gemeinsames Verständnis zu den Items, es können Fragen gestellt werden, sodass die Arbeit besser verstanden, besser nach Umfang (und Wert) geschätzt und, falls nötig, kleiner geschnitten werden kann.

WIE GEHT'S?

Es gibt grob drei Arten von Refinements:

1. Hinzufügen neuer Product Backlog Items (PBIs), wobei das Team und die Stakeholder eingeladen sind, die Anforderungen zu diskutieren und mit Wert zu hinterlegen.

TIPP 1

Es kommt darauf an, die Menschen zusammenzubringen, die für die Themen gebraucht werden. Deshalb können zum Refinement auch Personen von außerhalb des Teams eingeladen werden, wenn das zur Konkretisierung der Anforderungen beiträgt.

TIPP 2

Ausufernde Diskussionen lassen sich mit Timeboxen vermeiden.

2. Verkleinern/Schneiden von Items. Sobald hinzugefügte Items im Backlog nach oben wandern, wird in ihre Umsetzbarkeit investiert. Oft werden dann große Items in kleinere, umsetzbare Arbeitspakete aufgeteilt. Hintergrund dafür ist, dass ein Item innerhalb eines Sprints realisiert werden muss.
3. Fertigstellen von PBIs. Die kleineren Items werden mit einer konkretisierten Anforderungsbeschreibung, Akzeptanzkriterien, einer relativen Schätzung und anderen notwendigen Informationen versehen. Danach kann ein Item im Sprint umgesetzt werden, es ist dafür »ready«.

SCHRITTE

Vorbereitung

Vor dem Start eines Refinements sollte sich der Product Owner gut vorbereiten. Welche Items müssen unbedingt im Refinement besprochen werden? Was und wer ist dazu erforderlich?

- Ein sortiertes Product Backlog
- Product Owner (um Probleme aufzulösen)
- Entwicklungsteam
- Eventuell erforderliche Stakeholder, die über Zusatzinformationen zu den Items verfügen
- Scrum Master (zur Prozessbegleitung)
- Planning-Poker-Karten oder App

Schritt 1: Den rollierenden Verwalter wählen

Ob das Team nun mit einem physischen oder digitalen Board arbeitet – es darf auf keinen Fall vergessen, wichtige Informationen mitzuschreiben. Diese Aufgabe muss nicht zwangsläufig immer bei ein und derselben Person liegen, sondern kann rollieren, sodass sich das gesamte Team für den Aufbau eines wertvollen Product und

Sprint Backlog verantwortlich fühlt. Bitte in diesem Schritt deshalb um freiwillige Übernahme dieser Aufgabe durch ein Teammitglied.

Schritt 2: Das »Was« besprechen
Der Product Owner wird, möglicherweise mit Unterstützung eines oder mehrerer Teammitglieder, dem Team Wünsche oder Anliegen von Stakeholdern vorstellen. Diese Wünsche werden kurz diskutiert, dazu kann man eine Timebox starten. Lasse die Gruppe miteinander die speziellen Wünsche der Stakeholder besprechen, konkrete Nachfragen stellen und mitdenken. Das hilft, möglichst viele implizite Annahmen loszuwerden.

Schritt 3: Die Items kleiner schneiden
Ein Team ist bestrebt, innerhalb eines Sprints die Umsetzung der PBIs abzuschließen, um mit jedem Sprint Kundenwert zu liefern und sich Feedback zu den abgeschlossenen Items zu holen. Denn wenn etwas nicht fertig ist, kann man dazu auch kein Feedback bekommen. Deshalb ist es wichtig, dass die PBIs nicht zu groß sind.

Schritt 4: Akzeptanzkriterien hinzufügen
Nun werden die für das spezielle Product Backlog Item gültigen Akzeptanzkriterien hinzugefügt. Sie beschreiben alle Anforderungen, um das Item erfolgreich fertigstellen zu können. Auf diese Weise werden die Wünsche der Anwender im Produkt sichergestellt.

Schritt 5: Prüfen, ob die Items »ready« sind
Überprüfe gemeinsam mit dem Team, ob die beschriebene Anforderung klar verständlich und klein genug ist, um sie in einem Sprint umsetzen zu können. **#59 Planning-Poker-Praxis** geht genauer auf diesen Schritt ein. Das Entwicklungsteam entscheidet, ob die Items für den Sprint »ready« sind.

TIPP 3

Die Aufgaben sollten nicht detaillierter als nötig verfeinert werden. Es geht nicht darum, die Arbeit bis ins kleinste Detail zu beschreiben, sondern nur so weit, dass das Team genug weiß, um die Anforderungen des Kunden zu erfüllen.

TIPP 4

Das User-Story-Format aus **#46 User Stories schreiben** bietet sich an, um die PBIs zu formulieren.

#61

★★

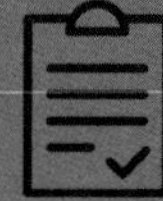

WAS DU DAZU BRAUCHST

- Ein sortiertes, aussagekräftiges Product Backlog
- Einen ruhigen Raum
- Die richtigen Tools oder ausreichend Material wie Post-its und Moderationsstifte

DAUER

Maximal 8 Stunden

SPRINT PLANNING

Während des Sprint Planning wird die Arbeit geplant, die innerhalb eines Sprints umgesetzt werden muss. Diese Planung wird vom gesamten Scrum-Team gemeinsam erarbeitet. Wir gehen an dieser Stelle davon aus, dass das Team zum Scrum-Framework geschult wurde und das Kick-off bereits stattgefunden hat.

PRAKTISCHER NUTZEN

Anhand dieser Aktivität wird klar, wie man ein erstes Sprint Planning durchführt, ein bestehendes verbessert oder ihm einen neuen Impuls geben kann.

SCHRITTE

Vorbereitung

Vor dem Sprint Planning sind vom Product Owner einige Vorbereitungen zu treffen. Das Product Backlog muss sortiert werden, sodass die Items, die er zuerst umsetzen will, oben stehen. Die Product Backlog Items an der Spitze des Backlogs dürfen nicht zu groß sein und müssen innerhalb eines Sprints umgesetzt werden können. Zudem müssen sie klar beschrieben sein (z. B. im User-Story-Format). Sie sind also schon im Refinement gewesen! Bitte den Product Owner, bereits im Vorfeld über ein Sprint-Ziel für den kommenden Sprint nachzudenken, und unterstütze ihn gegebenenfalls dabei.

Schritt 1: Das Product Backlog sichtbar machen
Der Product Owner ist zwar der Eigentümer des Backlogs, doch um dieses Event als Scrum Master oder Coach gut unterstützen zu können, muss das Team das Product Backlog klar vor Augen haben. Hänge das Backlog physisch im Raum an eine Wand oder öffne es in einem Tool auf einem großen Bildschirm, sodass das Team genau weiß, worum es geht.

Schritt 2: Die Prioritäten erläutern
Bitte den Product Owner, seine Vision und die für das Backlog getroffenen Entscheidungen zu erläutern, und gib dem Team Raum, Fragen zu stellen oder Ergänzungen vorzunehmen. Achte darauf, dass dem Team klar wird, was die Product Backlog Items beinhalten.

Schritt 3: Die Kapazität ermitteln
Vor dem Beginn der eigentlichen Planung wird geprüft, ob das gesamte Team während des kommenden Sprints anwesend ist. Das verhilft zu einer realistischen Planung. Vielleicht sind ja Teammitglieder in Urlaub oder auf einer mehrtägigen Weiterbildung.

Schritt 4: Das Sprint-Ziel aufstellen
Team und Product Owner stellen gemeinsam das Sprint-Ziel auf. Dabei orientieren sie sich an der Sortierung im Backlog, sodass das Ziel häufig in Verbindung zu den obersten Items steht. Sobald das Ziel klar ist, ist es auch einfacher, Arbeitspakete oben aus dem Product Backlog auszuwählen und in das Sprint Backlog zu ziehen (»pull«).

Schritt 5: Den kommenden Sprint planen
Anhand von Product Backlog und Sprint-Ziel zieht (»pull«) das Entwicklungsteam Arbeitspakete in das Sprint Backlog. Sie wählen die Items aus, die zum Erreichen des Sprint-Ziels beitragen. Diese Product Backlog Items werden gemeinsam weiter ausformuliert, sodass dem Team klar ist, wie sie umzusetzen sind. Das muss nicht allzu detailliert sein, man kann beispielsweise ein paar konkrete Aufgaben hinzufügen, Abhängigkeiten benennen und weitere Informationen ergänzen. **#46 User Stories schreiben** kann dabei unterstützen.

TIPP

Angenommen, im Product Backlog ist ein neues Thema aufgetaucht. Das Thema ist wichtig, doch es war noch keine Zeit für ein Refinement und der Product Owner hat sich damit auch noch nicht ausführlich beschäftigen können. In einem solchen Fall kann er den Kunden oder Experten, von dem die Anforderung stammt, zum Sprint Planning einladen.

SPRINT-ZIEL

Das Sprint-Ziel ist eine Zielsetzung, die im Vorfeld des Sprints festgelegt wird. Sie gibt dem Entwicklungsteam eine Orientierung, weshalb sie dieses Inkrement bauen. Das Sprint-Ziel wird während des Sprint-Planning-Meetings festgelegt.

Das Sprint-Ziel gibt dem Entwicklungsteam die erforderliche Flexibilität bezüglich der Funktionalität, die im Laufe des Sprints implementiert wird.

Die ausgewählten Product Backlog Items formen eine zusammenhängende Funktionalität, die zum Sprint-Ziel werden kann. Zum Sprint-Ziel kann aber auch jeder andere Zusammenhang werden, der dafür sorgt, dass das Entwicklungsteam zusammenarbeitet statt sich in unterschiedliche Einzelinitiativen aufzuspalten.

Schritt 6: Abschluss
Beende das Sprint Planning positiv. Erinnere das Team daran, dass gemeinsam das Sprint-Ziel erreicht werden soll, statt so viele Items wie möglich abzuarbeiten, und dass sie einander jederzeit um Hilfe bitten können.

SPRINT-REVIEW FÜR MEHRERE TEAMS

#62

★★

Diese Aktivität ermöglicht es, ein Review mit mehreren Teams gleichzeitig durchzuführen, zum Beispiel weil die Teams alle am gleichen Produkt beteiligt sind und deshalb mit einem gemeinsamen Product Owner arbeiten. Oder aber mit Teams, die an unterschiedlichen, aber ähnlichen Projekten arbeiten und deshalb häufig dieselben Stakeholder haben.

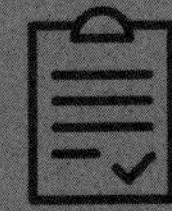

WAS DU DAZU BRAUCHST

- Einen großen Raum
- Einen Beamer
- Post-its
- Moderationsstifte
- Mindestens ein Flipchart pro Team

DAUER

2 Stunden

PRAKTISCHER NUTZEN

Mit einem gemeinsamen Review mehrerer Teams geht man effizient mit der eigenen und der Zeit der Stakeholder um. Zudem kann Feedback für die anderen Teams auch zu neuen Erkenntnissen beim eigenen Team führen.

SCHRITTE

Vorbereitung

Reserviere einen Raum mit einem funktionierenden Beamer, der groß genug für alle Teammitglieder und Stakeholder ist. Achte auf ausreichend Flipcharts (um sie im Raum zu verteilen), Post-its und Moderationsstifte. Bitte den Product Owner, die Stakeholder zum ersten Review mindestens zwei Wochen vorher einzuladen. Erinnere ihn daran. Genau wie bei allen anderen Scrum-Events ist auch hierbei wichtig, dass ein Rhythmus entsteht. Plane deshalb die Reviews regelmäßig zu festen Terminen, sodass die Stakeholder wissen, wann das nächste Review stattfindet, und die Teams in einem festen Rhythmus lernen und Geschäftswert liefern können.

TIPP 1

Die Energie in der Gruppe ist wichtig. Zum Beispiel kann während des Karussells Musik laufen oder ein Energizer ins Programm aufgenommen werden.

Schritt 1: Eine Einführung geben
Nachdem du alle Anwesenden begrüßt hast, erklärst du kurz den Zweck des Sprint-Reviews (Feedback einholen) und erläuterst die Agenda und Rollenverteilung.

Schritt 2: Gemeinsam zurückblicken
Bereite diesen Teil des Sprint-Reviews gemeinsam mit dem Product Owner vor. Es ist wichtig, dass er nach der Einleitung kurz auf den vergangenen Sprint eingeht. Was waren die Sprint-Ziele? Weshalb war das Backlog auf diese Weise priorisiert? Was lief gut im vergangenen Sprint und was hat nicht geklappt? Es ist gut, wenn den Stakeholdern darüber ein ehrliches Bild vermittelt wird, denn vielleicht können sie dadurch beim nächsten Mal helfen, Hindernisse zu beseitigen, oder ihre Anliegen anders bzw. besser formulieren.

Schritt 3: Demo
Während der Demo zeigen die Teams, was sie gebaut haben. Überlege im Vorfeld mit den Teams und dem Product Owner genau, für welche Produkte gutes Feedback besonders wichtig ist, und welche erwähnt, aber vielleicht nicht zu ausführlich diskutiert werden sollten. Achte darauf, dass dieser Teil des Events nicht länger als 45 Minuten dauert. Bitte die Stakeholder, Feedback und eventuelle Fragen aufzuschreiben.

Schritt 4: Um Feedback bitten
Das Feedback zur Demo ist der wichtigste Teil dieses Events. Mit einer großen Gruppe kommt es darauf an, strukturiert vorzugehen und dafür zu sorgen, dass sich alle dabei wohlfühlen. Unterstreiche deshalb noch einmal, wie wichtig das Feedback für den Product Owner und die Teams ist. Eine praktische Art, sich Feedback

zu holen, ist das »Karussell« (vgl. **#70 Brainstorming-Karussell**):

- Überlege dir, für wie viele Produkte du Feedback haben möchtest, und gestalte pro Produkt ein Flipchart-Blatt mit dem Namen und eventuell einer kurzen Erläuterung des Produkts.
- Hänge die Flipchart-Blätter im Raum verteilt auf und achte darauf, dass bei jedem Blatt mindestens zwei Teammitglieder stehen, um das Produkt zu erläutern und gegebenenfalls Fragen zu beantworten.
- Bitte die Stakeholder, sich einigermaßen gleichmäßig über die Flipcharts zu verteilen.
- Abhängig von der Anzahl der Produkte legst du eine Timebox von beispielsweise 5 oder 10 Minuten pro Flipchart-Blatt fest. Während dieser Zeit bleiben die Stakeholder beim selben Flipchart stehen, um Fragen zu stellen und Feedback zu geben. Eins der Teammitglieder schreibt dieses Feedback auf Post-its und klebt sie auf das Flipchart-Blatt.
- Nach Ende der Timebox wechseln die Stakeholder zum nächsten Flipchart und haben wieder einige Minuten Zeit für Feedback. Das geht so weiter, bis alle bei jedem Flipchart gewesen sind.

Schritt 5: Nach vorn schauen
Bereite diesen Schritt gemeinsam mit dem Product Owner vor. Bedanke dich bei den Stakeholdern für ihr Feedback und ihren Beitrag und gib anschließend einen Ausblick. Wie sieht das Product Backlog aktuell aus? Was sind die Gründe dafür? Gibt es dazu Feedback seitens der Stakeholder? Sammle dieses Feedback ein und gib ihnen gegebenenfalls die Möglichkeiten, darüber zu diskutieren. Jetzt ist ein guter Moment dafür!

Schritt 6: Abschluss
Schließe das Review ab und danke allen für ihre Beiträge. Hänge am Ausgang ein Flipchart-Blatt auf mit der Möglichkeit, ein Zufriedenheits- und ein Tipp-Top-Feedback zum Review zu geben. Bitte ebenfalls um Feedback zur Aktivität selbst, um dazuzulernen und etwas verbessern zu können. Schau dir auch **#93 Für den Abschluss** für weitere Anregungen an.

TIPP 2

Falls PowerPoint zum Einsatz kommt, dürfen die Folien nicht zu textlastig werden.

TIPP 3

Die Stakeholder sollten Zeit und Raum haben, um auch miteinander ins Gespräch zu kommen. Vor allem Gespräche über die Priorisierung von Anforderungen helfen dem Product Owner, im Product Backlog die richtigen Entscheidungen zu treffen.

#63

★★

WAS DU DAZU BRAUCHST

- Post-its
- Moderationsstifte
- Ein Flipchart
- Abhängig von der speziellen Ausgestaltung die dazu erforderlichen Utensilien

DAUER

1 bis 1,5 Stunden

RETROSPEKTIVE

Diese Aktivität gibt einen Rahmen für die Gestaltung der Retrospektive. Es geht dabei weniger um die praktische Umsetzung.

PRAKTISCHER NUTZEN

Dieser Rahmen hilft, die Retrospektive effektiv einzusetzen.

SCHRITTE

Schritt 1: Die Bühne bereiten (Set the Stage)

Biete dem Retrospektiven-Event und möglichen Erwartungen eine gute Basis. Begrüße die Gruppe und erläutere kurz den Zweck einer Retrospektive im Allgemeinen und den der heutigen im Besonderen. Es ist wichtig, jeden aus der Zurückhaltung zu holen und zum Sprechen zu bringen. Untersuchungen haben gezeigt, dass das Sprechen in einer Gruppe für alle einfacher wird, wenn bereits etwas gesagt wurde. Lasse deshalb im Rahmen eines kurzen Check-ins alle einmal zu Wort kommen.

Schritt 2: Daten sammeln (Gather Data)

Wie du die Informationen zum vergangenen Sprint einsammelst, unterscheidet sich je nach gewähltem Format. Denke darüber nach, was alles in Bezug auf Zusammenarbeit, Kommunikation, Events, Metriken, Features usw. passiert ist. Oft werden diese Daten erst individuell auf einzelnen Post-its zusammengetragen und der Input anschließend im gesamten Team diskutiert, wobei speziell nach Mustern, Verwerfungen, Bedürfnissen und Überraschendem Ausschau gehalten wird. Findet als Team heraus, was davon die wichtigsten Themen oder Erkenntnisse sind, beispielsweise mit Dot Voting (Technik 1 aus **#77**).

Schritt 3: Einsichten gewinnen (Generate Insights)
Jeder hat ein Mitspracherecht! Geht auf die Stärken und dringendsten Probleme aus Sicht des letzten Sprints ein und sucht nach verschiedenen Ansätzen, diese im nächsten Sprint zu verbessern. Überlegt euch gemeinsam, wie eure Arbeit effektiver werden kann – das ist das Ziel der Retrospektive. Tretet einen Schritt zurück, schaut auf das Ganze und taucht in die tiefer liegenden Ursachen ein.

Schritt 4: Verbesserungsmaßnahmen erarbeiten (Decide What to Do)
Aus Schritt 3 ergibt sich eine thematische Ausrichtung, möglicherweise bereits inklusive einiger Verbesserungsmaßnahmen. Entscheidet nun als Team, was ihr im Detail unternehmen werdet, und konkretisiert gegebenenfalls noch einmal diese Maßnahme. Als Scrum Master nimmst du an der Diskussion teil und unterstützt die Auswahl, mit der das Team experimentieren wird. Erstellt konkrete Backlog Items und nehmt sie mit in den folgenden Sprint, um euch so als Team kontinuierlich zu verbessern.

Schritt 5: Retrospektive beenden (Close the Retrospective)
Erinnere noch ein letztes Mal an die vereinbarten Maßnahmen, die gegebenenfalls noch einmal ergänzt werden können. Schau eventuell auf die investierte Zeit und hole dir dazu Feedback ein. Darüber hinaus gibt es eine Reihe von Übungen für die Teammitglieder, um mit einem zusätzlichen Impuls aus der Retrospektive zu gehen.

TIPP!

Verbesserung für das Team und Verbesserung des Teams selbst bedeutet ebenfalls Arbeit, deshalb muss man dafür Zeit und Aufmerksamkeit investieren. Ideen für die konkrete Ausgestaltung mit inspirierenden Formaten gibt es zum Beispiel auf der folgenden Website: *www.retromat.org/de*.

FEEDBACK-ORIENTIERTES SPRINT-REVIEW

Im Idealfall liefert ein Sprint-Review Feedback, Input von den Stakeholdern und ein besseres Verständnis dessen, was am Wertvollsten ist. In der Praxis ist es aber oft nicht mehr als eine Demo mit Feedback in Form von (schwachem) Applaus und Teilnehmenden, die sich über den geringen Fortschritt beklagen. Dieses Format hilft, die Effektivität des Sprint-Reviews zu erhöhen.

WAS DU DAZU BRAUCHST

- Einen großen Raum mit ausreichend Stühlen, Flipcharts, Moderationsstiften, Post-its usw.
- Einen Beamer und ein Laptop
- Eine Einladung weit im Voraus an wichtige Stakeholder

DAUER

2 bis 4 Stunden (abhängig von Teilnehmerzahl und Sprint-Länge)

PRAKTISCHER NUTZEN

Da diese Aktivität auf Feedback ausgerichtet ist, liefert sie Input zu den Gedanken und zur Arbeitsweise von Stakeholdern und Anwendern. Dem Product Owner wird klar, worin der meiste Wert steckt, welche neuen Einsichten es gibt und welche Ideen vielleicht aus dem Product Backlog entfernt werden können.

SCHRITTE

Schritt 1: Das Sprint-Review eröffnen

Erläutere, dass es im Sprint-Review darum geht, das »Was« eines Produkts weiter zu ergründen. Am Anfang steht oft eine Idee, doch in der Regel wird im Laufe der Zeit noch sehr viel Neues entdeckt. Deshalb soll in diesem Sprint-Review ganz explizit Feedback gesammelt werden. Die Demos sollen lediglich Impulse für die Feedbackdiskussionen sein.

Schritt 2: Anleitung zum Feedback
Bitte den Product Owner, der Gruppe zu erläutern, zu welchen Themen spezielles Feedback gewünscht wird. In der Regel sind das Dinge, die das Team bereits umgesetzt hat. Funktionieren sie gut? Lösen sie das Problem? Was fehlt noch? Welche weiteren Optionen eröffnet das? Es darf dabei natürlich auch Feedback zu kommenden Dingen gegeben werden – es ist nicht verboten, sich Feedback (zu einzelnen Epics oder) zum Product Backlog einzuholen.

Schritt 3: Demo – Feedbackrunden durchführen
Hole nun in mehreren Runden das Feedback explizit ein, zum Beispiel ausgehend von einer kurzen Demo. Bitte die Teilnehmenden, pro Runde in Kleingruppen beispielsweise zwei Topthemen und zwei Tipps herausarbeiten. Oder fordere sie auf, ein konkretes Anwenderszenario zu diskutieren und herauszufinden, ob die gezeigte Funktionalität dabei unterstützt. Lass die Teilnehmenden explizit benennen, was noch fehlt oder welche weiteren Optionen sie sehen. Bitte um die Vergabe von (Schul-)Noten und die Angabe von Kriterien, um eine Note besser zu werden. Erkundige dich, was für die Teilnehmenden auf einer zehnstufigen Skala die 10 bedeutet (siehe auch **#78 Perfection Game für Scrum-Verantwortlichkeiten**). Nutze während eines digitalen Meetings dazu Breakout-Räume.

Schritt 4: Den Wert von Ideen bestimmen
Die Gruppe bestimmt anschließend den Wert neuer Ideen. Vielen Stakeholdern ist gar nicht klar, was alles möglich ist. Doch sobald ihnen etwas gezeigt wird, entwickeln sie Ideen, was zu verbessern wäre oder was alles noch fehlt. Es ist einfach, einem ständig wachsenden Product Backlog immer neue Themen hinzuzufügen. Doch das ist keine Hilfe für Product Owner. Wenn also etwas hinzukommen soll, muss auch etwas dafür wegfallen! Bitte das Entwicklungsteam, eine kurze Punkteschätzung vorzunehmen (wie viel Arbeit ist das), um anschließend ein Item von mindestens derselben Größe im Product Backlog zu bestimmen,

TIPP 1

Es sollten möglichst nicht mehr als ein oder zwei verschiedene Aktivitäten innerhalb einer Feedbackrunde verwendet werden. Es wird noch viele Sprint-Reviews geben, man kann sich also seine Varianten ruhig fürs nächste Mal aufheben.

TIPP 2

Bleibe bei der Bewertung neuer Ideen und Vorschläge konsequent. Das lässt sich anhand von Punkten (falls das in diesem Kontext üblich ist) oder der klaren Aussage regeln, dass, sobald etwas zum Product Backlog hinzugefügt werden soll, auch etwas Vergleichbares daraus entfernt (oder weiter nach unten verschoben) werden muss.

TIPP 3

Es kann spannend sein, anstelle des Product Owners einen wichtigen Stakeholder die Sitzung leiten zu lassen. Das kann speziellen Themen inhaltlich ein wenig mehr Aufmerksamkeit verleihen.

das herausfallen darf, wenn das neue hinzukommt. Das ist für den Product Owner enorm wichtig. Anders gesagt: Wenn Stakeholder nichts aus dem Product Backlog streichen wollen, ist ihnen die neue Idee offenbar nicht so viel wert. Warum sollte man sie dann hinzufügen?

Schritt 5: Das aktuelle Product Backlog durchgehen (Feedforward)

Mache dir die Anwesenheit aller Stakeholder zunutze und bitte um Feedback zum aktuellen Product Backlog. Das muss nicht lange dauern, aber es ist hilfreich zu hören, ob die geplanten Arbeitspakete für die nächsten ein bis zwei Sprints immer noch den meisten Wert schaffen (oder inzwischen nicht mehr).

Schritt 6: Folgeschritte explizit vereinbaren

Einige der neuen Ideen erfordern noch weiteren Input oder müssen ausführlicher besprochen werden. Vereinbare für derartige Folgeschritte noch während des laufenden Meetings die Termine. Wer wird sich wann und wo dazu treffen? Was sollte dabei herauskommen? Wer wird sich darum kümmern?

Schritt 7: Abschluss

Bedanke dich am Ende bei allen Anwesenden für ihren Input. Hebe einzelne Personen lobend hervor, wenn sie Mut gezeigt oder Kommentare auf der sachlichen Ebene gehalten haben. Danach kannst du das Meeting beenden. Beispielsweise indem du mitteilst, wann und wo das nächste Review stattfinden wird und wie man sich dazu anmelden kann.

CONTINUOUS RETROSPECTIVE

#65

Während des Sprints notiert das Team auf einem Flipchart oder Whiteboard täglich zusätzliche Ereignisse oder Informationen für die Retrospektive. Vielleicht tauscht man sich zu diesen Themen bereits im Daily Scrum im Team aus, sodass kleinere Verbesserungen nicht bis zur nächsten Retrospektive warten müssen.

WAS DU DAZU BRAUCHST

- Ein Whiteboard oder Flipchart
- Kästchen für die einzelnen Sprint-Tage (z.B. Layout des Gänsespiels[1] oder eine Schlange mit »Schuppen«)

DAUER

Man kann diese Aktivität im laufenden Sprint oder während der Retrospektive durchführen, sie dauert etwa 15 Minuten.

PRAKTISCHER NUTZEN

Der Begriff »Continuous Retrospective« sagt eigentlich schon alles, es wird kontinuierlich darüber reflektiert, was im Team vorgeht. Häufig ist zu beobachten, dass aktuelle Ereignisse, vor allem bei längeren Sprints, als wichtiger empfunden werden als länger zurückliegende. Die wichtigsten Verbesserungen können allerdings durchaus ihren Ursprung am Beginn des Sprints haben. Diese Aktivität unterstützt das Team, diese Vorgänge kontinuierlich im Blick zu behalten.

SCHRITTE

Vorbereitung

Zeichne ein Gänsespielbrett oder eine andere Visualisierung (Schlange, Raupe, Drache usw.) mit den Arbeitstagen der Sprints und Fächern für ein oder mehrere Post-its. Es geht dabei vor allem um einen klar definierten Platz, an dem das Team Erkenntnisse sammeln kann, sobald sie auftauchen.

Schritt 1: Die Spielregeln erklären

Starte damit, die Bedeutung von Continuous Retrospective zu erläutern. Das kannst du folgendermaßen machen:

---

1 Anm. d. Übers.: Siehe *https://de.wikipedia.org/wiki/G%C3%A4nsespiel.*

TIPP!

Continuous Retrospective sollte möglichst beim physischen Sprint-Board oder in der Nähe des Daily Scrum seinen Platz haben. Das unterstützt das Team, sich regelmäßig mit dessen Input auseinanderzusetzen.

- Fällt dir etwas auf, was du dir gern bis zur Retrospektive merken willst? Dann notiere es mit einem Stichwort auf dem Board. Das ist zu jedem Zeitpunkt im Sprint möglich.
- Wenn es gut wäre, dich über deine Erkenntnis mit dem Team auszutauschen, kannst du das beispielsweise während des Daily Scrum oder direkt im Anschluss tun.
- Während der Retrospektive nutzen wir die von Continuous Retrospective gesammelten Informationen als Input.

Schritt 2: Das Board nutzen
Bitte die Teammitglieder, das Board während des Sprints mit Informationen zu füllen. Manchmal hilft es, als Erster mit gutem Beispiel voranzugehen und etwas zu notieren, was man bemerkt hat.

Schritt 3: Den Input für die Retrospektive nutzen
Abhängig vom Thema der Retrospektive kannst du die gesammelten Informationen im Raum für die Retrospektive aufhängen und als Datenquelle nutzen – gegebenenfalls ergänzt durch andere Erkenntnisse. Oder du konzentrierst dich bewusst nur auf den Input, der bereits zusammengetragen wurde. Das hängt vom Ziel der Retrospektive ab.

Schritt 4: Feedback geben
Evaluiere nach den ersten Erfahrungen das Format mit der Gruppe. Begeisterung vorausgesetzt, kannst du diese Aktivität natürlich regelmäßig verwenden, sodass sie zum festen Bestandteil der Arbeitsweise des Teams wird.

STILLES PRIORISIEREN

Mit dieser Technik lassen sich unterschiedliche Dinge priorisieren. Man kann sie zum Sortieren des Product Backlog einsetzen, mit ihr aber genauso gut auch eine Entscheidung treffen, welches Thema oder welche Maßnahme nach einem Brainstorming zuerst in Angriff genommen werden soll.

#66

★★

WAS DU DAZU BRAUCHST

- Flipchart-Blätter
- Post-its
- Moderationsstifte
- Eine Timebox

DAUER

15 bis 20 Minuten (besser zu viel als zu wenig Zeit einplanen)

PRAKTISCHER NUTZEN

Da alle für sich priorisieren, geht es schneller, alle nehmen teil und am Ende entsteht ein klares Bild, wie nach Meinung der Gruppe zu priorisieren ist.

SCHRITTE

Vorbereitung

Falls diese Aktivität unmittelbar auf ein Brainstorming folgt, ist es wichtig, die unterschiedlichen Maßnahmen oder Themen zu gruppieren. Bereite je Thema ein einzelnes Post-it für die Priorisierung vor. Falls es um die Priorisierung des Backlogs geht, dann schreibe im Zuge der Vorbereitung alle Themen auf Post-its und klebe sie auf ein Flipchart-Blatt. Teile das Flipchart-Blatt der Länge nach in zwei Teile auf, hänge die Themen nach rechts und schreibe links oben »hoch« und links unten »niedrig« auf das Blatt.

Schritt 1: Die Spielregeln erklären
Erläutere, dass du einen Timer auf beispielsweise 3 Minuten einstellst. Während dieser Zeit dürfen die Teilnehmenden nicht miteinander sprechen, sondern sollen der Reihe nach jeweils ein Post-it nehmen und aufhängen.

Die erste Person kann ihr Post-it oben auf das Blatt kleben. Die zweite kann das nächste Post-it dann genau darunter hängen. Die dritte Person hat nun zwei Möglichkeiten: ein weiteres Post-it unter die anderen beiden hängen oder aber die Priorität der ersten beiden verändern. Diese zwei Möglichkeiten haben auch alle nachfolgenden Personen.

Achtung: Wenn sich jemand entscheidet, die Priorität zu verändern, statt ein neues Post-it aufzuhängen, darf er oder sie nur genau ein Post-it maximal um einen Platz nach oben oder unten verschieben.

Schritt 2: Sich um das Flipchart versammeln
Bitte alle Teilnehmenden, sich vor dem Flipchart mit den Themen zu versammeln, starte den Timer und damit die Priorisierung.

Schritt 3: Debriefing
Sobald die Timebox abgelaufen ist, prüfst du kurz mit dem Team, ob es noch unüberwindbare Einwände gibt. Wenn ja, werden diese diskutiert, andernfalls kannst du die erarbeitete Priorisierung nutzen und das gemeinsame Meeting beenden.

MODERATIONS-TECHNIKEN

#67

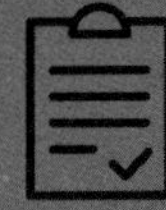

WAS DU DAZU BRAUCHST

- Platz
- Tische und Stühle (optional)
- Post-its
- Moderations- und andere Stifte

DAUER

Etwa 10 bis 15 Minuten pro Runde

1-2-4-ALL

Mit dieser Aktivität gelingt es, eine Gruppe zu einer von allen getragenen Antwort zu begleiten. Zunächst wird die Frage individuell beantwortet, dann werden die Ergebnisse in immer größeren Gruppen ausgetauscht, zusammengeführt, konkretisiert und gegeneinander abgewogen und am Ende, je nach Bedarf, eine oder mehrere Antworten mit der gesamten Gruppe geteilt. Bei 1-2-4-All kommen alle Teilnehmenden zu Wort, nicht nur die lautesten.

PRAKTISCHER NUTZEN

Mithilfe der folgenden Schritte gelingt es, innerhalb von 10 Minuten zu einer (mehr) gemeinsamen Antwort auf eine Frage- oder Problemstellung zu kommen, die von einer großen Gruppe von Menschen (mit vielen verschiedenen Ansichten, Meinungen und Motivationen) geteilt wird.

SCHRITTE

Schritt 1: Der Gruppe die Frage- bzw. Problemstellung schildern

Lege der Gruppe eine klare Frage- oder Problemstellung vor, über die sie im Folgenden nachdenken soll. Zum Beispiel: Welche drei Schritte müssen wir unternehmen, um die Zusammenarbeit zu verbessern? Was ist die kleinste Verbesserung, die wir als Team umsetzen können? Was ist die größte Blockade für das Team? Welche Lösungsansätze gibt es für Problem X?

Schritt 2: Eine individuelle Antwort

Alle Anwesenden haben nun 1 Minute Zeit, um ihre Antwort auf die Fragestellung auf ein Post-it zu schreiben. Dieser Schritt wird schweigend ausgeführt, sodass alle gezwungen sind, sich selbst Gedanken zu machen.

Manchmal kann es helfen, die Anzahl der möglichen Antworten auf maximal drei zu beschränken.

Schritt 3: Von 1 zu 2 Ansichten
Bitte die Gruppe, sich in Zweiergruppen aufzuteilen und in den nächsten 2 Minuten die Erkenntnisse miteinander zu teilen. Jede Zweiergruppe hat die Aufgabe, eine Auswahl aus den gefundenen Antworten zu treffen (ist am Ende nur eine Antwort gewünscht, dann einigen sie sich auf genau eine, ansonsten wird die Anzahl entsprechend angepasst). Auf diese Weise entwickeln sich die Erkenntnisse weiter und nähern sich dem Kern der Frage oder des Problems.

Schritt 4: Weiter von 2 zu 4
Danach bittest du alle Zweiergruppen, sich mit einer anderen Gruppe zu Vierergruppen zusammenzufinden. Innerhalb dieser Gruppen werden nun 4 Minuten lang erneut die verbliebenen Erkenntnisse miteinander besprochen und weiterentwickelt. Welche Muster lassen sich erkennen? In welche Richtung geht die Diskussion? Am Ende wählt die Gruppe die Antwort(en) aus, die offenbar am besten zu ihr passt bzw. passen, und notiert sie auf einem Post-it.

Schritt 5: Von 4 zu »all«
Im letzten Schritt tritt je ein Gruppenmitglied freiwillig vor, um die Antwort auf die Frage mit allen zu teilen. Klebt die Post-its auf ein Flipchart und gruppiert gegebenenfalls übereinstimmende Antworten.

So erhält man innerhalb von 10 bis 15 Minuten eine Antwort auf eine aktuelle Frage, zu der alle beitragen konnten, ohne dass es in der großen Gruppe zu einer chaotischen Situation gekommen ist.

Schritt 6: Auf eine Entscheidung hinarbeiten
Je nach Anzahl der Vierergruppen, die ihre Antwort geteilt haben, gibt es nun eine Reihe unterschiedlicher Ansichten. Sollte das bereits ausreichen, kannst du den Schritt beenden. Falls doch noch eine Auswahl aus den gegebenen Antworten getroffen werden soll, bietet sich Dot Voting (Technik 1 aus **#77**) dazu an.

TIPP 1

Es kann vorkommen, dass die Gruppe um mehr Zeit bittet. Erst einmal sollten jedoch die vorgegebenen Timeboxen beibehalten werden, man kann später immer noch eine weitere Runde anhängen.

TIPP 2

Falls der explizite Wunsch besteht, genau eine Antwort aus den einzelnen Gruppen zu bekommen, sollte man sich auch strikt daran halten und entsprechend moderieren.

TIPP 3

Man kann die Schritte nach Bedarf anpassen. 1-2-4-All sorgt vielleicht schon für ausreichend Erkenntnisse. Bei sehr vielen Teilnehmenden ist 1-2-4-8-All eine mögliche Erweiterung, um mit weniger Kleingruppen zu enden.

#68

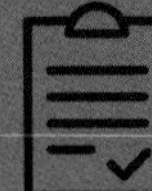

WAS DU DAZU BRAUCHST

- Einen Raum mit ausreichend Platz
- Ein kleines Objekt, z. B. eine Rolle Klebeband, einen Papierkorb oder etwas anderes, das als Zentrum dienen kann
- Einige vorbereitete Aussagen/Fragestellungen

DAUER

10 bis 15 Minuten

STERNBILDER

Sternbilder ist eine Aktivität, die bei verschiedenen Gelegenheiten zum Einsatz kommen kann, beispielsweise zum Kennlernen oder während einer Diskussion, um eine erste Antwortrichtung zu ermitteln. Es werden verschiedene Aussagen oder Fragestellungen benannt, die die Gruppe anschließend für sich selbst oder im Verhältnis zu den anderen beantwortet. So entsteht schnell Transparenz über die Antworten und man kommt anschließend mit den Teilnehmenden einfach ins Gespräch.

PRAKTISCHER NUTZEN

Das Ergebnis ist eine klare Antwort auf die vorgelegte Fragestellung aus Sicht der einzelnen Anwesenden. Diese Aktivität lässt sich für verschiedene Zwecke nutzen:

- Zum Kennenlernen
- Zur Inventarisierung
- Als Eisbrecher
- Für Antworten auf Diskussionen

SCHRITTE

Schritt 1: Die Aufgabe erläutern

Verwende zum Beispiel eine Rolle Klebeband, einen Moderationsstift, einen Papierkorb oder Ähnliches als Mittelpunkt und bitte die Gruppe, sich um diesen Gegenstand herum aufzustellen. Erläutere dann, dass du gleich eine Reihe von Aussagen treffen wirst und bitte alle, sich jeweils an den Platz zu stellen, der am besten passt – *relativ zu den anderen* oder ganz bewusst *für sich selbst*. Je näher am Mittelpunkt, desto mehr stimmt man der Aussage zu, je weiter weg, desto weniger ist das der Fall.

Schritt 2: Die erste These aufstellen
Formuliere die Aussage bzw. Fragestellung und warte, bis alle ihre Position relativ zum Mittelpunkt gefunden haben. Bitte dann alle, sich das Ergebnis genau anzuschauen.

Schritt 3: Diskussion
Sobald die Positionen eingenommen sind, beginnt die Diskussion. Du kannst im Rahmen der Moderation bewusst Fragen stellen oder die Gruppe das Ergebnis miteinander diskutieren lassen. Dabei wird transparent, weshalb sich der oder die Einzelne für die gewählte Position entschieden hat.

Schritt 4: Die Übung mit weiteren Thesen fortsetzen
Formuliere eine weitere Aussage bzw. Fragestellung und wiederhole die Schritte 2 und 3. Abhängig vom Ziel dieser Aktivität kannst du selbst entscheiden, wie viele Aussagen du verwendest. Als interessante Erweiterung kannst du die Gruppe fragen, auf welche Frage sie gerne eine Antwort hätte.

AUSSAGEN BZW. FRAGESTELLUNGEN ZUR INSPIRATION

Kennenlernen

- Anzahl der Jahre beim aktuellen Arbeitgeber (im Verhältnis zu den anderen)
- Wissen über Agilität/Scrum (im Verhältnis zu den anderen)
- Entfernung zwischen Zuhause und der aktuellen Location (im Verhältnis zu den anderen)

Persönliches

- Ich fühle mich vor der Gruppe wohl.
- Es gefällt mir, allein zu arbeiten.
- Es frustriert mich, wenn es an Ordnung fehlt.
- Ich finde Veränderung angenehm.
- Ich bin perfektionistisch.
- Ich übernehme gerne die Initiative.

Diskussion

- Wir beschäftigen uns als Team/Organisation mit den richtigen Themen.
- Ich habe Vertrauen in unseren neuen Kurs.

TIPP 1

Wird diese Aktivität für eine Diskussion genutzt, sollten die vereinbarten Ergebnisse auch notiert werden, sodass sie nachverfolgbar werden. Etwaige Schlussfolgerungen lassen sich dadurch sofort berücksichtigen.

TIPP 2

Um bei geschlossenen Fragen eine Antwort zu erhalten (ich stimme zu/ich stimme nicht zu), kann das Objekt durch eine Linie aus Klebeband auf dem Boden ersetzt werden oder es wird auf zwei Seiten des Raums verwiesen. Eine Seite steht dann für »ich stimme zu«, die andere für »ich stimme nicht zu«.

#69

★

TROIKA CONSULTING

In dieser Aktivität wird von einem »Kunden« eine Fragestellung kurz vorgetragen und im Anschluss findet ein objektives Beratungsgespräch für ihn statt. »Kunde« ist, wer die Gruppe (Kollegen, Freunde, Gäste usw.) um Rat gebeten hat. Diese Aktivität wird mit drei bis fünf Teilnehmenden durchgeführt (ein »Kunde«, der Rest sind »Berater«).

WAS DU DAZU BRAUCHST

- Einen Raum mit Stühlen
- Post-its
- Moderations- und andere Stifte

DAUER

10 bis 30 Minuten (abhängig von der Rundenanzahl)

PRAKTISCHER NUTZEN

Der »Kunde« erhält aus anderen Perspektiven Antwort auf eine Frage oder Herausforderung und gewinnt Erkenntnisse mittels einer einfachen Struktur. Es handelt sich um ein schnelles Frage-Antwort-Format, bei dem man von Kollegen oder vielleicht sogar von Freunden beraten wird. Dabei entsteht ein gemeinsames Bild aus Sicht des »Kunden«, der den Fragen oder Thesen zuhört.

SCHRITTE

Schritt 1: Gruppen bilden

Die Teilnehmenden teilen sich selbstorganisiert in Dreier- bis Fünfergruppen auf. Jede Kleingruppe benennt einen »Kunden«, der Rest agiert als »Berater«. Bitte die »Berater«, gegenüber der Frage oder Herausforderung des »Kunden« eine reflektierende und neugierige Haltung einzunehmen. Im Vorfeld kannst du alle Teilnehmenden bereits auffordern, über eine Fragestellung nachzudenken, bei der sie gerne Unterstützung hätten.

Schritt 2: Die Herausforderung erklären
Zu Beginn erläutert der »Kunde« den »Beratern« binnen 2 Minuten, worin seine konkrete Frage bzw. Herausforderung besteht. Dabei wird er nicht unterbrochen.

Schritt 3: Fragen zur Konkretisierung
Sobald die Timebox des »Kunden« abgelaufen ist, haben die »Berater« 2 Minuten Zeit, um klärende Fragen zu stellen und so das Thema zu konkretisieren.

Schritt 4: Coaching und Beratung
Nun setzt sich der »Kunde« mit dem Rücken zu den »Beratern«. Diese besprechen dann in einer Timebox von 4 Minuten miteinander ihre Ideen, Empfehlungen und Ratschläge. In diesem Schritt verhält sich der »Kunde« ruhig und notiert, was ihm wichtig erscheint.

Schritt 5: Feedback geben
Anschließend dreht sich der »Kunde« wieder um und informiert die »Berater«, was für ihn hilfreich war und wozu er noch Rückfragen hat. Dafür hat er 2 Minuten Zeit. Sollten die Antworten aus dieser ersten Runde dem »Kunden« noch nicht genügen, kann eine weitere Coaching-Timebox gestartet werden.

Schritt 6: Die Schritte wiederholen
Falls es noch mehr Fragen oder Herausforderungen gibt, lässt sich diese Aktivität mit einem neuen »Kunden« wiederholen.

TIPP 1

Spannend wird es, wenn die Teilnehmenden Dreier- oder Vierergruppen mit unterschiedlichen Backgrounds, Rollen und Funktionen bilden. Dann kommen die Empfehlungen nicht nur aus einem einzigen Wissensgebiet.

TIPP 2

Durch Wiederholung lernt die Gruppe, sich dieses Format zu eigen zu machen. Deshalb also – wiederholen!

TIPP 3

Diese Aktivität kann man geplant durchführen, aber natürlich auch spontan, sobald man spürt, dass es Bedarf gibt.

#70

★

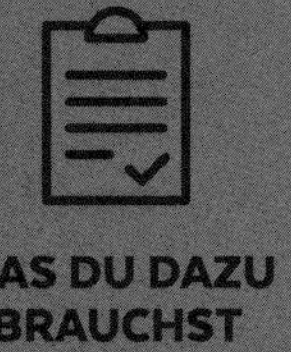

WAS DU DAZU BRAUCHST

- Flipchart-Blätter
- Post-its
- Moderations- und andere Stifte

DAUER

30 bis 60 Minuten

BRAINSTORMING-KARUSSELL

Das Wort »Karussell« sagt es bereits: Bei dieser Aktivität gibt eine Gruppe von Menschen Antworten auf unterschiedliche Fragen oder Themen, während sie sich durch den (digitalen) Raum dreht. Das ist eine sehr effektive Methode, um Input von einer großen Gruppe zu bekommen.

PRAKTISCHER NUTZEN

Dieses Format liefert einen strukturierten Überblick über die Ergebnisse eines Brainstormings, zu dem alle beitragen konnten und das in kleineren Gruppen diskutiert wurde.

SCHRITTE

Vorbereitung

Überlege dir, worüber die Teilnehmenden brainstormen sollen. Schreibe diese Themen auf einzelne Flipchart-Blätter und hänge diese verteilt im Raum auf. Angenommen, du willst die Kernwerte der Organisation betrachten. Dann notierst du jeden dieser Werte auf ein separates Flipchart-Blatt.

Schritt 1: Das Ziel erläutern
Erläutere, weshalb du dieses Format gewählt hast. Im oben genannten Beispiel könnte das bedeuten: Herausfinden, was die Unternehmenswerte für die Gruppe bedeuten, um diese mit mehr Leben zu erfüllen. Ein strukturiertes Brainstorming soll die Diskussion unterstützen und sicherstellen, dass alle beitragen können. Ergänze gegebenenfalls noch weitere Informationen, sofern das Thema es erfordert.

Schritt 2: Im Karussell verteilen
Bitte die Teilnehmenden, sich abhängig von der Anzahl der Fragestellungen in Kleingruppen von zwei bis fünf Personen aufzuteilen. Es ist praktisch, wenn die Anzahl der Gruppen mit der Zahl der Themen übereinstimmt und so das Karussell gut besetzt ist. Sobald sich die Kleingruppen formiert haben, können sie sich eine erste Fragestellung suchen, mit der sie loslegen wollen. Bitte sie, sich vor dem Flipchart mit der von ihnen gewählten Frage zu versammeln.

Schritt 3: Runde 1 starten
Sobald alle bereit sind, startest du eine Timebox von 1 Minute. Damit haben alle einen Augenblick Zeit, um individuell über die Frage nachzudenken und die Antwort auf einem Post-it zu notieren. Das vermeidet unmittelbare gegenseitige Beeinflussung. Nach dieser Minute stellst du den Timer auf 5 Minuten ein. Nun diskutieren die Gruppenmitglieder ihr Thema miteinander. Alle können ihre Gedanken beitragen und im Laufe der Diskussion gegebenenfalls weitere Antworten auf Post-its hinzufügen und auf dem Flipchart platzieren. Ist die Timebox zu Ende, beginnt Runde 2.

TIPP!

Auch digital ist alles kein Problem, wenn ein Tool verwendet wird, das das Brainstorming visuell unterstützt. Zum Beispiel hilft die Breakout-Option von Zoom oder Microsoft Teams bei der Gruppenbildung.

Schritt 4: **Runde 2 starten**
Alle Gruppen wechseln im Uhrzeigersinn ein Thema weiter. Sie stehen nun vor einer neuen Fragestellung, auf dem Flipchart-Blatt hängen bereits die Ergebnisse der Vorgängergruppe. Wieder ist 1 Minute lang Zeit, um diesen Input durchzugehen und eigene Gedanken hinzufügen. Danach startest du eine Timebox von 5 Minuten und bittest die Gruppen, die Flipchart-Blätter zu ergänzen. Falls Unklarheiten bezüglich der Ergebnisse der Vorgängergruppe aufkommen, werden sie mit einem Fragezeichen markiert, sodass diese Einsichten später im großen Kreis noch einmal besprochen werden können. Sobald die Timebox abgelaufen ist, beginnt Runde 3.

Schritt 5: **Runde 3 starten**
Auch jetzt bewegen sich die Gruppen im Uhrzeigersinn weiter, sodass nun ein drittes Thema diskutiert werden kann. Mit jeder Runde nimmt der bestehende Input zu, da schon mehrere Gruppen beigetragen haben. Wiederhole die Schritte aus Runde 2. Die Anzahl der Themen bestimmt, wie oft rotiert wird. Sobald jedes Thema von allen Gruppen diskutiert wurde, kann dieser Teil der Aktivität beendet werden.

Schritt 6: **Die Ergebnisse besprechen**
Abhängig vom Ziel und der verfügbaren Zeit werden die Ergebnisse nun mit allen Teilnehmenden besprochen. Dabei können offene Fragen geklärt, Dopplungen entfernt und beispielsweise mit Dot Voting (Technik 1 aus **#77**) die wertvollsten Antworten ausgewählt werden, die im Anschluss weiterverfolgt werden sollen.

SUPERPOWER-KONSTELLATIONEN

#71

★★

Menschen können die Welt grundlegend anders wahrnehmen (zum Beispiel der kreative Innovator und der systematische Umsetzer) und sich dabei in einem Team gewaltig im Weg stehen, während sie sich doch im Prinzip so wunderbar ergänzen würden. Mit dieser Aktivität beginnt ein Team, die Stärken der anderen kennenzulernen.

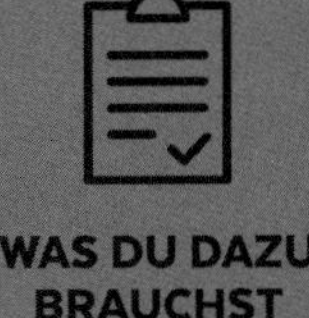

WAS DU DAZU BRAUCHST

- Ein Board (auch digital)
- Post-its

DAUER

1,5 Stunden

PRAKTISCHER NUTZEN

Diese Aktivität nutzt die Diversität im Team. Dadurch kann ein Team mehr erreichen und einander besser kennenlernen. Und das sorgt wiederum für eine bessere Zusammenarbeit, weil man einander gezielter helfen kann.

SCHRITTE

Schritt 1: Erläutern, was Superkräfte sind

Jedes Teammitglied hat eine oder mehrere Superkräfte: Fertigkeiten, die er oder sie sehr gut beherrscht. Das können Hard Skills (wie arbeiten mit Excel, Pläne erstellen) oder Soft Skills (zum Beispiel die Stimmung im Team spüren, Feedback geben) sein.

TIPP 1

Die Aktivität eignet sich sehr gut, um in Sitzungen (Meetings, Festveranstaltungen oder Retrospektiven) zu hinterfragen, inwieweit es bereits gelingt, die eigenen Superkräfte und die der anderen besser zu nutzen, und ob die Möglichkeit besteht, einander noch besser zu verstehen.

TIPP 2

Diese Übung lässt sich auch digital durchführen, beispielsweise auf einem Miro- oder Mural-Board. Dann schreiben die Teammitglieder ihre Superkräfte auf ein Post-it und bewegen sich mit ihm durch den Raum.

Schritt 2: Die Superkräfte zusammenstellen
Bitte alle Teilnehmenden, in den nächsten 5 Minuten einige Superkräfte (zum Beispiel mindestens zwei pro Person) für sich und für die anderen Teammitglieder aufzuschreiben. Anschließend werden diese Superkräfte in großer Runde mit allen geteilt – sowohl die eigenen als auch die für andere Teammitglieder. Hängt sie nach Personen sortiert auf ein Flipchart oder an ein Board. Nehmt euch dafür etwa 10 Minuten Zeit.

Schritt 3: Die Superkräfte analysieren
Nun werden alle notierten Superkräfte nacheinander von der Gruppe besprochen. Dabei sind vor allem die unterschiedlichen Sichtweisen interessant: So kann jemand über mehr Superkräfte verfügen, als er oder sie selbst denkt. Auf der anderen Seite kann es auch vorkommen, dass jemand glaubt, etwas sehr gut zu können, die Gruppe aber anderer Meinung ist. Eine wertschätzende Diskussion führt zu einer realistischeren, in jedem Fall aber breiter geteilten Einschätzung der Superkräfte der einzelnen Gruppenmitglieder. Verwende darauf 15 Minuten.

Schritt 4: »Sternbilder« formen
Die Gruppe erhält nun die Aufgabe, sich innerhalb von 10 Minuten auf Grundlage ihrer Superkräfte im Raum verteilt aufzustellen (siehe die Tipps für verteilte Teams am Ende dieser Aktivität). Menschen, die sich aufgrund ihrer Superkräfte nahe sind, sollten auch physisch dicht beieinanderstehen. Und Superkräfte, zwischen denen der Abstand groß ist, halten auch physisch mehr Abstand zueinander. So werden wahrscheinlich der kreative Innovator

und der systematische Umsetzer an unterschiedlichen Seiten des Raums stehen. Da Menschen mehr als eine Superkraft besitzen, werden sie versuchen müssen, all diesen Kräften gerecht zu werden. Sobald alle ihren Platz gefunden haben, teilst du deine Beobachtungen mit der Gruppe.

Schritt 5: Die Superkräfte nutzen
Nachdem die Teammitglieder gesehen und gespürt haben, wer ihnen nahesteht und von wem sie weit entfernt sind, wird es Zeit, zu entdecken, wie man die eigenen Superkräfte und die der anderen nutzen kann. Im ersten Schritt gehen die Gegenpole aufeinander zu, um sich sowohl als Menschen als auch in ihren Superkräften besser kennenzulernen. Dafür sollte ausreichend Zeit sein, mindestens 30 Minuten. Es ist möglich, dass sich die Gegenpole noch nicht so gut kennen, und das gegenseitige Verständnis hilft im nächsten Schritt. Menschen mit weniger ausgeprägten Präferenzen werden eher in der Mitte der Gruppe stehen. Sie sind gut in der Lage, Brücken zwischen den Gegenpolen zu bauen. Bitte sie, nach Personen Ausschau zu halten, die sie ihrer Meinung nach verbinden können.

Schritt 6: Das Ganze zusammenführen
Nach dem Kennenlernen folgt das Planen: Die Gegenpole besprechen (mit Unterstützung der Brückenbauer), in welchen Situationen und auf welche Weise sie sich gegenseitig unterstützen und ergänzen können. Bitte sie darum, dabei so konkret wie möglich zu werden. Abschließend tauschen sich die Teammitglieder dazu aus, worüber sie gesprochen haben und wie sie sich – gemeinsam und mit Unterstützung der Gruppe, der Führungskräfte und der Brückenbauer -gegenseitig stärken werden. Dokumentiere das irgendwo, zum Beispiel auf der Team-Website, oder hänge es im Arbeitsbereich des Teams auf.

TIPP 3

Ob nun digital oder in Präsenz – Menschen neigen dazu, für ihre Positionierung im Raum andere Kriterien heranzuziehen. Vor allem in verteilten Teams wird diese Übung häufig zweckentfremdet, um bestimmte Teammitglieder besser kennenzulernen. Manchmal ist deshalb eine sehr konsequente Prozessbegleitung gefragt, damit sich die Gruppe wirklich auf das Ziel und den Prozess der Aktivität fokussieren kann.

#72

★

LEAN COFFEE

Mit dem interaktiven Lean-Coffee-Format lassen sich (verschiedene) relevante Themen mit einer Gruppe diskutieren. Die Themen können bereits im Vorfeld, aber natürlich auch während der Aktivität gesammelt werden, sodass nicht einmal eine Agenda vorbereitet werden muss. Das Format strukturiert das Gespräch auf einfache Weise.

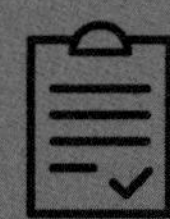

WAS DU DAZU BRAUCHST

- Ausreichend Post-its
- Flipchart-Blätter
- Moderationsstifte

DAUER

1 bis 2 Stunden (abhängig von der verfügbaren Zeit)

PRAKTISCHER NUTZEN

Diese Aktivität unterstützt einen offenen Austausch innerhalb einer Gruppe von vier bis zehn Personen. Lean Coffee lässt sich einfach einsetzen, macht das Meeting ein Stück effektiver und relevanter und hilft dabei, sowohl Energie als auch Engagement aufrechtzuerhalten. Häufig kommt dieses Format bei Diskussionen, in der kollegialen Beratung, bei Ursachenforschung und Brainstorming zum Einsatz. Man bespricht so lange ein Thema nach dem anderen, bis das Meeting vorbei ist, und es ist kein Problem, wenn nicht alles besprochen wurde.

SCHRITTE

Schritt 1: Die Aktivität erläutern

Abhängig vom Anlass des Treffens erläuterst du das Ziel der Aktivität. Meistens soll die Diskussion innerhalb einer Gruppe moderiert werden, um konkrete Maßnahmen und Schlussfolgerungen zu erarbeiten.

Schritt 2: Die Themen sammeln

Bitte alle Anwesenden, ihre Themen auf Post-its zu schreiben. Dabei handelt es sich oft um Problem- oder Fragestellungen, die sie mit der Gruppe besprechen wollen. Beschränkt man sich auf maximal zwei Themen pro Person, werden es nicht zu viele und die Teilnehmenden sind gezwungen, sich zu entscheiden. Verwende für diesen Schritt eine Timebox von 2 Minuten.

Schritt 3: Die Themen vorstellen
Bitte die Anwesenden, nacheinander nach vorn zu kommen, ihre Themen kurz vorzustellen und dann in die »Themen«-Spalte zu hängen. Vergleichbare Themen können dabei sofort gruppiert werden.

Schritt 4: Abstimmen
Sobald alle Themen bekannt sind, beginnt die Abstimmung, zum Beispiel mit Dot Voting (Technik 1 aus **#77**). Alle dürfen jeweils drei Stimmen (Striche) auf ein oder mehrere Themen verteilen.

Schritt 5: Die Themen nach Priorität behandeln
Ordne als Erstes die »Themen«-Spalte so, dass die Themen mit den meisten Stimmen ganz oben und die anderen in absteigender Reihenfolge darunter hängen. Die untersten kommen vielleicht beim nächsten Lean Coffee zur Sprache. Verschiebe das erste Thema in die »In Diskussion«-Spalte und fasse noch einmal kurz zusammen, worum es dabei geht.

Schritt 6: Diskutieren in Timeboxen
Lean Coffee beginnt. Jetzt zeigt sich der Wert eines durch die Zeit strukturierten Gesprächs. Timeboxen unterstützen dabei, die Themen weder zu lange noch zu knapp zu behandeln. Starte eine Timebox von 8 Minuten und bitte den oder die Einreicher, das Thema noch einmal kurz vorzustellen. Dann beginnt die Diskussion in der Gruppe, dabei können sowohl Fragen, Vorschläge, Diskussionen als auch Lösungsvorschläge eingebracht werden. Sobald die Timebox abgelaufen ist, stoppt das Gespräch.

Schritt 7: Fortfahren oder beenden – Thumb Voting
Entscheidungen lassen sich kurz und bündig mit Thumb Voting (Technik 2 aus **#77**) treffen. Wurde das Thema bereits ausreichend behandelt (Daumen hoch) oder ist eine Verlängerung erforderlich (Daumen runter)?

TIPP 1

Dieses Format eignet sich für unterschiedlichste Meetings, beispielsweise für eine Retrospektive, aber auch für ein Team- oder Bereichsmeeting.

Je nach Ergebnis der Abstimmung wird entweder der Timer erneut gestartet (4 Minuten für Runde 2 und alle folgenden Runden) oder zum nächsten Thema übergegangen. Ist es abgeschlossen, wandert das Thema in die Spalte »Erledigt«.

Schritt 8: Maßnahmen notieren
Mögliche Entscheidungen oder Maßnahmen sollten schon während oder nach Abschluss des Themas schriftlich festgehalten werden. Danach wird zum nächsten Thema übergegangen und die Schritte 6 bis 8 werden wiederholt. Je nach verfügbarer Zeit kann Lean Coffee endlos fortgesetzt werden oder nur so lange, bis der Kaffee ausgetrunken ist.

TIPP 2

Ab einer Gruppengröße von mehr als 10 Personen ist eher **#73 Open Fishbowl** oder **#74 Closed Fishbowl** zu empfehlen.

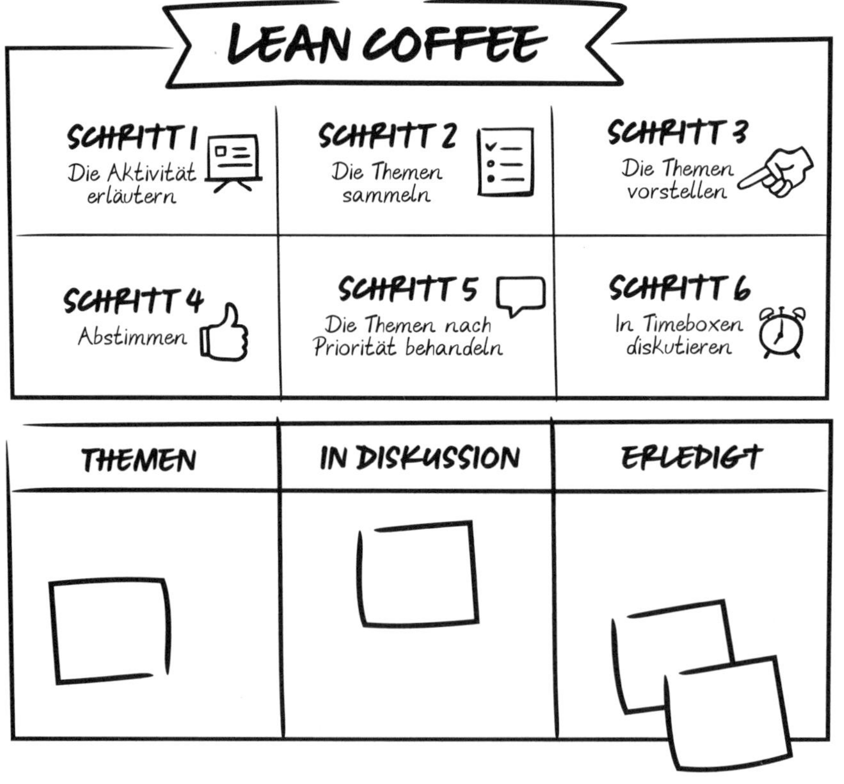

OPEN FISHBOWL

Drei oder vier Personen führen ein Gespräch in einem Stuhlkreis mit einem leeren Stuhl. Der Rest der Gruppe steht um sie herum und hört zu. Es wird nur dann diskutiert, wenn genau ein Stuhl leer ist. Wer sich beteiligen möchte, kann sich auf den leeren Stuhl setzen. Das Gespräch wird dann unterbrochen und erst fortgesetzt, wenn wieder genau ein Stuhl unbesetzt ist, weil jemand die Gesprächsrunde verlassen hat.

PRAKTISCHER NUTZEN

Es ist in der Regel schwierig, in großen Gruppen Gespräche zu führen. Dieses Format sorgt dafür, dass alle einander zuhören. Gleichzeitig können und dürfen alle mitdiskutieren, ohne dass Chaos ausbricht. Open Fishbowl ermöglicht auf diese Weise eine gute Diskussion in kleinem Setting innerhalb einer großen Gruppe.

SCHRITTE

Vorbereitung

Stelle vier (oder fünf) Stühle so im Kreis auf, dass sich die Personen auf den Stühlen anschauen. Das ist der innere Kreis. Hier darf man sich hinsetzen. Zum Start sind die Stühle leer. Die Gruppe stellt sich um diesen inneren Kreis herum auf.

#73

WAS DU DAZU BRAUCHST

- Einen Raum (in dem man ungestört ist)
- Stühle
- Optional:
- Ein Flipchart und/oder einen Beamer für die Themen/Fragen
- Einen Online-Timer mit Beamer und/oder Laptop

DAUER

30 bis 60 Minuten

TIPP 1

Falls eine etwas größere Fishbowl gebraucht wird, können zum Beispiel auch sechs Stühle in den inneren Kreis gestellt werden. Das Prinzip ändert sich nicht, es wird nur gesprochen, wenn genau ein Stuhl frei ist.

TIPP 2

Mögliche Maßnahmen und offene Enden aus der Open Fishbowl sollten auf einem Flipchart festgehalten werden.

TIPP 3

Die Fragen bzw. Thesen sollten so formuliert werden, dass sie die Situation überzeichnen. Diskussionen werden bei großen Gegensätzen oft konkreter.

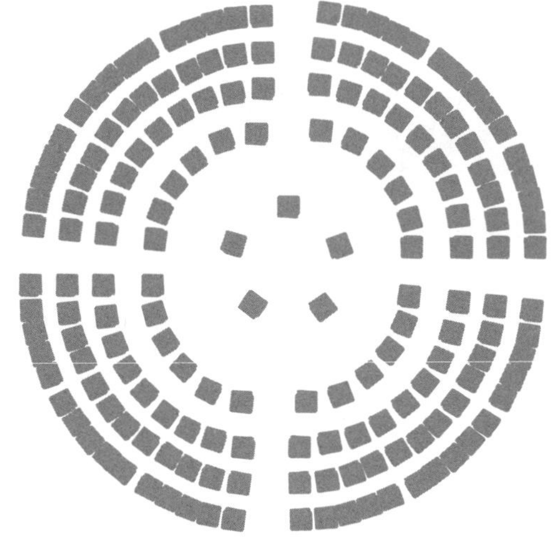

Lege das Thema der Diskussion fest und formuliere zur Vorbereitung der Fishbowl einige Fragen und/oder Thesen. Entscheide, wie viel Zeit du pro Frage oder These aufwenden willst. Beispiele für Thesen sind: »Die Werte unseres Unternehmens bedürfen dringend einer Anpassung« oder »Unser Team ist nicht länger in der Lage, den Qualitätsanforderungen unserer Kunden zu genügen«.

Schritt 1: Die Regeln erläutern
Erläutere den Zweck der Open Fishbowl. Vielleicht so:

- Jedes Gespräch über eine Frage bzw. These dauert so lange wie gewünscht. (Zeige dabei eventuell auf den für alle sichtbaren Timer.)
- Das Gespräch beginnt, sobald alle Stühle bis auf einen besetzt sind. (Bitte eventuell gezielt drei Personen – bei vier Stühlen –, sich in den inneren Kreis zu setzen.)
- Unterstreiche noch einmal, dass nur gesprochen wird, wenn genau ein Stuhl frei ist.

- Alle, die um den inneren Kreis stehen und nicht am Gespräch teilnehmen, hören zu und sind still. Wer etwas berichten, beitragen oder hinzufügen will, setzt sich auf den leeren Stuhl.
- Wenn alle Stühle besetzt sind, wird das Gespräch kurz unterbrochen, bis jemand aufsteht und geht. Sind zwei oder mehr Stühle frei, wird das Gespräch so lange unterbrochen, bis wieder nur ein Stuhl unbesetzt ist. Es will niemand platznehmen? Dann ist das Thema wohl ausreichend besprochen.

In Konfliktsituationen kannst du zusätzlich eine wertschätzende Art der Kommunikation vereinbaren, doch das ist in der Regel nicht erforderlich.

Schritt 2: Die Open Fishbowl starten
Starte den Timer und stelle anschließend noch einmal die Frage oder die These vor. Lasse dann die Gruppe entsprechend den Regeln diskutieren. Am Ende der Timebox besteht die Möglichkeit, die Diskussion zu verlängern. Darüber kann die gesamte Gruppe zum Beispiel per Thumb Voting (Technik 2 aus **#77**) entscheiden (Daumen hoch = weiter, Daumen runter = Ende der Diskussion). So sorgst du dafür, dass die Gespräche nicht zu lange dauern. Stelle für die Verlängerung wieder einen Timer ein und schließe am Ende dieser Timebox das Thema ab. Dann geht es mit dem nächsten Thema weiter.

Schritt 3: Abschluss
Wenn alle Themen diskutiert sind (oder die Zeit um ist), beendest du die Fishbowl. Es ist nicht erforderlich, noch mal auf den Inhalt einzugehen oder ihn zusammenzufassen. Du kannst höchstens fragen, wie die Teilnehmenden das Format erlebt haben.

TIPP 4

Die moderierende Person sollte die Diskussion so unsichtbar wie möglich begleiten und allenfalls die Anwesenden zur Teilnahme ermuntern.

TIPP 5

#74 Closed Fishbowl ist eine Variante der Open Fishbowl. In diesem Fall führt eine geschlossene Gruppe ein Gespräch, und die Umstehenden sind gezwungen zuzuhören.

#74

CLOSED FISHBOWL

Ein Team oder eine Gruppe von Personen führt in einem geschlossenen Kreis ein Gespräch oder eine Diskussion, alle anderen stehen oder sitzen um sie herum und dürfen lediglich zuhören, beobachten und sich Aufzeichnungen machen, bis die vereinbarte Timebox abgelaufen ist.

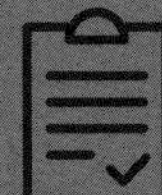

WAS DU DAZU BRAUCHST

- Einen Raum (in dem man ungestört ist)
- Ausreichend Stühle für alle Teilnehmenden
- Post-its
- Moderations- und andere Stifte
- Flipchart-Blätter
- Einen sichtbaren Timer

DAUER

Mindestens 1 Stunde (abhängig von der Anzahl der Themen)

PRAKTISCHER NUTZEN

Eine Closed Fishbowl kann ein Gespräch zwischen Einzelpersonen, Teams oder Abteilungen ermöglichen, in dessen Verlauf Erkenntnisse geteilt werden und, wenn möglich, Maßnahmen, Verbesserungen oder mehr gegenseitiges Verständnis entstehen. Wenn es beispielsweise an transparenter Kommunikation zwischen zwei Teams fehlt, kann dieses Thema im partiell geschlossenen Raum der Fishbowl angesprochen werden, in dem sich Menschen trauen, freier zu sprechen. Die Beobachtergruppe notiert Einsichten und spiegelt diese im Anschluss zurück. Dann wird gemeinsam über mögliche Maßnahmen als Folge des Gesprächs nachgedacht.

SCHRITTE

Vorbereitung

Bilde mit der erforderlichen Anzahl Stühle einen Kreis (Empfehlung: für drei bis acht Personen), sodass sich alle anschauen können. Um diesen herum stellst du einen weiteren Stuhlkreis für die Beobachtergruppe. Verwende einen (für alle sichtbaren) Timer. Dadurch wird klar, wann das Gespräch zu Ende ist, und Teilnehmende neigen weniger dazu, einfach weiterzureden.

Schritt 1: Das Ziel erläutern
Erinnere nachdrücklich daran, dass im äußeren Kreis nicht gesprochen werden darf – das Gespräch findet nur im inneren Kreis statt. Alle Stühle bleiben dabei über die gesamte Zeit von denselben Leuten besetzt. Ausgehend von der aktuellen Situation wird ein Vorschlag, ein Problem, eine Herausforderung oder eine Option diskutiert. Bitte die Beobachtergruppe, die Dinge mitzuschreiben, die nicht in Vergessenheit geraten dürfen oder später noch einmal aufgegriffen werden sollten.

Schritt 2: Das Problem/die These benennen
Zu Beginn wird noch einmal verdeutlicht, welches Thema bzw. welche These zur Diskussion steht. Das kann Teil der Moderation sein oder auch der Gruppe überlassen werden. Wichtig ist nur, dass alle vom gleichen Ausgangspunkt in die Diskussion starten.

Schritt 3: Die Closed Fishbowl starten
Starte den Timer und bitte die Gruppe, das Thema oder die These zu diskutieren. Ein geschlossener Kreis kann Menschen dabei helfen, potenziell schwierige Themen in vertrauter Umgebung zu besprechen. Achte auf ein konstruktives, klares und ehrliches Gespräch. Die Beobachter notieren, was sie hören. Wenn die Zeit abgelaufen ist, kann das Gespräch auf Wunsch verlängert werden. Frage dazu das gesamte Team (Daumen hoch = weiter, Daumen runter = Ende der Diskussion). Somit enden solche Gespräche erst, wenn das Thema ausreichend behandelt ist. Entscheidet sich die Gruppe für eine Verlängerung, dann stelle den Timer erneut ein und beende nach Ablauf dieser Timebox das Gespräch.

TIPP 1

Diese Aktivität kann zum Beispiel gut als Retrospektivenformat innerhalb eines Teams, in dem Spannungen bestehen, oder bei einem Konflikt zwischen zwei Teams zum Einsatz kommen. Dabei moderiert man dann so unsichtbar wie möglich, sollte jedoch eingreifen, wenn das Gespräch in die falsche Richtung geht.

TIPP 2

Es lohnt sich, im Vorfeld bereits über Themen und Thesen für Schritt 2 nachzudenken, falls das Team sich zurückhält, sich nicht traut oder nicht in der Lage ist, Probleme zu äußern.

VARIANTE: DIE OPEN FISHBOWL

Die Open Fishbowl ist eine offene Diskussion, alle Anwesenden dürfen daran teilnehmen. Diese Aktivität unterstützt dabei, auch in größeren Gruppen kontrolliert eine Diskussion zu führen (siehe Anleitung **#73 Open Fishbowl**).

Schritt 4: Die Zusammensetzung ändern
Entscheidet sich die Gruppe dafür, fortzufahren oder ein neues Thema zu besprechen, dann sollte zuerst die Zusammensetzung des inneren Kreises verändert werden. Wiederhole dann Schritt 2 und verdeutliche erneut der Gruppe das Thema bzw. die These. Danach kann die Diskussion beginnen.

Schritt 5: Eine Zusammenfassung geben
Sobald die Gespräche abgeschlossen sind, ist es wichtig, noch einmal (kurz) den Inhalt Revue passieren zu lassen. Bitte die Gruppenmitglieder darum, ihre Notizen auszutauschen, sie auf einem Flipchart aufzuhängen, zu gruppieren und zu besprechen. Welche Themen sind am bedeutsamsten und erfordern weitere Aufmerksamkeit? Mit Dot Voting (Technik 1 aus **#77**) könnt ihr gemeinsam anhand der priorisierten Themen mögliche Maßnahmen oder Schwerpunkte herausfiltern und konkreter ausarbeiten.

Schritt 6: Die Aktivität beenden
Erinnere als Moderator zum Abschluss noch einmal an die getroffenen Vereinbarungen. Sind sie für alle klar und umsetzbar? Beende die Sitzung mit Fragen wie: »Wie wirst du gleich den Raum verlassen?« »Ist alles geklärt, was geklärt werden musste?« »Sind alle Vereinbarungen klar und deutlich?« »Welchen Mehrwert hat diese Sitzung geschaffen und wie gehen wir weiter damit um?«

OPEN SPACE

Mit diesem Format kann eine Vielzahl von Themen in (großen) Gruppen unter Einsatz unterschiedlicher Räume und eines Minimums an Regeln effektiv diskutiert werden.

PRAKTISCHER NUTZEN

Da mehrere Themen parallel besprochen werden können, müssen sich Teilnehmende entscheiden, zu welchem Thema sie beitragen oder wo sie etwas lernen wollen. So wird für alle ein Maximum an Wert geschaffen.

SCHRITTE

Vorbereitung

Schreibe im Vorfeld die Spielregeln für einen Open Space auf ein Whiteboard oder Flipchart und lege daneben eine Tabelle an (siehe die Illustration auf Seite 258). Überlege dir vorher, welche Räume du für die verschiedenen Themen zur Verfügung hast und wie lange ein Runde dauern soll.

Schritt 1: Das Format erläutern

Erläutere allen Teilnehmenden, weshalb du dieses Format verwenden möchtest. Beispielsweise: zur Diskussion über unterschiedliche Themen, für abteilungsweite Reviews verschiedener Teams (oft auch »Market Places« genannt), zur Diskussion einer Reihe von Stakeholder- oder Kundenfragen oder zum Erfahrungsaustausch innerhalb der Abteilung. Mache die Teilnehmenden anschließend mit den Regeln vertraut (wie in der Illustration beschrieben).

Schritt 2: Die Themen sammeln

Alle Teilnehmenden haben nun 1 Minute Zeit, um über ein Thema oder eine Frage nachzudenken, die sie gern diskutieren wollen, und ihre Ideen stichpunktartig auf einem Post-it

#75

WAS DU DAZU BRAUCHST

- Ein Whiteboard
- Post-its
- Moderationsstifte
- Mehrere Räume (auch »an der Kaffeemaschine« ist möglich)

DAUER

1 bis 2 Stunden (abhängig von der Anzahl der Zeitfenster und der Dauer pro Runde)

TIPP 1

Es hilft, sich im Vorfeld des Open Space bereits ein übergreifendes Thema zu überlegen, beispielsweise:

- Kundenfragen
- Technische Fragestellungen
- Erfahrungsaustausch
- Verbesserungspotenziale

Damit erhalten die Teilnehmenden Orientierung für die Kurzvorstellung ihrer Themen, was wiederum dazu führen kann, möglichst viel Wert aus der Veranstaltung zu ziehen.

TIPP 2

Wenn man das Open-Space-Format zum ersten Mal in seinem Umfeld verwendet, kann man Personen bitten, bereits im Vorfeld darüber nachzudenken, welche Fragen sie haben oder welches Wissen sie mit Blick auf das Thema mit der Gruppe teilen wollen. Das Format selbst wird erst am Tag des Open Space vorgestellt.

zu notieren. Anschließend bittest du sie, nacheinander zum Board mit der Tabelle zu kommen, ihr Thema vorzustellen und in eines der einem Zeitfenster und einem Raum zugeordneten Tabellenfelder zu hängen.

Schritt 3: Den Open Space starten

Sobald alle Themen vorgestellt wurden oder kein Zeitfenster mehr zur Verfügung steht, gibst du allen noch einmal 1 Minute, um die Post-its in ein anderes Zeitfenster und/oder einen anderen Raum zu verschieben. Es ist nicht das Ziel, alle völlig zufriedenzustellen, sondern das Ergebnis der Verschiebungen und die kurzen Gespräche währenddessen bilden den Startpunkt. Der Open Space kann beginnen.

Schritt 4: Abschluss

Eine der Regeln heißt: Es ist vorbei, wenn es vorbei ist. Dagegen gibt es nichts zu sagen, dennoch sollte ein Open Space gemeinsam beendet werden, bevor alle gehen. Bitte die Teilnehmenden, die Ergebnisse jedes Themas in 1 Minute kurz zusammenzufassen und mitzuteilen, wie die Gespräche verlaufen sind.

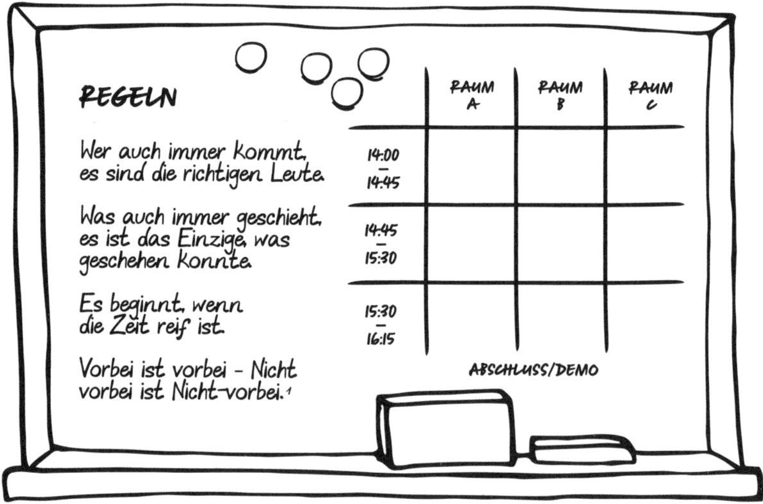

1 Anm. d. Übers.: Quelle: *https://de.wikipedia.org/wiki/Open_Space#Ziel,_Methode,_Regeln*. Darüber hinaus gilt das »Gesetz der zwei Füße« – Teilnehmende bleiben nur so lange in einer Gruppe, wie sie es für sinnvoll erachten, also solange sie etwas lernen und/oder beitragen können.

FÜREINANDER SPRECHEN

Diese Aktivität hilft dabei, die Meinungen aller kurz und bündig zu hören, wobei die wichtigsten Punkte hervorgehoben werden. Entscheidend ist, dass sich die Teilnehmenden in Paaren gegenseitig interviewen und dann in der Gruppe füreinander sprechen. Wenn man für jemand anderen spricht, fällt es viel leichter, sich kurz zu fassen, da man das Wesentliche schneller erkennt. Viele Menschen haben Schwierigkeiten damit, dies für sich selbst zu tun, aber für jemand anderen ist es einfacher.

#76

★

WAS DU DAZU BRAUCHST

- Einen Raum und Breakout-Möglichkeiten für die Interviews
- Einen deutlich sichtbaren Timer

DAUER

Etwa 30 Minuten (abhängig von der Teilnehmerzahl)

PRAKTISCHER NUTZEN

Innerhalb einer halben Stunde werden die wichtigsten Meinungen, Fragen, Bedenken, Verbesserungsvorschläge etc. herausgearbeitet. Dieses Format eignet sich auch für eine Vorstellungsrunde, bei der sich die Teilnehmenden gegenseitig vorstellen. Haupt- und Nebenthemen lassen sich leichter unterscheiden und gleichzeitig kommen alle zu Wort und jede Meinung wird auch geäußert und gehört.

SCHRITTE

Schritt 1: Das Format erläutern

Erläutere den Gruppenmitgliedern, dass sie gleich für eine andere Person sprechen werden (zu einem bestimm-

TIPP 1

Man kann den Beitrag, der im Namen einer anderen Person vorgetragen wird, auch auf Post-its schreiben lassen. Meistens bietet sich ein Sachverhalt pro Post-it an, vor allem, wenn diese später noch gruppiert werden sollen.

TIPP 2

Wenn es um ernste Themen geht oder während einer Vorstellungsrunde sollten die Teilnehmenden auch immer mindestens ein »Guilty Pleasure« des anderen offenbaren. Das kann natürlich auch etwas anderes sein, beispielsweise ein Lieblingsfilm oder -schauspieler, der größte Patzer, das Lieblingsessen usw. Es sollte nur etwas sein, was Menschen nicht als Erstes über sich erzählen würden.

ten Thema). Sie haben 15 Minuten Zeit, um sich gegenseitig zu interviewen, und dann werden sie der Gruppe innerhalb von 1 Minute die Meinung der jeweils anderen Person präsentieren. Auf diese 1 Minute kommt es wirklich an! Es können auch 90 Sekunden sein, die Zeit muss nur wirklich knapp bemessen sein. Bei einer Gruppengröße von zehn Personen vergeht die Zeit ohnehin schneller, als man denkt. Wenn du im Vorfeld verkündest, dass nur 1 Minute Zeit zur Verfügung steht, kannst du sicher sein, dass es kurz und knapp wird und die Interviewer sich auf das Wesentliche und Wichtigste konzentrieren.

Schritt 2: Die Zielstellung wiederholen und um Bestätigung bitten
Sorge dafür, dass allen wirklich klar ist, welche Frage die Gruppenmitglieder beantworten sollen bzw. was Ziel oder Thema der einzelnen Interviews ist. Beschränke dich dabei am besten auf ein Thema pro Interview. Es ist besser, dieses Format dreimal hintereinander für jeweils ein Thema zu durchlaufen, als die Teilnehmenden mit drei verschiedenen Fragestellungen bzw. Zielen parallel in die Interviews zu schicken. Bitte um Bestätigung der Aufgabe, ehe die Interviews beginnen. Zum Beispiel kann jemand die Zielstellung wiederholen. Überprüfe auch, ob alle anderen die Aufgabe ebenso verstanden haben. Du kannst die Frage- oder Zielstellung auch aufschreiben und irgendwo gut sichtbar aufhängen oder projizieren.

Schritt 3: Die Interviews starten
Bilde Zweiergruppen oder lass die Gruppe sich selbst organisieren. Starte eine deutlich sichtbare Timebox von 15 Minuten und erinnere alle noch einmal daran, dass sie sich nach dieser Viertelstunde wieder hier im Raum einfinden müssen. In einer digitalen Umgebung mit Breakout-Räumen ist das etwas einfacher. Bei einer ungeraden Teilnehmerzahl kannst du entweder selbst mitmachen oder eine Dreiergruppe erlauben. Betätige nach etwa 7 Minuten (in der Mitte der Timebox) beispielsweise eine Hupe oder umrunde die Gruppen einmal, damit sie nicht vergessen, die Rollen zu tauschen.

Schritt 4: Die Teilnehmenden sprechen füreinander
Sobald alle zurück sind, stellst du am Timer deutlich sichtbar 1 Minute ein und forderst jemanden auf zu beginnen. Diese Person muss nun innerhalb der 1 Minute die Meinung des anderen darlegen und erläutern. Du kannst auch noch einen Wettstreit herausfordern und beispielsweise sagen, dass nur diejenigen Applaus bekommen, die wirklich innerhalb der Timebox fertig werden. Danach kannst du entweder selbst entscheiden, wer weitermacht, oder dir eine andere kreative Lösung überlegen. Zum Beispiel kannst du der Reihe nach oder reihum nach Alter, nach Hausnummer usw. vortragen lassen. Wichtig ist nur, dass alle an die Reihe kommen.

Schritt 5: Um Bestätigung bitten
Wenn für eine andere Person gesprochen wird, ist es wichtig, dass der- oder diejenige bestätigen darf, dass alles richtig ist, oder darauf hinweisen kann, dass etwas nicht stimmt. Du kannst das immer direkt nach jeder Minute einbauen oder erst alle zu Wort kommen lassen und dann fragen, ob alles richtig wiedergegeben wurde. Das hängt davon ab, was am besten zur Gruppe passt.

Schritt 6: Abschluss
Bedanke dich bei allen und beende die Aktivität. Vielleicht ist es sinnvoll, noch einmal die Vorteile dieses Formats zu erläutern und zu erwähnen, in welchen Fällen die Teilnehmenden diese Aktivität selbst nutzen können. Gib ihnen dafür noch einen Tipp oder eine Alternative.

TIPP 3

Neben der Bestätigung in Schritt 5 kann man die Person, um die es ging, auch fragen, ob sie noch etwas hinzufügen möchte oder ob etwas fehlt. Das ist mit Blick auf die Zeit durchaus riskant, man muss also gut darauf achten, dass die Aktivität zeitlich nicht aus dem Ruder läuft.

#77

★

7 TECHNIKEN

Es gibt eine Reihe von Techniken, die in den Aktivitäten immer wieder auftauchen. Hier werden sie ausführlicher dargestellt.

TIPP 1

Die Gruppe sollte immer vorher über die Länge der Timebox informiert werden.

PRAKTISCHER NUTZEN
Durch Einsatz dieser einfachen Techniken lassen sich je nach gewählter Technik schnellere Ergebnisse erzielen.

TECHNIK 1 – DOT VOTING
Dot Voting ist eine Technik, mit der man schnell und einfach eine lange Liste von Optionen nach ihrer Wichtigkeit für die Gruppe sortieren kann. Beispiele sind das Sortieren einer Tagesordnung, die Auswahl verschiedener Maßnahmen oder Richtungen oder die Priorisierung der wichtigsten Entscheidungen eines Meetings.

- Alle Teilnehmenden erhalten die gleiche Anzahl von Stimmen (Striche, Klebepunkte usw.). Häufig sind es drei.
- Nun dürfen die Teilnehmenden selbst entscheiden, wofür sie diese Stimmen einsetzen. Alle Stimmen müssen genutzt werden und können auf verschiedene Antworten oder Themen verteilt werden.
- Die Option mit den meisten Stimmen erhält die höchste Priorität. Je nach Fragestellung resultiert daraus eine Sortierung, Auswahl oder Verteilung.

TECHNIK 2 – THUMB VOTING

Mit dieser Technik kann mit der Gruppe schnell eine Entscheidung getroffen werden. Das Einzige, was dazu gebraucht wird, ist der Daumen! Diese Technik lässt sich zum Beispiel gut bei folgenden Fragen verwenden: Wollen wir noch eine weitere Timebox zum selben Thema starten? Ist diese Diskussion noch relevant? Sind wir mit der gewählten Richtung einverstanden? Ist die getroffene Vereinbarung für alle verbindlich?

Alle stimmen zur gleichen Zeit ab. Daumen hoch bedeutet »ja«, Daumen nach unten heißt »nein«. Kläre dies unbedingt vorher mit der Gruppe.

- Formuliere die Fragestellung, zu der eine Antwort gegeben werden soll.
- Nun heben alle deutlich sichtbar ihre Hand mit geschlossener Faust.
- Nachdem du laut von 3 bis 1 heruntergezählt hast, machen alle bei 1 ihre Entscheidung sichtbar, indem sie den Daumen nach oben oder unten zeigen lassen.
- Zähle die Antworten und richte dich nach der Mehrheit der Stimmen.

TECHNIK 3 – TALKING STICK

Das ist eine sehr einfache Art, einem Gespräch eine Struktur zu geben. Sie ist ideal, um beispielsweise das Daily Scrum etwas lockerer zu gestalten. Das Einzige, was man dazu braucht, ist ein Gegenstand (oft ein Moderations- oder anderer Stift, man kann aber durchaus kreativer sein). Die Person mit dem »Talking Stick« hat das Wort. Sobald sie fertig oder ihre Redezeit abgelaufen ist, wirft sie den »Stick« willkürlich einer anderen Person zu. Neben einer gewissen Struktur sorgt diese Technik auch für Aufmerksamkeit in der Gruppe, weil man ja jederzeit selbst an die Reihe kommen kann. Darüber hinaus hilft sie, dass Menschen ihre Einsichten beisteuern, die sich vielleicht seltener zu Wort melden.

TIPP 2

Ein im Hintergrund gestarteter (Online-) Timer sorgt dafür, dass alle sehen können, wie viel Zeit noch bleibt.

TECHNIK 4 - ELMO

Viele geraten ab und an in den Sog eines Gesprächs, vielleicht geht es dir ja auch so? Gespräche, die endlos in die Tiefe gehen oder zu einem anderen Thema abschweifen, ungeachtet ob das der gesamten Gruppe im Moment nützt oder nicht. Dann kann ELMO helfen!

ELMO kannst du jederzeit einführen. In einem neuen Team, in einem beliebigen Meeting oder zum Beispiel zu Beginn eines Trainings.

Frage die Gruppe: »Wer kennt ELMO?« Die meisten werden dabei an »die rote Figur aus der Sesamstraße« denken.

Kläre sie auf, dass in diesem Fall etwas anderes damit gemeint ist, nämlich: »Enough Let's Move On«. Erläutere den Begriff folgendermaßen: »Solltest du bemerken, dass ein Gespräch zu sehr ausufert, sich in eine falsche Richtung entwickelt, im Beisein von anderen Menschen zum Vieraugengespräch wird oder du, aus welchen Gründen auch immer, aussteigst, kannst du auf respektvolle Art ›ELMO‹ rufen.«

Achte dann bei der Moderation darauf, dass du mit diesem Signal die Gruppe bewusst innehalten und entscheiden lässt. Ist wirklich ein Punkt erreicht, an dem dieses Gespräch erst einmal beendet werden kann?

Entscheide das gemeinsam mit der Gruppe. Häufig können solche Gespräche wunderbar unter vier Augen oder zu einem späteren Zeitpunkt weitergeführt werden. Falls es für einen Großteil der Gruppe noch immer relevant ist, solltet ihr es natürlich fortführen.

Ein nettes Extra: Besorge ein ELMO-Kuscheltier, um dem Wert guter Gespräche und diesem Stück DNA ein Gesicht zu geben.

TECHNIK 5 – EINE GROSSE GRUPPE ZUR RUHE BRINGEN

Während eines Meetings, einer Präsentation, eines Trainings oder einer anderen Veranstaltung mit vielen Menschen kann es manchmal lange dauern, ehe alle zur Ruhe gekommen sind, ganz abgesehen von den Gebärden und Lauten, die du dazu von dir geben musst. Mit dieser Technik gelingt es dir, dein Ziel innerhalb von 5 bis 10 Sekunden zu erreichen, ohne dass du die Stimme heben musst, um den Lärm zu übertönen.

Erläutere vor Beginn einer Zusammenkunft Folgendes: »Wenn jemand schweigend seine Hand hebt, möchte ich, dass ihr diesem Beispiel folgt und das Reden einstellt.« Oft wirst möglicherweise du der Erste sein, der mit erhobener Hand dasteht, um dir die Aufmerksamkeit zurückzuholen. Menschen, die neben dir stehen, bemerken das und spiegeln dieses Verhalten, sodass sich die Stille wie eine Welle durch den Raum ausbreitet.

TECHNIK 6 – TIMEBOX

Eine »Timebox« ist folgendermaßen definiert: »Es wird im Voraus festgelegt, wie viel Zeit für eine bestimmte Aktivität zur Verfügung steht.« Sobald die Timebox abgelaufen ist, endet auch die Aktivität zu diesem Zeitpunkt. Sollte sie bereits vor dem Ende der Timebox beendet sein, ist das eine Entscheidung, die bewusst getroffen werden kann. Diese Technik hilft dabei, eine Aktivität oder Arbeitsaufgabe innerhalb eines gesetzten Zeitrahmens abzuschließen, statt sie vollständig fertigstellen zu müssen.

Oft genug merkt man im Nachhinein, dass weitere Minuten oder sogar Stunden mit Blick auf Qualität oder Zielsetzung überhaupt nicht mehr erforderlich waren. Wird doch mehr Zeit gebraucht, kann man bewusst entscheiden, eine neue Timebox zu starten. Das sollte davon abhängig gemacht werden, ob in dieser zusätzlichen Zeit wirklich ein Mehrwert geschaffen wird. Mit Thumb Voting (Technik 2 aus **#77**) kann die Entscheidung der Gruppe – »Weitermachen oder nicht?« – transparent getroffen werden.

Timeboxen lassen sich zum Beispiel gut einsetzen bei Brainstormings, Diskussionen zu einem speziellen Thema, Refinements, Trainings, Aktivitäten, Versammlungen usw.

TECHNIK 7 – 1-2-4-ALL

Diese Technik eignet sich, um in einem Brainstorming so viel Input wie möglich in der Gruppe zu generieren.

Was die Teilnehmenden aufschreiben sollen, hängt ganz von der Situation ab. Das können zum Beispiel Fragen, Ideen oder Vorschläge bezüglich eines bestimmten Themas sein.

Bitte die Teilnehmenden, sich einen Block Post-its und einen schwarzen Moderationsstift zu nehmen.

Erläutere ihnen, dass es darum geht, mit der Gruppe so viele einzelne Ideen wie möglich zu erarbeiten. Gib eventuell ein paar Beispiele. Erläutere dann, ehe sich die Gruppe an die Arbeit macht, wie diese Technik funktioniert:

- Innerhalb 1 Minute schreibt jede Person so viele Ideen wie möglich auf einzelne Post-its.
- Innerhalb von 2 Minuten werden die Ideen dann in Zweiergruppen miteinander geteilt, vervollständigt und Duplikate entfernt.
- Innerhalb von 4 Minuten werden anschließend in Vierergruppen die Ideen geteilt, ergänzt und Duplikate entfernt.
- Alle Vierergruppen versammeln sich mit ihren Post-its vor der Wand oder dem Flipchart. Ein Mitglied jeder Vierergruppe teilt die Ideen mit der gesamten Gruppe und klebt sie an die Wand bzw. das Flipchart.

Eine ausführliche Beschreibung dieser Technik ist in **#67 1-2-4-All** zu finden.

KREATIVE FORMATE

#78

★

PERFECTION GAME FÜR SCRUM-VERANTWORTLICHKEITEN

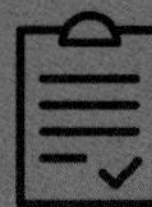

WAS DU DAZU BRAUCHST

- Einen Raum (in dem man ungestört ist)
- Post-its oder A4-Blätter
- Moderationsstifte

DAUER

45 bis 60 Minuten

Das Perfection Game kann zu unterschiedlichen Zeiten eingesetzt werden – während eines Reviews, um Feedback von den anwesenden Stakeholdern einzuholen, oder im Rahmen einer Retrospektive, um einander Feedback zu geben und sich als Team weiterzuentwickeln. In dieser Beschreibung gehen wir davon aus, dass das Perfection Game in einem Scrum-Team gespielt wird, um voneinander Feedback zu erhalten. Alle Teilnehmenden geben auf einer Skala zwischen 1 und 10 an, wie sie ein Produkt oder eine Person einschätzen. Bei Werten kleiner 10 muss zusätzlich erläutert werden, was sich verändern müsste, um eine 10 zu erreichen.

PRAKTISCHER NUTZEN

Mit dem Perfection Game kann Feedback zu einer Person oder einem Produkt mit Blick auf Verbesserung gegeben werden. Es werden lediglich Ideen entwickelt, die zur Optimierung bzw. Verbesserung von Produkt oder Person beitragen können.

SCHRITTE

Schritt 1: Die Regeln erläutern

Erläutere dem Team zuerst folgende Regeln:

- Nimm das Feedback ohne Diskussion entgegen.
- Gib nur positives (konstruktives) Feedback – was schätzt du an der Person und was braucht es deiner Ansicht nach noch, um eine 10 geben zu können.
- Gib nur dann Punktabzug, wenn dir Verbesserungen einfallen.
- Wenn dir keine Verbesserungspotenziale einfallen, gib eine 10.

Da es sich um ein persönliches Feedback handelt, auch wenn dieses positiv formuliert wird, ist es wichtig, eine sichere Umgebung zu schaffen und mit den Teilnehmenden ganz konkret zu klären, was dies bedeutet. Je mehr gegenseitiges Vertrauen vorhanden ist, desto offener werden die Beteiligten sein und desto mehr kann diese Aktivität bewirken. Das Ziel sollte immer sein: sich gegenseitig zu verbessern.

Schritt 2: Einen Ausgangspunkt wählen

Einigt euch darauf, mit welcher Scrum-Verantwortlichkeit ihr startet. Wenn ihr zum Beispiel mit dem Product Owner beginnt, ist er der Empfänger. Die Entwickler und der Scrum Master geben dem Product Owner Feedback. Eventuell ist es sinnvoll, zu Beginn einen klaren Referenzpunkt festzulegen. Das kann beispielsweise die Beschreibung der Verantwortlichkeit aus dem Scrum Guide sein, oder die Teilnehmenden definieren eine Idealversion davon.

Schritt 3: Feedback geben

Pro Verantwortlichkeit werden anschließend folgende Schritte durchlaufen:

- Die Feedbackgebenden überlegen für sich, was sie an der Person schätzen und welche Zahl sie auf einer Skala von 1 bis 10 vergeben würden. Bei einer Zahl kleiner 10 müssen sie mindestens eine Verbesserung benennen, um die 10 erreichen zu können. Bitte darum, sowohl das Feedback als auch die Zahl auf Post-its zu schreiben.

TIPP!

Aus dem gegebenen Feedback lässt sich ein (persönlicher) Entwicklungsplan gestalten. In diesem Fall sollte konkretisiert werden, mit welchen Maßnahmen am Feedback gearbeitet werden soll.

- Der Reihe nach äußern die Feedbackgebenden, was sie aus welchem Grund an der Person schätzen. Die Feedback-Post-its werden dem Empfänger übergeben oder auf ein Flipchart geklebt.
- Anschließend unterbreiten die Feedbackgebenden konkrete Verbesserungsideen in der Form: »Um eine 10 zu erreichen, solltest/könntest du X machen.«

Dann ist die nächste Verantwortlichkeit an der Reihe. Jeder Entwickler sollte Feedback sowohl zu seiner Zusammenarbeit mit anderen Entwicklern als auch zu seiner individuellen Arbeit im Scrum-Team bekommen. Auf diese Weise erhalten alle Entwickler Feedback zu ihren Verantwortlichkeiten als Gruppe und als Einzelpersonen.

Schritt 4: Abschluss

Es geht nicht darum, über das gegebene Feedback zu diskutieren. Die Empfänger entscheiden selbst, wie sie mit dem Feedback umgehen. Allerdings können sich die Teilnehmenden eine kurze Diskussion zur Verdeutlichung, Vertiefung oder zu den Erwartungen wünschen. Wenn dem so ist, solltest du das natürlich unterstützen. Achte dann genau darauf, dass sich alle damit wohlfühlen und die Stimmung positiv bleibt. Andernfalls endet die Aktivität möglicherweise noch negativ.

COIN GAME

Mit dem Coin Game[1] lässt sich eine Reihe von Einsichten und Erkenntnissen rund um das Thema »Flow« vermitteln. Wie bewegt sich die Arbeit durch das Unternehmen oder das Team? Wie wirkt sich dabei das Vorgehen in der Entwicklung auf das Gesamtergebnis aus? Der Titel sagt es bereits, es handelt sich nicht um ein Workshop-Format, sondern eher um ein Spiel, das das Prinzip selbst erlebbar macht!

#79

WAS DU DAZU BRAUCHST

- Mindestens 8 Teilnehmende
- Ein Flipchart
- Moderationsstifte
- Zwanzig Münzen/ Jetons
- Fünf Stoppuhren/ Handys

DAUER

Etwa 30 Minuten

PRAKTISCHER NUTZEN

Nach diesem Spiel ist klar, dass …

- … es besser ist, als Team nur an einem Produkt zu arbeiten als an mehreren Produkten gleichzeitig.
- … es einen Unterschied zwischen »Effizienz« und »Effektivität« gibt: Die einzelnen Teammitglieder werden wahrscheinlich weniger effizient sein, doch die Effektivität der Gruppe als Ganzes wird deutlich wachsen.
- … kleinere Batches bzw. Lieferungen zu höherer Effektivität führen.
- … durch eine Verkürzung der Wartezeiten schneller Wert geliefert wird.
- … kleinere Batches für mehr Konstanz im Team sorgen; d. h., die in der Produktionsphase erforderliche Varianz pro Person nimmt ab.

---

1 Anm. d. Übers.: Teilweise auch als »Coin Flip Game« bekannt, siehe *https://agilecoach.de/wissen/agile-spiele-buch/agile-spiele-online/*.

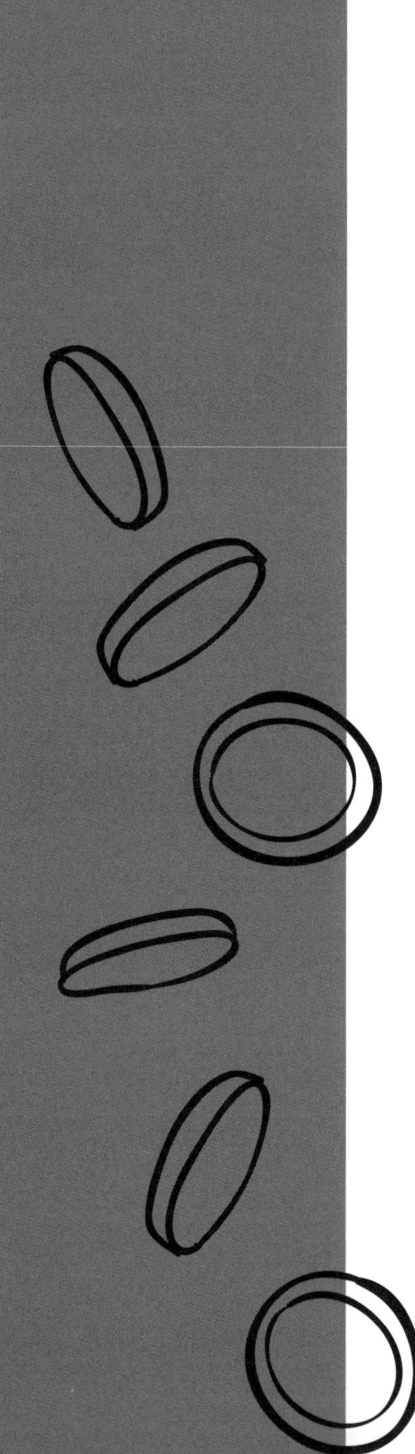

SCHRITTE

Vorbereitung

Für dieses Spiel brauchst du zwanzig Münzen/Jetons – das sind die »Coins« des Coin Game. Bereite ein Flipchart-Blatt mit einer Tabelle vor. Auf der linken Seite notierst du die unterschiedlichen Rollen im Team, beispielsweise Fachbereich, Analyst, Entwickler, Tester, Betrieb. Oben über den Spalten werden die drei verschiedenen Runden benannt. Daneben stellst du einen Tisch auf, an dem vier bis sechs Personen Platz finden. Achte darauf, dass um den Tisch herum noch ausreichend Platz ist, damit die anderen Teilnehmenden das Geschehen gut beobachten können.

Schritt 1: Das Spiel erläutern

Das Spiel beginnt mit der Verteilung der Rollen. Du bittest die Teilnehmenden, folgende Rollen zu besetzen:

- Vier **Arbeiter**, die liefern! Das sind diejenigen, die während der verschiedenen Iterationen die Münzen umdrehen.
- Vier **Zeitnehmer**, die die Zeit stoppen! Jeder Zeitnehmer ist genau einem Arbeiter zugeordnet. Er startet die Zeit, sobald dieser die erste Münze berührt und stoppt die Zeit, sobald der Batch abgearbeitet ist. Wie schnell ist der Einzelne?
- Ein **Beobachter**, der die Start- und Endzeit einer kompletten Iteration der gesamten Gruppe notiert.

Die **Arbeiter** nehmen am Tisch Platz. Hinter jedem von ihnen steht ein **Zeitnehmer**, der die individuelle Zeit nimmt. Es ist wichtig, dass jeder Zeitnehmer eine Stoppuhr oder ein Handy hat, um die Zeit auf die Sekunde genau messen zu können. Auch der **Beobachter** braucht eine Stoppuhr bzw. ein Handy. Erläutere, dass die Arbeiter während des Spiels alle Münzen umdrehen müssen. Jeder Zeitnehmer startet die Zeitmessung, sobald »sein« Arbeiter (mit dem er ein Duo bildet) die erste Münze berührt, und stoppt sie, sobald die letzte Münze an den benachbarten Arbeiter weitergegeben wurde.
Der **Beobachter** startet die Zeitmessung, sobald der erste Arbeiter mit dem Umdrehen der ersten Münze beginnt, und stoppt sie, sobald der letzte mit dem Umdrehen fertig ist. Das Spiel geht über **drei Runden**, bei denen jedes Mal

der Prozess angepasst wird. Das erklärt sich während des Spiels von selbst.

Schritt 2: Die erste Iteration starten
Sobald alle ihre Positionen eingenommen haben, beginnt die erste Runde. Dabei gelten folgende Spielregeln:

- Jeder Arbeiter dreht die Münzen eine nach der anderen um. Es darf nur die linke Hand benutzt werden.
- Der Arbeiter gibt die zwanzig Münzen erst weiter, wenn alle Münzen des kompletten Batchs eine nach der anderen umgedreht sind.
- Ein »Produktionsfehler« muss behoben werden. Wenn eine Münze heruntergefallen ist oder eine Münze falsch umgedreht wurde, muss das korrigiert und die Münze richtig herum abgelegt werden.
- Sobald ein Arbeiter den kompletten Batch weitergegeben hat, beginnt der nächste mit dem Umdrehen der zwanzig Münzen. Das geht so lange, bis alle Arbeiter fertig sind.

Am Ende der Iteration werden die Ergebnisse pro Arbeiter und für die gesamte Gruppe in der Tabelle erfasst.

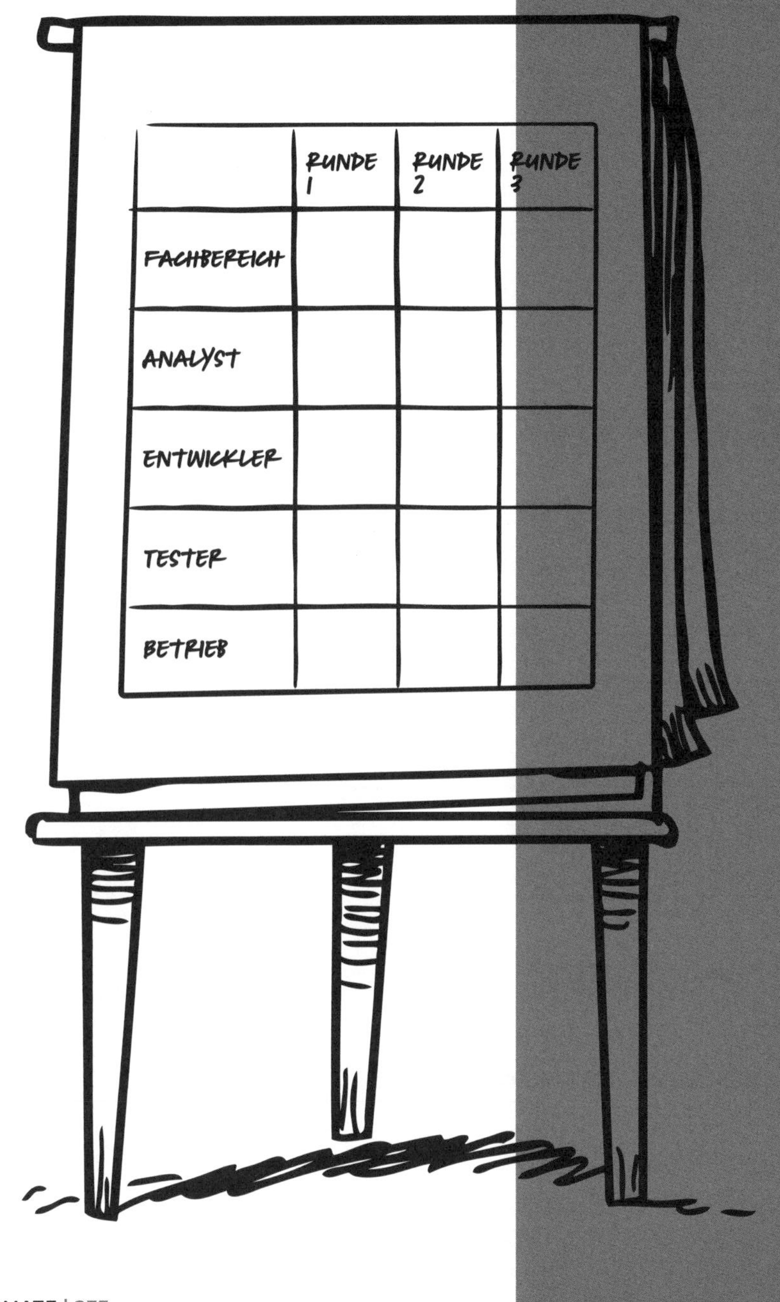

Starte danach eine etwa 5-minütige Retrospektive für die Arbeiter/Zeitnehmer-Duos, in der sie über Verbesserungen nachdenken können.

Schritt 3: Die zweite Iteration starten
Für diese Iteration werden die zwanzig Münzen in zwei Batches à zehn Münzen aufgeteilt. Sobald die ersten zehn Münzen umgedreht sind, werden sie an den nächsten Arbeiter weitergegeben. Dann wird der zweite Batch in Angriff genommen. Jedes Duo kann die während der Retrospektive gefundenen Verbesserungen nutzen, solange dabei die Regeln aus Iteration 1 eingehalten werden. Trage sowohl die Ergebnisse der einzelnen Stationen als auch die Gesamtzeit der Gruppe in die Tabelle ein.

Schritt 4: Die dritte Iteration starten
In dieser Iteration gelten neue Regeln:

- Der erste Arbeiter darf nach dem Umdrehen der ersten Münze diese sofort an den nächsten weitergeben.
- Der nächste Arbeiter darf dann sofort die Münze umdrehen und weitergeben.
- Dieser Prozess wird so lange entlang der gesamten Gruppe wiederholt, bis alle Arbeiter alle Münzen umgedreht haben.

Auch nach dieser Runde werden die Zeiten sowohl für die einzelnen Stationen als auch für die gesamte Gruppe gemessen und in die Tabelle eingetragen. Das fördert interessante Erkenntnisse zutage.

Schritt 5: Abschluss
Angesichts aller Daten in der Tabelle fragst du die Teilnehmenden, was ihnen auffällt. Schreibe mit und ergänze möglicherweise fehlende Erkenntnisse.

7 DIGITALE ENERGIZER

#80

★

Energizer helfen zu Beginn, während oder am Ende eines Meetings, die Energie in der Gruppe zu verändern. Vor allem bei Online-Meetings wird das häufig vergessen, obwohl es in diesem Kontext noch wichtiger ist. Für welche Energizer man sich entscheidet, hängt von der Dauer und der Gruppengröße ab – man kann da wirklich tief einsteigen. Das kann Spaß machen, aber man sollte sich nicht darin verlieren. Am Ende ist es »nur« ein Energizer.

PRAKTISCHER NUTZEN

Der eigentliche Nutzen äußerst sich immer in der Energie der Gruppe. Wenn Menschen begeistert sind, die Augen zu leuchten beginnen und (viel) gelacht wird, dann war der Energizer erfolgreich.

ENERGIZER 1 – HAUSRUNDGANG

Wie viele deiner Kolleginnen und Kollegen hast du schon einmal zu Hause besucht? Nicht viele, oder? In Remote-Meetings sitzen die meisten Menschen zu Hause. Warum also nicht einfach mal einen Rundgang durch die Wohnung oder das Haus mit dem Laptop, dem Tablet oder dem Handy machen? Und wenn dir dabei etwas Besonderes auffällt – ein Gemälde, ein Foto oder ein Kunstgegenstand –, dann frage doch mal, was es damit auf sich hat. Du wirst merken, dass du die Kollegin oder den Kollegen mit ganz anderen Augen zu sehen beginnst. Die Führungen sollten auf jeden Fall optional sein. Manche Menschen schämen sich, wenn nicht aufgeräumt ist. Sage zum Beispiel, dass du Verständnis dafür hast, wenn die Kinder gerade schlafen oder noch andere Personen im Haushalt remote arbeiten. So bietest du einen »easy way out«, eine bequeme Ausstiegsoption. Doch die meisten Menschen werden mitmachen, und das ist einfach ein Riesenspaß. Ehe du dich versiehst, verbringst du das gesamte Meeting mit Führungen. Deshalb – unbedingt den Timer stellen!

ENERGIZER 2 – FACEBOOK ERSTELLEN

Remote-Arbeit bietet die Möglichkeit, via Sharepoint, GoogleDocs und ähnliche Plattformen gleichzeitig am selben Dokument zu arbeiten. Bereite auf einer solchen Plattform eine leere Präsentation vor und gestalte eine erste Seite mit deinem »Facebook«. Vielleicht mit einem Urlaubs- oder Faschingsfoto oder einem Bild mit deiner Familie. Dann bittest du alle Teilnehmenden, ebenfalls eine Seite über sich in diesem Dokument zu erstellen. Zusätzlich können dort Kontaktdaten oder Ähnliches hinterlegt werden – einfach alles, was für das Team hilfreich ist. Und weil alle gleichzeitig daran arbeiten, kannst du zuschauen, wie das Dokument wächst. Vielleicht bittest du bereits im Vorfeld der Übung die Teilnehmenden darum, einige Fotos herauszusuchen. Und möglicherweise haben viele der Teilnehmenden auch noch nie gemeinsam an ein und demselben Dokument gearbeitet und entdecken nun, wie einfach das ist.

ENERGIZER 3 – RENN WIE VERRÜCKT

Dieser Energizer ist ein Wettstreit mit allen Teilnehmenden in einem Remote-Meeting. Wer als Erster einen Gegenstand in die Kamera halten kann, hat gewonnen. Das kann alles sein – eine Packung Nudeln, ein Reisepass, eine Flasche Shampoo oder eine Rolle Toilettenpapier, eine Schleifmaschine oder der Duschvorhang. Du willst wissen, wer ein richtiger Hamsterer ist? Dann frage nach zehn Packungen Nudeln, fünf Brotbackmischungen oder drei vollen Packungen Toilettenpapier. Du hast das so schon mal mit der Gruppe gemacht? Dann schreibe doch Wörter rückwärts. Dann besteht die Herausforderung darin, deren Bedeutung herauszufinden. Zum Beispiel Ssapesier, Reipapnetteliot, Legukmuabtsirhc oder Lessühcsilsüm.

ENERGIZER 4 – CHECK-INS

Es folgen einige Check-ins, die du sowohl in Präsenz als auch remote nutzen kannst:

- Zeichne ein Bild auf ein Post-it, das deinen aktuellen Status widerspiegelt. Dann bittest du die Teilnehmenden, nacheinander ihre Bilder in die Kamera zu halten und kurz mitzuteilen, weshalb sie das gezeichnet haben. So erfährst du spielerisch etwas über die Energie in der Gruppe.

- Je nach Online-Tool lassen sich Emoticons oder kurze GIF-Filme teilen. Frage erneut, mit welchem Gefühl das aktuelle Meeting beginnt oder endet, und bitte alle, ihre Gedanken dazu über die Chat-Funktion zu teilen.
- Sie sind albern und funktionieren oft genug doch: blöde Witze! Google ist dein Freund. Suche nach einem Witz, der deiner Meinung nach zur Gruppe passt, und erzähle ihn. Das Timing ist entscheidend, aber Risiko gehört nun mal dazu!
- Beim Ein- und Auschecken lässt sich bei eingeschalteter Kamera die »Fist of Five«-Technik nutzen. Wie fühle ich mich? Wie viel Stress habe ich gerade? Bin ich mit meinen Gedanken voll und ganz bei diesem Meeting? Sind die Ergebnisse wertvoll usw. Stelle eine für dieses Meeting relevante Frage, die die Gruppe auf einer Skala von 1 bis 5 bewerten soll. Bitte dazu alle, sich mit geschlossener Faust vor der Kamera zu setzen und – erst nachdem du bis drei gezählt hast – gleichzeitig ihre Einschätzung zu zeigen. So bekommst du einen Blick auf die Ausgangssituation oder ein Feedback zum Abschluss.

ENERGIZER 5 – MEMORY

Mit einer großen Gruppe Online-Memory zu spielen, erfordert eine Menge Vorbereitung, bringt aber auch viel Freude. Lass die Teilnehmenden im Vorfeld des Meetings selbst Paare bilden. Du weißt also nicht, wer mit wem zusammen ist. Sorge dafür, dass diejenigen, die noch niemanden gefunden haben, das in einem Chat oder einer App-Gruppe posten können. Bei einer ungeraden Anzahl kannst du selbst als Letzter einsteigen.

In der Vorbereitung erhält nun jedes Paar die Aufgabe, exakt gleich auszusehen. Wie, das können sie selbst vereinbaren. Du kannst die Latte dabei noch etwas höher hängen und darum bitten, »sich etwas auszudenken, das für die anderen unvergesslich ist«.

Starte das Remote-Meeting mit ausgeschalteten Kameras. Dann bittest du jemanden, zwei Namen zu nennen. Diese beiden schalten nun ihre Kameras ein. Sehen sie wirklich gleich aus? Wenn ja, bleiben bei ihnen die Kameras an und der- oder diejenige darf zwei weitere Namen nennen. Keine Übereinstimmung? Dann werden die Kameras wieder ausgeschaltet und eine der beiden Personen, die soeben im Bild waren, darf weitermachen und zwei Na-

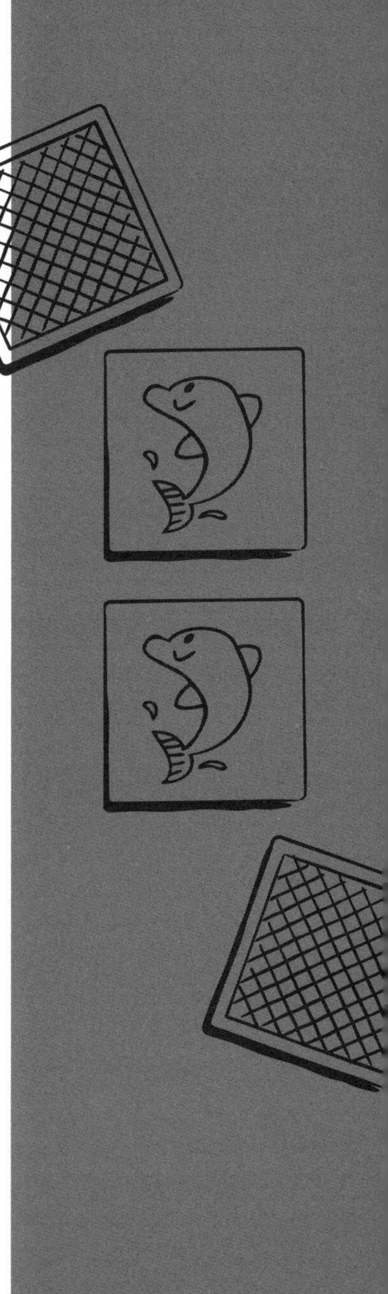

men nennen usw. Eventuell kannst du den Spielstand aufzeichnen, aber im Prinzip ist es völlig egal, wer gewinnt. Du wirst erleben, dass sich viele Leute etwas auf den Kopf setzen, um gleich auszusehen. Oder aber das gleiche T-Shirt anziehen. Manche hingegen sind überraschend kreativ: zwei Clowns, zwei Weihnachtsmänner, zwei Teletubbies – nichts ist zu albern.

ENERGIZER 6 – PUB-QUIZ

Das Pub-Quiz gibt es in verschiedenen Varianten. Überlege dir gut, welche für deine Gruppe geeignet ist. Vielleicht geht es um ein bestimmtes Thema, zum Beispiel um das Kennenlernen (lass dir von den Anwesenden etwas über sich selbst schicken), um das Unternehmen, für das ihr arbeitet (suche Interessantes und Wissenswertes zusammen), um ein gemeinsames Interesse, um Allgemeinwissen oder natürlich um Musik! Abhängig von den verfügbaren Online-Tools kannst du das Quiz weiter ausbauen: den aktuellen Stand in einem Formular festhalten und die Resultate pro Runde (meist ein Set von fünf Fragen) über Chat, Kamera oder Mikro teilen. Oder du benutzt ein Online-Tool, das all das für dich berechnet (Mentimeter/Kahoot!). Das Wichtigste ist: Es soll Spaß machen!

ENERGIZER 7 – EIN DRINK!

Einen Drink gönnt man sich oft in der Kneipe, im Biergarten, zu Hause mit Freunden oder der Familie – warum nicht auch digital? Lade unter der Woche zu einer 10- bis 15-minütige Verabredung auf einen Drink ein, bei der über alles außer Arbeit gesprochen werden darf! Das kannst du nutzen, um zwischen zwei Meetings kurz auszuchecken oder den Tag damit abzuschließen. Passend zur Tageszeit und den Präferenzen werden die Drinks angepasst. Außer im Vorfeld dazu einzuladen, ist dafür nichts weiter zu tun. Lass dem Gespräch einfach seinen Lauf. Wenn es dir Freude macht, kannst du oder jemand anders auch etwas Lustiges organisieren. Sei kreativ oder lass dich von einem der in **#95** genannten Energizer inspirieren.

PAPIERFLUG-ZEUGSPIEL

Die Teilnehmenden dieser Simulation erleben, wie man selbst plant, selbst organisiert, selbst umsetzt und lernt, sich selbst zu verbessern. Dazu falten sie als Team in Sprints Papierflugzeuge und sind selbst dafür verantwortlich, die selbstgesteckten Ziele zu erreichen.

#81

★★★

WAS DU DAZU BRAUCHST

- Flipcharts
- Moderationsstifte in verschiedenen Farben
- Klebeband
- A4-Blätter (unbedruckt)
- Einen Timer (auf einem Display oder anderweitig deutlich sichtbar)

DAUER

1 bis 1,5 Stunden

PRAKTISCHER NUTZEN

Diese Simulation macht die Teilnehmenden mit den Fallstricken vertraut, über die viele Teams stolpern. Und sie erleben die Energie, die freigesetzt wird, wenn man alles selbst entscheiden und iterativ beim Handeln lernen kann.

SCHRITTE

Vorbereitung

Schreibe die Anforderungen auf ein Flipchart-Blatt, sodass sie für die Teams sichtbar sind:

- Die Flugzeuge sind aus einem halben A4-Blatt gefertigt.
- Jedes Flugzeug muss mindestens fünf Meter weit fliegen können.
- Jedes Teammitglied ist spezialisiert auf eine Aufgabe: Schneiden, Falten, Schreiben oder Werfen.
- Jedes Flugzeug ist mit dem Teamnamen und der Sprint-Nummer gekennzeichnet.
- Der Product Owner nimmt jedes Flugzeug ab.

Papierflugzeugspiel		Team 1	Team 2	Team 3	Team 4	Team ...
	Teamname:					
Sprint 1	Anz. geplant					
	Anz. geliefert					
Sprint 2	Anz. geplant					
	Anz. geliefert					
Sprint 3	Anz. geplant					
	Anz. geliefert					
Sprint 4	Anz. geplant					
	Anz. geliefert					
Sprint 5	Anz. geplant					
	Anz. geliefert					

Zeichne auf ein zweites Flipchart-Blatt eine Tabelle (siehe Beispiel), in der die Teams die geschätzte und gelieferte Anzahl der Flugzeuge je Sprint festhalten können.
Kennzeichne daneben auf dem Boden mit Klebeband eine fünf Meter lange »Teststrecke«. Während des Spiels können die Teams auf eigene Initiative weitere Teststrecken anlegen.

Schritt 1: Das Ziel erläutern
Erläutere den Teilnehmenden, dass sie ab sofort bei der Agile Paper Aviation Inc. angestellt sind, einem Unternehmen, das sich auf die Herstellung möglichst vieler qualitativ hochwertiger Papierflugzeuge, die den Anforderungen auf dem Flipchart entsprechen, spezialisiert hat. Der Coach übernimmt die Rolle des Product Owners, der die Teams mit Arbeit versorgt und sie bei der Überprüfung unterstützt. Der Product Owner erläutert nun die Anforderungen und achtet darauf, dass sie während der gesamten Simulation für alle sichtbar sind.

Schritt 2: Teams bilden
Bitte nun, abhängig von der Gruppengröße, Teams aus vier bis sechs Teilnehmenden zu bilden. Mit vier Teams funktioniert das Spiel am besten. Nun überlegt sich jedes Team einen Teamnamen. Schreibe diesen Namen in die Tabelle. Die Teammitglieder sind auf bestimmte Aufgaben spezialisiert: Schneiden, Schreiben, Falten und Werfen. Erkläre den Teams, dass jedes Teammitglied aus Effizienzgesichtspunkten nur genau eine dieser Aufgaben übernehmen darf. Besteht das Team aus mehr als vier Teilnehmenden, kann es selbst entscheiden, wofür die übrigen Teammitglieder eingesetzt werden.

Schritt 3: Das Spiel erläutern
Sobald die Teamnamen feststehen, erläuterst du das Spiel:

- Es wird in Sprints von 10 Minuten Länge gearbeitet: 2 Minuten planen und organisieren, 2 Minuten schneiden, falten und testen, 3 Minuten gemeinsames Review mit anschließender Retrospektive von 3 Minuten, um Verbesserungen zu erarbeiten.
- Während der Planung muss das Team eine Schätzung abgeben, wie viele Flugzeuge sie im Sprint voraussichtlich liefern werden. Diese Zahl tragen sie in die Tabelle ein.
- Der Timer wird gezeigt.

Schritt 4: Die Planung starten
Die Teams beginnen mit der ersten Planung. Stelle den Timer und gib ihnen 2 Minuten, um die Arbeit zu verteilen und zu organisieren und abzuschätzen, wie viele Flugzeuge sie in diesem Sprint liefern werden. Diese Zahl tragen die Teams selbst in die Tabelle ein.

Schritt 5: Mit der Produktion beginnen
Starte eine Timebox von 2 Minuten und lass die Teams Flugzeuge bauen. Schau bei allen Gruppen vorbei, um sie ein bisschen im Blick zu behalten. Der Product Owner steht nun an der Teststrecke und unterstützt bei der Überprüfung der Flugzeuge. Er achtet darauf, dass sie mit Teamnamen und der Sprint-Nummer gekennzeichnet sind und die 5 Meter lange Flugstrecke bewältigen.

TIPP!
Zur Inspiration auf YouTube nach Filmen mit Beispielen oder Variationen dieser Simulation suchen!

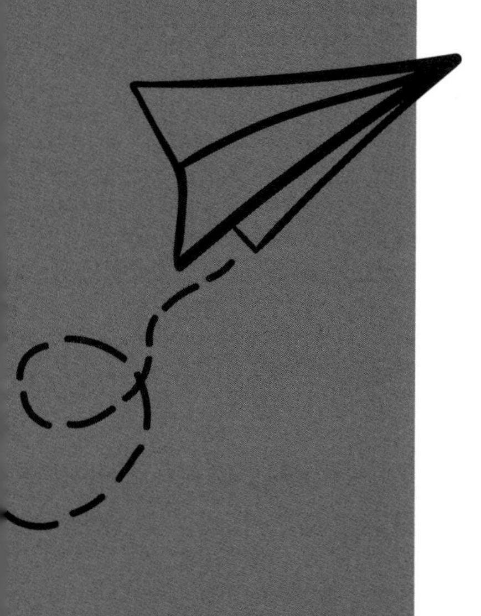

Schritt 6: Ein Review durchführen
Bitte alle Teams, die Anzahl gelungener Flugzeuge in der Tabelle zu notieren. Im ersten Sprint erlebt man oft, dass sich die Teams ziemlich überschätzen. Rechne die Anzahl der geschätzten und gelieferten Flugzeuge über alle Teams zusammen. Dann weist du sie noch einmal darauf hin, dass sie doch gemeinsam <X> zugesagt, aber nur <Y> geliefert haben.

Schritt 7: Eine Retrospektive abhalten
Gib allen Teams 3 Minuten, um herauszufinden, was gut lief und was sie im folgenden Sprint (völlig) anders machen werden. Manchen Teams ist der Unterschied zwischen Retrospektive und Planung nicht klar und sie notieren bereits während der Retrospektive ihre Schätzung für den nächsten Sprint. Erinnere noch einmal daran, um was es geht: selbst planen, selbst umsetzen, sich selbst verbessern. Erst danach beginnt der nächste Sprint. Fordere die Teams während jeder Retrospektive heraus, echte Verbesserungspotenziale zu finden. Erzähle ihnen zum Beispiel, dass die Gruppe von gestern mindestens zwanzig Flugzeuge pro Team und Sprint geliefert hat.

Schritt 8: Wiederholung
Nach der Retrospektive werden die Schritte 4, 5, 6 und 7 noch dreimal durchlaufen. Nach dem vierten Review (also vor der vierten Retrospektive) geht es mit Schritt 9 weiter.

Schritt 9: Den Druck erhöhen
Der Product Owner verkündet, dass die Teams aus Zeitgründen jetzt mal Gas geben müssen. Er streicht also implizit die Retrospektive von Sprint 4 und die Planung von Sprint 5. Anschließend setzt er der gesamten Gruppe das Ziel, anderthalbmal mehr Flugzeuge zu fertigen, als alle Teams gemeinsam im letzten Sprint geliefert haben. Kurz gesagt: Ein unerreichbares Ziel. Dann wird sofort die Timebox von 3 Minuten gestartet und er ruft: »Los, los, los, falten und testen!« So zwingt er die Teams, sofort und ohne Retrospektive und Planung mit der Fertigung dieser Flugzeuge zu beginnen. Die meisten Teams werden sich daraufhin, ohne nachzudenken, wie verrückt in die Arbeit stürzen.

Schritt 10: Die Teams stoppen

Nach etwa 30 Sekunden schaltest du dich ein und zeigst, dass die Aufgabe den Prozess: selbst planen, selbst umsetzen und sich selbst verbessern durchbrochen hat und das Ziel zudem unerreichbar ist. Was ist passiert? Führe den Teilnehmenden vor Augen, dass es in der Praxis nicht anders aussieht und man den Teams deshalb nicht vorwerfen kann, unerreichbare Ziele zu verfolgen. Mache noch einmal deutlich, wie wichtig der Rhythmus ist, um dafür zu sorgen, dass gelernt und selbst geplant werden kann.

Schritt 11: Gemeinsames Debriefing

Frage die Gruppe zum Abschluss, was ihnen während der Simulation aufgefallen ist, was sie gelernt und vor allem welche Parallelen zur Praxis sie gesehen haben. Notiere die Einsichten auf einem Flipchart-Blatt. Höre genau hin, was aus der Gruppe kommt. Weise sie gegebenenfalls noch auf folgende Punkte hin:

- Die Anzahl der produzierten Flugzeuge wurde überschätzt: die Tendenz, mehr zuzusagen, als tatsächlich geliefert werden konnte.
- Annahmen über das Format des Teamnamens und den Produktionszeitpunkt.
- Die Anforderung, dass jedes Teammitglied nur genau eine Aufgabe übernehmen darf – das muss das Team nicht hinnehmen, schließlich sind sie selbst verantwortlich.
- Der Sprint-Rhythmus ermöglicht schnelle Verbesserungen.
- Verschwendung (Waste) – wenn im ersten Sprint sehr viele A4-Blätter halbiert worden sind.
- Teams sollten nie unter dem Druck des Product Owners (Push) Commitments abgeben, sondern sich am Rhythmus orientieren.
- Teams arbeiten kaum zusammen. Auch wenn das eine Team viel bessere Flugzeuge falten kann als ein anderes, unterstützen sie sich nicht.

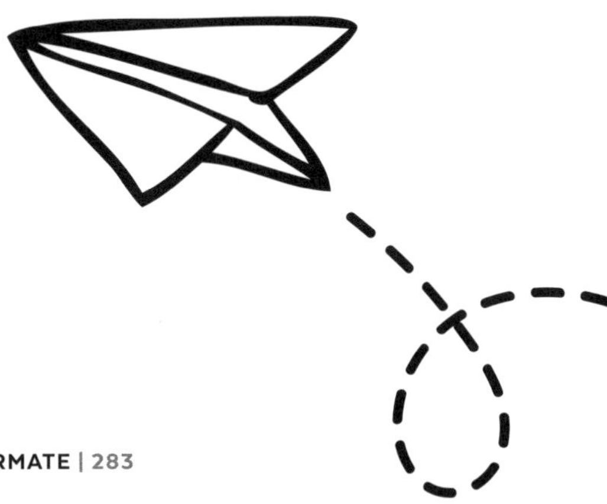

#82

★

SCHRIFTLICHE SPEZIFIKATIONEN

Wer kennt das nicht: Man stellt jemandem eine Frage, aber die Antwort ist nicht das, was man erwartet hatte. Diese Aktivität vermittelt auf schmerzhafte Weise, wenn auch mit einem Augenzwinkern, dass Kommunikation schwieriger ist als gedacht.

WAS DU DAZU BRAUCHST

- Flipchart-Blätter
- Moderationsstifte
- Papier und Stifte
- Eine Gruppe von 4 bis 8 Personen

DAUER

15 bis 30 Minuten

PRAKTISCHER NUTZEN

Diese Aktivität veranschaulicht gut, welches Risiko von Annahmen ausgeht. Sie unterstreicht die Notwendigkeit, intensiv miteinander zu sprechen, und die richtigen Fragen zu stellen, um das wirkliche Ziel zu klären und zu verstehen.

SCHRITTE

Schritt 1: Das Bild zeichnen

Zeichne ein Bild oder verschiedene Formen auf ein Flipchart-Blatt. Diese Zeichnung wird für die Übung verwendet. Du kannst dich für ein einfaches Haus entscheiden oder für ein paar simple Formen wie Kreis, Quadrat, Rechteck oder Stern. Sei kreativ, mache aber auch keinen van Gogh daraus. Zeichne das Bild, ohne dass es die Gruppe bereits sieht.

Schritt 2: Die Gruppe aufteilen

Teile die Gruppe in Zeichner und Texter auf. Bitte die Zeichner, den Raum für eine kurze Kaffeepause zu verlassen, während die Texter für weitere Erläuterungen bleiben.

Schritt 3: Die Texter einweisen
Zeige den Textern dein Bild und bitte sie, diese Abbildung in Text zu überführen, mit dem Ziel, dass die Zeichner anhand dieser Beschreibung ein Bild zeichnen können, das dem Original so ähnlich wie möglich ist. Die Texter haben 10 Minuten Zeit für die Umsetzung. Am Ende dieser Timebox verbirgst du dein Bild wieder und bittest die Zeichner zurück in den Raum.

Schritt 4: Anhand der Beschreibung zeichnen
Sobald die Zeichner zurück sind, übergibst du ihnen die Beschreibung der Texter. Die Zeichner haben nun die Aufgabe, das Beschriebene auf ein Flipchart-Blatt zu zeichnen. Gib ihnen dafür 5 Minuten Zeit. Wichtig: Die Texter verlassen bei diesem Schritt den Raum für ihre Kaffeepause, sodass die Teilgruppen sich nicht gegenseitig ablenken oder beeinflussen.

Schritt 5: Die Ergebnisse zusammenbringen
Dieser Schritt sorgt für den »Surprise!«-Moment. Was ist denn nun dabei herausgekommen? Wie gut stimmen die Zeichnungen überein? Bitte die Gruppe, sich darüber auszutauschen, was ihnen im Laufe der Übung aufgefallen ist. Schreibe mit und übergib ihnen diese Erkenntnisse für ihre tägliche Arbeit. Dabei könnte es sich um folgende Einsichten handeln:

- Jeder Mensch interpretiert Dinge auf eine andere (für ihn logische) Art und Weise, was zu Kommunikationsfehlern führt.
- Durch mehr Details wird eine Aufgabe nicht automatisch klarer.
- Beschreibungen zu verfassen, kostet oft mehr Zeit als erwartet.
- Sobald Zeitdruck ins Spiel kommt, sinkt auch die Qualität.
- Je mehr Details für eine Anforderung gebraucht werden, desto höher ist das Fehlerrisiko.

TIPP 1

Falls die Gruppe größer ist, kann man mehrere Kleingruppen à vier Personen bilden (lassen), die die Aufgabe (vielleicht sogar mit unterschiedlichen Bildern) parallel bearbeiten.

TIPP 2

Schritt 1 kann auch schon im Vorfeld erledigt werden. So hat man mehr Ruhe und kann die Zeichnung schon fix und fertig mitbringen.

#83

VETO-STEIN

Diese Methode kommt zum Einsatz, um in einer großen Gruppe einen Vorschlag effektiv zu diskutieren. Das kann von einem speziellen Design über eine Beschlussvorlage bis hin zu einem Plan alles sein. Die Methode eignet sich besonders gut für Gruppen mit vielen Ideen und wenig Entscheidungsfreudigkeit.

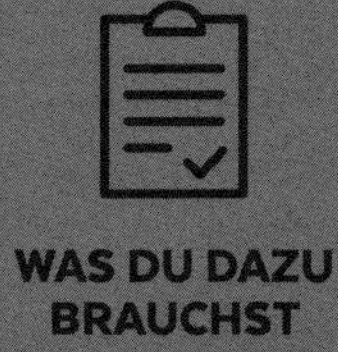

WAS DU DAZU BRAUCHST

- Tokens

DAUER

mindestens 30 Minuten (abhängig vom Vorschlag bzw. von der zu treffenden Entscheidung)

PRAKTISCHER NUTZEN

Der Veto-Stein zwingt Menschen, zwischen »der Meinung um der Meinung willen« und den »Do-or-die«-Aspekten einer Vorlage zu unterscheiden. Sobald die eigene Meinungsäußerung mit einer knappen Ressource verknüpft wird, stellen sich Menschen die entscheidende Frage: Trägt meine Sichtweise wirklich zur Debatte bei und ist dieses Thema mir wirklich wichtig?

SCHRITTE

Schritt 1: **Die Veto-Steine austeilen**

Jeder Teilnehmende erhält ein physisches Token, einen Veto-Stein (oder auch Meinungsstein). Dieser kann ein beliebiges Objekt sein – ein Magnet, ein Stift, eine Büroklammer, ein Dominostein usw. Behalte noch für dich, was es damit auf sich hat.

Schritt 2: Den Fall besprechen
Erläutere als Nächstes der Gruppe die Vorlage, zu der eine Entscheidung getroffen werden muss, gefolgt von einer kurzen Frage-Antwort-Runde, soweit das erforderlich ist (Achtung! Keine Diskussionen oder Meinungsäußerungen).

Schritt 3: Den Veto-Stein nutzen
Erkundige dich bei der Gruppe, ob die Vorlage Teilaspekte enthält, mit denen sie überhaupt nicht leben können und die sie deshalb diskutieren wollen. Alle haben nun 2 Minuten Zeit, um individuell darüber nachzudenken. Erläutere dann, dass ein Thema der Vorlage gegen Rückgabe eines Veto-Steins zur Diskussion gestellt werden kann. Das geht immer nur für genau einen Teilaspekt, jedes Veto kostet einen Stein. Bei diesem Vorgehen werden die Teilnehmenden sicher sehr genau überlegen, bevor sie eine Meinung äußern. Schließlich dürfen sie sich nur zu einem einzigen Teilaspekt äußern. Sie erkennen also, dass ihr Beitrag substanziell sein muss, weil sie erläutern müssen, warum es sich für sie um einen »Do-or-die«-Punkt handelt und es den Veto-Stein wert ist.

Schritt 4: Den »Veto-Themen« nachgehen
Anschließend werden die »Veto-Themen« in großer Runde diskutiert und gemeinsam akzeptable Alternativen untersucht. Dann wird die Vorlage – einschließlich der Alternativen – angenommen. Eine nochmalige Abstimmung ist nicht erforderlich, denn die Veto-Aspekte wurden schließlich bereits berücksichtigt.

TIPP 1

Falls jemand mit mehr als einem Aspekt der Vorlage nicht leben kann, hat sie oder er immer noch die Möglichkeit, einer anderen Person einen Veto-Stein abzuschwatzen, um ein weiteres Veto einzulegen.

TIPP 2

Dieses Format kann genauso gut remote eingesetzt werden. Dann verwendet man im Online-Tool seiner Wahl ein vorher ausgewähltes Objekt als Veto-Stein.

#84

MULTITASKING-NAMENSSPIEL

Viele Menschen arbeiten zu viel im Multitasking und müssen deshalb ständig den Kontext wechseln. Sich auf eine einzige Sache zu fokussieren und sie abzuschließen, ist hingegen ein Schlüsselprinzip agilen Vorgehens. Während dieser Aktivität können Menschen und Teams erleben, dass es viel cleverer ist, fokussiert Dinge fertigzustellen, statt viele Dinge gleichzeitig zu bearbeiten. Eigentlich ist das allen klar, doch in der Praxis verliert man das oft aus dem Blick.

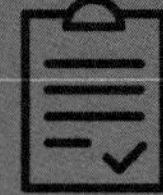

WAS DU DAZU BRAUCHST

- Moderations- und andere Stifte
- Papier
- Stoppuhr(en) oder einen Online-Timer auf einem großen Monitor
- Flipchart-Blätter oder ein Whiteboard

DAUER

30 bis 40 Minuten

PRAKTISCHER NUTZEN

Diese Aktivität hat den Effekt, dass eine Gruppe von Menschen gemeinsam zu dem Schluss kommt, dass Multitasking nicht funktioniert, und damit beginnt, einander zu korrigieren, wodurch der Flow und die Produktivität verbessert werden.

SCHRITTE

Schritt 1: Eine Schätzung abgeben

Konfrontiere die Gruppe sofort mit der Frage, wie lange es dauert, einen Namen zu schreiben. Sollte das zu Verwirrung führen, kannst du ein Blatt Papier zeigen, auf das du deinen Vornamen geschrieben hast. Falls immer noch keine Antwort kommt, kannst du ein wenig helfen: »Einen Monat? Oder eine Millisekunde?« Recht schnell ruft dann jemand, dass es ein paar Sekunden dauert. Vielleicht vier. Notiere das auf dem Flipchart. Schätzung: 1 Name = 4 Sekunden. Frage dann, wie lange es dauert, fünf Namen zu schreiben. Möglicherweise ist die Antwort dann

20 Sekunden. Halte auch diese Schätzung auf dem Flipchart fest.

Schritt 2: Die Einflussfaktoren diskutieren
Frage die Gruppe nun, welche Faktoren die Zeitspanne zum Schreiben von Namen beeinflussen. Schreibe diese Faktoren auf. Oft sind das: Schreibgeschwindigkeit, Länge des Namens, Schwierigkeit des Namens usw. Du wirst erleben, dass Multitasking selten als Faktor genannt wird. Deshalb solltest du auch noch nicht verraten, dass das das Thema der Übung ist.

Schritt 3: Gruppen bilden und die Kundenrolle erläutern
Teile die Gruppe in Teams von sechs bis sieben Personen auf. In jedem Team gibt es genau einen Entwickler, alle anderen sind Kunden. Alles, was der Entwickler können muss, ist schreiben – dazu bekommt er einen Stift. Die Kunden bekommen jeweils ein Blatt Papier, auf das sie einen Namen schreiben lassen wollen. Die Kunden können selbst nicht schreiben, deshalb brauchen sie dazu den Entwickler. Erläutere, dass die Kunden so schnell wie möglich bedient werden wollen und selbst messen müssen, wie lange der Entwickler braucht, um den Namen zu schreiben. Ein Kunde gibt also sein Blatt Papier dem Entwickler, nennt einen (willkürlichen) Namen, der darauf geschrieben werden soll, und misst die Zeit, die der Entwickler dafür braucht. Darüber hinaus reklamieren Kunden eventuelle Fehler – die Zeit wird erst gestoppt, wenn der Name korrekt geschrieben ist. Die Kunden dürfen zwar mit dem Entwickler sprechen, aber nicht selbst schreiben.

Schritt 4: Das Vorgehen beschreiben
Erläutere dem Entwickler, dass er den Namen der Kunden auf deren Papier schreiben muss. Dabei hat er sich an die Unternehmensrichtlinien zu halten und darf keinen Kunden warten lassen. Deshalb muss er so schnell wie möglich loslegen und einen Kunden bedienen. Je früher man anfängt, desto schneller ist man schließlich fertig, oder? – Hier machst du eine kurze Pause, sodass dieser Aussage möglichst alle zustimmen können. Kunden haben Vorrang. Nicht warten. Schnell anfangen. Schnell fertig sein.

TIPP!

Diese Übung wurde von Henrik Kniberg entwickelt und veröffentlicht. Die Originalanleitung kann in unterschiedlichen Sprachen auf *https://www.crisp.se/gratis-material-och-guider/multitasking-name-game* heruntergeladen werden. Hier findet man zudem weitere Varianten und Tipps für das Debriefing.

Danach erklärst du, dass der Entwickler deshalb immer nur einen Buchstaben des Kundennamens aufschreibt und anschließend den nächsten Kunden bedient, indem er auch für ihn nur einen Buchstaben notiert. Wenn er beim letzten Kunden angekommen ist, fängt er wieder beim ersten an. Auf diese Weise ergänzt er in jeder Runde den Namen um einen Buchstaben und geht dann zum nächsten Kunden über. Sobald ein Name fertig ist, bekommt der Kunde sein Blatt zurück. Der notiert dann darauf die Durchlaufzeit.

Schritt 5: Die erste Runde

Starte die Uhr und damit die erste Runde. Achte genau darauf, dass sich alle an die Unternehmensrichtlinien halten – immer nur ein Buchstabe pro Kunde und Durchlauf. Du wirst bemerken, dass alle etwas albern werden *und* dass Chaos entsteht. Der Entwickler muss wiederholt nach dem Namen oder Buchstaben fragen und macht Rechtschreibfehler. Wenn die Kunden dem Entwickler den Namen buchstabieren, ist das in Ordnung – es hat auf das Ergebnis der Übung keinen Einfluss. Überprüfe auch, dass alle Kunden genau darauf achten, wie lange der gesamte Kundendienst für sie von Anfang bis Ende dauert. Wenn alle fertig sind, stoppst du die Gesamtzeit.

Schritt 6: Die Messergebnisse festhalten

Bitte jede Gruppe, alle Namen aufzulisten und dir zu sagen, wie viel Zeit es im Mittel brauchte, einen Namen zu schreiben, und wie lange es gedauert hat, bis alle Namen geschrieben waren. Notiere diese Informationen auf dem Flipchart. Meistens ist das Ergebnis: 1 Name 40 Sekunden, 5 Namen 60 Sekunden. Anschließend ziehst du die Gruppe ein bisschen auf: Wie kommt es, dass es zehnmal länger dauert, einen Namen zu schreiben, als ursprünglich von ihnen geschätzt? Dann gehst du zur Liste der Einflussfaktoren und fragst: »Welche Faktoren sind nun dafür verantwortlich, dass ihr so lange gebraucht habt?« Du wirst sehen, dass gelacht wird und sie schnell antworten, dass die Ursache das Multitasking war, das aber gar nicht auf der Liste steht.

Füge es deshalb der Liste in so großen Buchstaben hinzu, dass die anderen Faktoren dagegen in den Hintergrund treten.

Schritt 7: Die Entwicklerrolle wechseln

Bitte nun alle Gruppen, einen neuen Entwickler zu benennen. Spiele dann die zweite Runde mit der Anweisung, dass die Entwickler die Kunden nun nacheinander komplett bedienen und einen Flow erzeugen müssen. Ihr WIP-Limit (Work in Progress) ist also 1. Die anderen Kunden müssen nun warten, bis sie an der Reihe sind und sie der Entwickler um ihr Blatt Papier bittet. Der schreibt dann jedes Mal den ge-

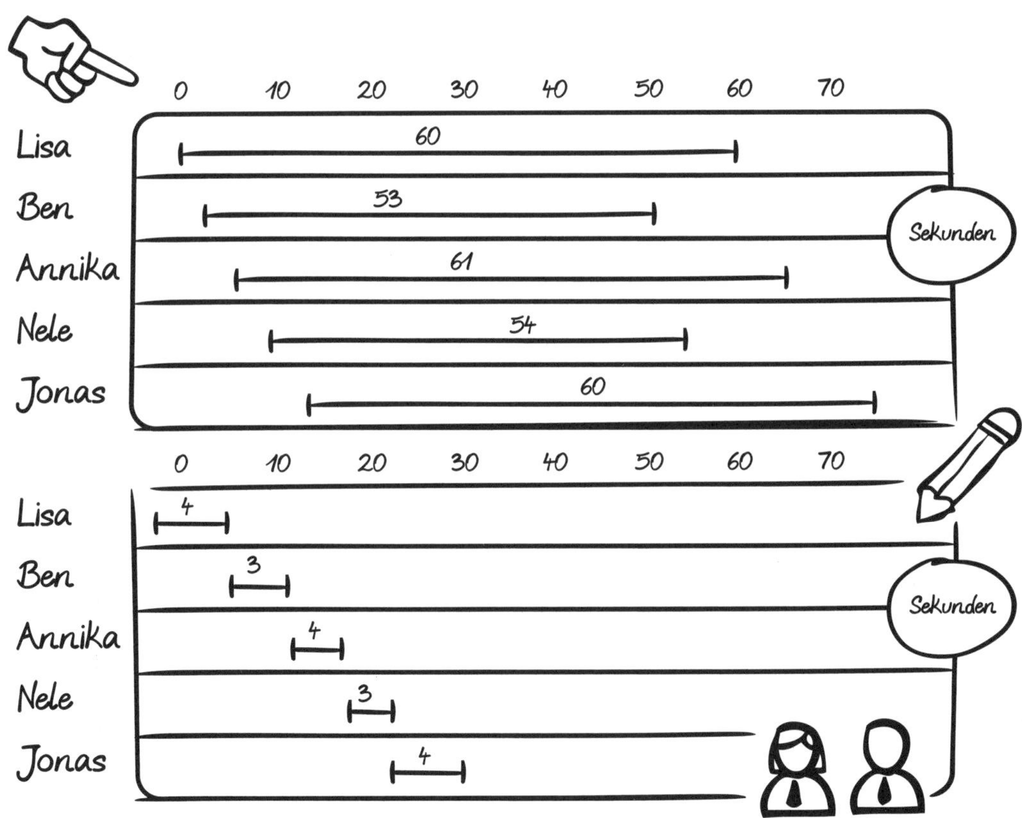

wünschten Namen darauf, bis der Kunde zufrieden ist, und wendet sich anschließend dem nächsten zu. Die Kunden achten wieder darauf, wie lange es dauert, bis ihr Name geschrieben ist, und wie viel Zeit es braucht, bis alle Namen geschrieben sind.

Schritt 8: Die zweite Runde

Starte die Stoppuhr für die zweite Runde. Beobachte, was passiert. Fokus und Flow ist zu erkennen, es gibt weniger Chaos und es ist oft deutlich leiser.

Schritt 9: Die Messergebnisse festhalten

Sobald alle fertig sind, hältst du die Uhr an. Danach fragst du dieselben Messwerte wie nach der ersten Runde ab. Schreibe sie neben die Werte der vorigen Runde, sodass der Unterschied deutlich sichtbar wird. Unterstreiche noch einmal mit Worten, was die Zahlen aussagen: Für jeden Kunden war der Auftrag zehnmal schneller fertig und in Summe wurde nur etwa die Hälfte der Zeit gebraucht. Also eine Verdopplung der Produktivität!

Erläutere, worin der Zeitverlust durch Multitasking besteht. Dass es so aussieht, als ob man alles richtig macht, doch in Wirklichkeit ist das gar nicht so. Das lässt sich auch grafisch veranschaulichen (wie im Beispiel auf der vorhergehenden Seite).

Schritt 10: Debriefing

Sprich mit der Gruppe über die Nachteile von Multitasking und stelle dabei zum Beispiel folgende Fragen:

- Wie fühlte sich der Unterschied zwischen Runde 1 und 2 sowohl für Kunden als auch Entwickler an?
- Wie fühlte sich der letzte Kunde in der Reihe und wie der erste?
- Wie denkt ihr jetzt über das Sprichwort: Je früher man anfängt, desto schneller ist man fertig?
- Wie lässt sich Multitasking in der täglichen Arbeit verringern?

VARIANTE

Diese Übung eignet sich auch für Unternehmen, deren Teams voneinander abhängig sind. Dann schreibt erst der eine Entwickler den Vornamen auf, anschließend gehen die Kunden zum nächsten Entwickler, um den Nachnamen ergänzen zu lassen. Man kann auch noch die Straße und den Wohnort hinzufügen. Dann muss jeder Kunde zu vier Entwicklern gehen. Dadurch wird sichtbar, welch gewaltigen Einfluss Multitasking auf Durchlaufzeiten, Frustration, Warteschlangen und Ähnliches hat. Starte in diesem Szenario noch eine dritte Runde, in der ein Entwickler alles erledigt: Vorname, Nachname, Straße und Wohnort. Diskutiert anschließend über den Nutzen autonomer Teams.

#85

★★★

DAS TRAUMZIMMER

Dieses Format wurde von Walt Disney entwickelt, inzwischen gibt es eine Reihe von Varianten. Hier wird die Originalversion beschrieben, bei der die Teammitglieder lernen, ein Thema aus unterschiedlichen Perspektiven zu betrachten, indem sie sich in verschiedene »Zimmer« begeben.

WAS DU DAZU BRAUCHST

- Drei unterschiedliche (digitale) Räume
- Accessoires für die Atmosphäre

DAUER

Mindestens 3 Stunden (abhängig vom Vorschlag bzw. von der zu treffenden Entscheidung)

PRAKTISCHER NUTZEN

Diese Methode ist eine sehr kraftvolle Brainstorming-Technik, vor allem, wenn Teammitglieder konstruktiv auf den Ideen der anderen aufbauen und sie weiterentwickeln sollen. Zudem hat diese Aktivität einen positiven Einfluss auf die Gruppendynamik.

SCHRITTE

Vorbereitung

Walt Disney überlegte sich, dass ein kreativer Prozess aus mehreren Phasen besteht:

- Träumen: ungehindert fantastische Ideen hervorbringen.
- Realismus: überlegen, wie Träume wahr werden können.
- Kritik: hinterfragen, um herauszufinden, ob die realistische Idee (schon) ausreichend durchdacht ist für die Umsetzung.

Das Besondere an diesem Format ist, dass es für jede Phase ein eigenes Zimmer gibt – eins, das zum Träumen anregt, eins für Realismus und eins für Kritik. Während sich die Teilnehmenden physisch von Zimmer zu Zimmer bewegen, werden sie auch mental stimuliert, zur nächsten Phase zu wechseln. Zudem bleiben die Phasen auf diese Weise sauber voneinander getrennt. Richte diese Räume im Vorfeld ein.

Schritt 1: **Im Traumzimmer starten**
Bitte die Teilnehmenden, so unbefangen wie möglich nachzudenken, Ideen zu teilen und vor allem auf den Ideen der anderen aufzubauen. Es kann nicht fantastisch genug sein: Menschen können fliegen, Tiere können sprechen, Technologie schränkt nicht ein, Schwerkraft und ökonomische Gesetze existieren nicht. Kurzum: Genau wie in einem richtigen Traum ist alles möglich.

Schritt 2: **Ins Realismus-Zimmer wechseln**
Dieses Zimmer wird oft auch als das »Wie«-Zimmer bezeichnet – hier werden die Träume etwas realistischer zu Möglichkeiten weiterentwickelt. Doch auch jetzt bleibt die kritische Stimme noch außen vor (das kriegen wir nie hin; das wird den Leuten niemals gefallen; das wird zu viel Widerstand hervorrufen). Die Teilnehmenden haben die Aufgabe, zu untersuchen, wie sich der Traum realisieren lassen könnte.

Schritt 3: **Kritisch sein!**
In diesem Zimmer fühlt das Team den Plänen kritisch auf den Zahn. Bitte deshalb darum, die Pläne aus unterschiedlichsten Perspektiven auseinanderzunehmen. Hier soll gefiltert werden, sodass nur die Pläne, die diese Prüfung bestanden haben, weiter ausgearbeitet und umgesetzt werden.

TIPP 1

Wirklich im Traumzimmer anzukommen, erfordert Zeit. Insbesondere wenn Menschen aus einem hektischen Tag oder dem morgendlichen Berufsverkehr das Traumzimmer betreten, geht das nicht ohne ein Umschalten, um wirklich träumen zu können. Musik, Düfte, kleine Geschichten, Essen und Getränke können beim Ankommen helfen. Abhängig von der Unternehmenskultur ist vielleicht auch eine kleine Meditation oder ein kurzer, inspirierender Film eine gute Idee.

TIPP 2

Sobald Gruppen mit diesem Format etwas vertraut sind, lassen sich die Zimmer auch als Analogie in anderen Prozessen verwenden. Wenn zum Beispiel eine Entscheidung getroffen werden soll und jemand in Gedanken nicht dabei oder negativ eingestellt ist, kann man durchaus sagen: »Wie ich das sehe, sitzen wir in unterschiedlichen Zimmern.«

TIPP 3

Träumen sollte man nicht unterbrechen, denn der Realist und der Kritiker finden ohnehin viel zu schnell wieder den Weg in die Köpfe der Menschen. Lieber einen Tag später ins Realismus-Zimmer wechseln, als die Träume nicht auszuträumen. Kurzum: dafür ausreichend Zeit einplanen.

TIPP 4

Um dieses Format digital zu nutzen, kann man natürlich keine physischen Räume einrichten. Dann helfen Online-Tools wie Miro oder Mural, um mit Bildern die Stimmung eines Raums zu gestalten. Oder man richtet Breakout-Räume ein und die Teilnehmenden entscheiden selbst, wohin sie gehen.

Schritt 4: Die Pläne ausarbeiten

Im Kritik-Zimmer können die Pläne weiter ausgearbeitet werden. Möglicherweise ist das erforderlich, weil die Kritik an den Plänen etwas verändert hat. Falls es sehr viele Pläne sind, lässt sich mit Dot Voting (Technik 1 aus **#77**) auswählen, welcher Plan als erster weiter verfeinert werden soll. Verwende eine Timebox, beispielsweise 15 Minuten pro Plan. Nun kommt es auf die Reihenfolge an! Erst wird untersucht, wie die Idee funktionieren könnte, ehe man danach schaut, warum eventuell nicht. Unsere Erfahrung zeigt, dass Pläne oft schon bei einem »das klappt doch nie« sterben, ehe vorher untersucht wurde, ob es auf anderem Wege vielleicht doch möglich ist.

BALLONÜBUNG

#86

Vertrauen ist die Grundlage jeder guten Zusammenarbeit im Team. Vertrauen zu schaffen, ist jedoch nicht einfach, zumal es für jede Person etwas anderes bedeuten kann. Während dieser Ballonübung wird das Team diese Erfahrung machen.

PRAKTISCHER NUTZEN

Während dieser Aktivität lernt das Team die Kraft von Vertrauen kennen. Die Teilnehmenden erfahren am eigenen Leib, wie schwierig Vertrauen sein kann und wie sehr es sich möglicherweise von Mensch zu Mensch unterscheidet. Indem diese Erfahrung geteilt wird und die Teammitglieder miteinander darüber sprechen, was Vertrauen für jede Person bedeutet, entsteht eine erste Form von Vertrauen, auf die sich weiter aufbauen lässt.

SCHRITTE

Schritt 1: Die Luftballons austeilen

Bitte die Teilnehmenden, sich in einem Kreis hinzusetzen. Zwischen ihnen sollte etwas Platz bleiben, damit du noch hindurchgehen kannst. Gib jedem Teilnehmenden einen Luftballon und bitte alle, ihn aufzublasen, zu verknoten und vor sich zu halten. Blase selbst auch einen Ballon auf, verknote ihn und behalte ihn bei dir.

Schritt 2: Die Übung erläutern

Starte die Übung, indem du mit einem spitzen Gegenstand deinen Luftballon zum Platzen bringst. Das macht die Teilnehmenden nervös, weil sie befürchten, dass du so etwas auch mit ihren Ballons machen könntest. Sie wissen also nicht, ob sie dir wirklich vertrauen können. Erkläre nun der Gruppe, dass du eine Geschichte vorlesen wirst und erwartest, dass alle mit geschlossenen Augen zuhören und dabei den Luftballon im Sitzen vor sich auf dem Schoß oder stehend in der Hand halten.

WAS DU DAZU BRAUCHST

- Ein beliebiges Buch, das Thema spielt keine Rolle
- Luftballons (einen je Teilnehmenden)
- Einen spitzen Gegenstand, um Luftballons zu zerstören

DAUER

Etwa 30 Minuten

TIPP 1

Man kann die Teilnehmenden auch bitten, sich mit dem Rücken nach innen in einem Kreis aufzustellen und den Ballon über den Kopf zu halten. Man selbst befindet sich dann im Inneren des Kreises.

TIPP 2

NIEMALS während dieser Übung den Ballon eines Teilnehmenden zerstechen!

Schritt 3: Mit dem Vorlesen beginnen
Sobald alle die Augen geschlossen haben und den Ballon vor sich halten, beginnst du (aus einem beliebigen Buch) vorzulesen und läufst dabei ruhig an den Teilnehmenden entlang. Lauf vor, neben und hinter ihnen und bleib ab und zu einen Moment stehen, um die (non)verbalen Reaktionen zu beobachten.

Schritt 4: Das Vorlesen beenden
Klappe etwa nach 5 Minuten das Buch zu und bitte die Gruppe, die Augen wieder zu öffnen. In der Regel werden Menschen sofort ihre Erleichterung äußern und sich miteinander über die erfahrenen Spannungen austauschen.

Schritt 5: Die Erfahrungen teilen
Nachdem sich alle über die erste Anspannung Luft gemacht haben, moderierst du das Gespräch wieder in der großen Gruppe. Stelle die offene Frage in die Runde, was die Teilnehmenden in den letzten 5 Minuten gefühlt und erfahren haben. Bitte sie der Reihe nach ihre Erfahrungen mitzuteilen, schreibe diese auf Post-its und klebe sie auf ein Flipchart-Blatt. Du wirst sehen, dass die Erfahrungen oft recht unterschiedlich sind. Während eine Person die Zeit als sehr intensiv erlebte, empfand eine andere dies nicht so und konnte in Ruhe zuhören. Auch auf die anschließende Frage – Was habe ich gerade vorgelesen? – wird es unterschiedliche Reaktionen geben.

Schritt 6: Die eigenen Einsichten teilen
Die Schlussfolgerung aus dieser Übung hängt, wenn alles geklappt hat, in Stichworten auf dem Flipchart: Dass es aus allen Rollen und Funktionen heraus schwierig ist, das Vertrauen von Menschen zu gewinnen. Dazu braucht es Zeit und Energie. Man sollte nicht davon ausgehen, dass Menschen einfach so einander vertrauen, schon gar nicht, wenn Dinge vorgefallen sind, die (unbewusst) dieses Vertrauen erschüttert haben – in diesem Fall der zerplatzte Ballon am Beginn dieser Übung.

EBENEN DES ZUHÖRENS

In dieser Aktivität geht es um die unterschiedlichen Ebenen, auf denen Menschen einander zuhören. Für den Agile Coach ist es wichtig, zwischen den Ebenen wechseln zu können, vor allem aber sich darüber bewusst zu sein, auf welche Weise (welcher Ebene) man seinem Gegenüber gerade zuhört. Als Agile Coach nutzt man diese Aktivität, um zum Beispiel Scrum Master darin zu schulen, ihren Teammitgliedern auf unterschiedliche Weise zuzuhören. Man kann Schritt 2 auch überspringen und als Scrum Master die Übung nutzen, um ein Coachinggespräch zu üben.

#87

WAS DU DAZU BRAUCHST

- Coach & Coachee
- Teilnehmende, die das Gespräch beobachten (optional)
- Einen Raum, in dem man nicht gestört wird und alle bequem sitzen können

DAUER

30 bis 60 Minuten

PRAKTISCHER NUTZEN

Man durchläuft sowohl allein und als auch mit der Gruppe in verkürzter Form die drei Ebenen des Zuhörens. Das hilft, sich bewusst zu machen, auf welche Weise man in einem Coachinggespräch zuhören sollte, um den Coachee bestmöglich zu unterstützen.

SCHRITTE

Vorbereitung

Bereite ein Poster vor, auf dem du die drei Ebenen des Zuhörens klar und einfach aufzeichnest. Diese Illustration unterstützt deine Erläuterungen.

Schritt 1: Die drei Ebenen des Zuhörens vorstellen

Die Erläuterung der drei Ebenen des Zuhörens bildet den Kern der Übung. Vermittle anhand deines Posters die nachfolgenden Informationen:

Schritt 2: Den Coachee auswählen
Wenn die Erläuterungen beendet und eventuelle Fragen beantwortet sind, bittest du einen Freiwilligen, als Coachee nach vorne zu kommen und die Übung mit dir durchzuführen. Frage den Coachee nach einem Thema aus seinem Arbeitskontext, das ihn beschäftigt. Steige dann in das Gespräch ein.

Schritt 3: Zuhören auf Ebene 1 erleben
Als Coach beginnst du mit dem Zuhören auf Ebene 1. Sobald das Gespräch in Gang gekommen ist, sorgst du dafür, dass die Aufmerksamkeit vom Coachee zu dir wechselt. Dazu kannst du Beispiele aus deiner eigenen Erfahrung geben, in denen du die Situation des Coachees wiedererkennst.

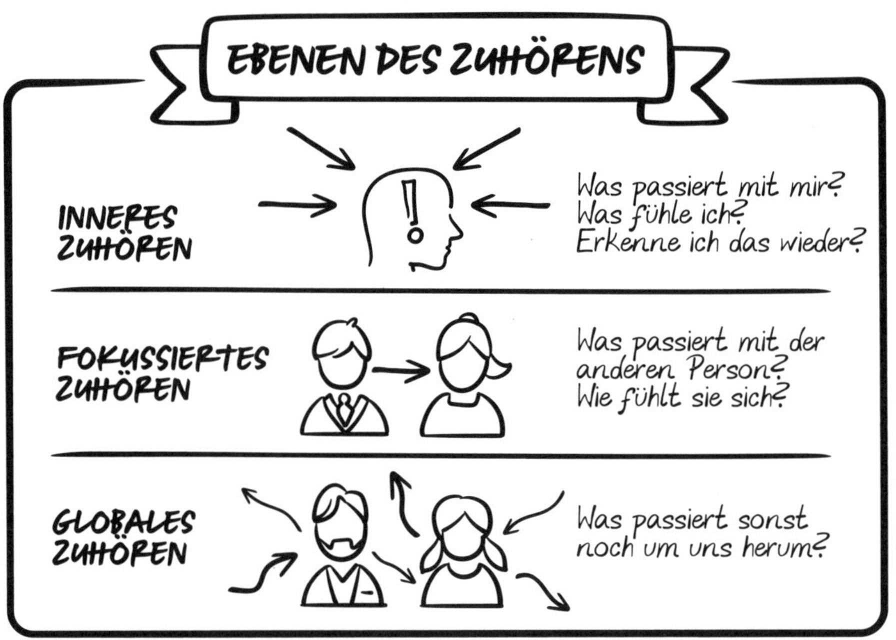

Level 1 – Inneres Zuhören (Internal Listening)
»It's all about my thoughts, my judgments, my feelings and my expertise.«
Du bist als Coach mit dir selbst beschäftigt, obwohl es doch eigentlich um dein Gegenüber (den Coachee) geht. Alles, was besprochen wird, beziehst du auf dich, verbindest die Wörter mit deinen eigenen Erfahrungen, Meinungen, Urteilen, Gefühlen usw.

- Auf Themen, die dich interessieren, reagierst du schneller.
- Du versuchst, das Gespräch mittels Annahmen zu beschleunigen.
- Du führst einen inneren Dialog (»Wow, das ist ja interessant, damit muss ich mich auch mal beschäftigen«).
- Du wirst durch die Umgebung abgelenkt – wenn jemand vorbeiläuft, schenkst du dem sofort Aufmerksamkeit.

Während eines Coachinggesprächs muss vor allem der Coachee auf Ebene 1 zuhören, denn es geht um seine Antworten, Gefühle und Meinungen.

Level 2 – Fokussiertes Zuhören (Focussed Listening)
»Hard-wired connection to other, loose awareness of outside world.«
Auf dieser Ebene dreht sich alles um den Fokus. Deine Aufmerksamkeit als Coach ist direkt auf dein Gegenüber gerichtet. Du hörst gut auf alle Wörter und Nuancen des Gesprächs und unterbindest deinen inneren Dialog. Du beziehst dich auf das, was wirklich gesagt wird, stellst offene Fragen, kannst Stille entspannt aushalten und bist damit in der passenden Aufmerksamkeit für dein Gegenüber.

Level 3 – Globales Zuhören (Global Listening)
»Soft focus on other, aware of whole environment, including your own intuition.«
Du bist dir der Energie zwischen dir, den anderen und der Umgebung bewusst, ohne dass die Qualität des Gesprächs darunter leidet. Du spürst die Energie, die Emotionen, die Körpersprache, die Gesten und den Tonfall deines Gegenübers. Das lässt du auch unmittelbar ins Gespräch einfließen (»Ich sehe, dass dich das berührt«).

Oder du sagst so etwas wie: »Ja, das habe ich auch schon mal erlebt. Ärgerlich, oder?« Halte das etwa 3 Minuten lang durch, bis du merkst, dass die Gruppe verstanden hat. Lass die Gruppe am Ende dieses Schritts innerhalb von 1 Minute zusammentragen, was Zuhören auf Ebene 1 ausmacht. Erkundige dich auch beim Coachee, mit welchem Gefühl er dir jetzt gegenübersitzt. Welchen Eindruck hinterlässt diese Ebene?

TIPP!

Als Coach oder Scrum Master ist es das Wichtigste, erkennen zu lernen, auf welcher Ebene man zuhört. Das heißt auch wahrzunehmen, wenn man auf Ebene 1 zuhört, und umgehend auf Ebene 2 oder 3 zu wechseln.

Schritt 4: Zuhören auf Ebene 2 erleben

Steige wieder in das Gespräch ein und höre dieses Mal auf Ebene 2 zu. Stelle dem Coachee also hauptsächlich vertiefende Fragen. »Was macht das mit dir?«, »Wie willst du damit weiter umgehen?« usw. Auch dieses Mal bleibst du wieder für 3 Minuten in diesem Modus, reflektierst das Gespräch anschließend kurz mit der Gruppe und trägst wieder zusammen, was auffällig war.

Schritt 5: Zuhören auf Ebene 3 erleben

Starte das Gespräch erneut und höre dieses Mal auf Ebene 3 zu. Beziehe die nonverbale Kommunikation des Coachees und gegebenenfalls die Umgebung inhaltlich mit ein. Führe nach etwa 3 Minuten erneut eine kurze Reflexion durch und schließe damit diesen Schritt ab.

Schritt 6: Zweiergruppen bilden

Nun beginnt die Gruppe, die bisher beobachtet hat, selbst zu arbeiten. Bitte die Teilnehmenden, Zweiergruppen zu bilden und zu klären, wer welche Rolle übernimmt. Dann durchlaufen alle Paare Schritt für Schritt die drei Ebenen, kurz unterbrochen von zwischengeschobenen Evaluierungen.

Schritt 7: Die Übung abschließen

Wenn alle Teilnehmenden beide Rollen einmal innehatten, bittest du die Gruppe, ihre Erfahrungen auszutauschen. Wie fühlte es sich an, Coach und Coachee zu sein, und was ist ihnen aufgefallen? Es kann interessant sein, die Erkenntnisse auf einem Flipchart zu notieren, sodass man sie sich später noch einmal ansehen kann.

DAS GLEICHSEITIGE DREIECK

#88

★

Bei dieser Aktivität erlebt eine Gruppe sehr direkt den Unterschied zwischen Selbstorganisation und »Command & Control«-Managementstilen. In einem großen Raum erhalten die Teilnehmenden eine Aufgabe, die nur als Gruppe zu bewältigen ist. Zuerst darf sich eine einzelne Person an der Lösung versuchen, was fast immer schiefgeht und lange dauert. Danach übernimmt die Gruppe die Aufgabe. Dann klappt es, und meistens auch noch recht schnell.

WAS DU DAZU BRAUCHST

- Mindestens 8 Personen (auch mit sehr großen Gruppen möglich)
- Einen Raum ohne größere Hindernisse
- Einen Timer
- Flipchart-Blätter mit Moderationsstiften

DAUER

15 bis 20 Minuten

PRAKTISCHER NUTZEN

Die Aktivität liefert die Bestätigung, dass die Menschen sehr gut selbst denken können und dass Selbstorganisation zu empfehlen ist. Denn diese führt zu mehr Performance, Qualität und Freude für alle. Eine komplexe Situation mit vielen Beteiligten direktiv zu organisieren, kann für eine Führungskraft zu einer gewaltigen Herausforderung werden – für die Gruppe ist es viel leichter.

SCHRITTE

Schritt 1: Den Auftrag vorstellen

Bitte alle, sich zu erheben und konstruktiv mitzuarbeiten. Gehe dann sofort zu Schritt 2 über. Das hilft der Gruppe, ohne konkrete Erwartungen in die Übung zu starten und sich erst rückblickend des Erlebten bewusst zu werden.

TIPP 1

Die Übung lässt sich vereinfachen, indem die Teilnehmenden lediglich ein gleichschenkliges Dreieck mit den beiden anderen Personen bilden müssen. Dann braucht nur noch der Abstand zu diesen beiden Personen gleich zu sein, der Abstand zwischen ihnen kann sich unterscheiden. So kommt die Gruppe noch schneller ans Ziel.

Schritt 2: Die Rollen verteilen
Erkundige dich, wer die Manager-/Projektleiterrolle übernehmen will. Wählt gemeinsam als Gruppe eine Person aus.

Schritt 3: Den Auftrag erteilen
Bitte den Rest der Gruppe, sich jeweils zwei Personen im Raum auszusuchen und sich zu merken. Dabei soll es ruhig bleiben und niemand darf verraten, um welche Personen es sich handelt. Außerdem bleiben alle dort, wo sie gerade stehen. Erläutere dann, dass die Aufgabe darin besteht, mit den beiden Personen, die man sich ausgesucht hat, ein Dreieck zu bilden. Der Abstand zu diesen beiden Personen und der Abstand zwischen ihnen muss dabei übereinstimmen. Genau wie bei einem gleichseitigen Dreieck, bei dem die Abstände zwischen den drei Eckpunkten immer gleich groß sind. Erinnere dann noch einmal mit Nachdruck daran, dass nicht gesprochen werden darf. So bleibt verborgen, wer sich wen ausgesucht hat.

Schritt 4: Die erste Runde starten
Starte den Timer und bitte die Person, die die »Projektleitung« übernommen hat, alle an den richtigen Platz zu stellen, sodass die Dreiecke entstehen. Die Teilnehmenden dürfen der Projektleitung sagen, mit wem sie das Dreieck bilden wollen, ihr jedoch nicht helfen. Bei einer kleineren Gruppe kann diese Aufgabe oft noch von einer einzelnen Person in wenigen Minuten erledigt werden, bei größeren Gruppen ist das nicht mehr möglich. Unterbreche nach ungefähr 5 Minuten und erkundige dich beispielsweise bei der Projektleitung, ob sie immer noch davon ausgeht, dass es klappen wird. Sobald alle am richtigen Platz stehen, hältst du den Timer an. Schreibe die dafür benötigte Zeit auf. Wenn es nicht gelingt, notierst du das Unendlichkeitszeichen (∞).

Schritt 5: Die zweite Runde starten
Jetzt gibt es keine Projektleitung mehr. Bitte alle Anwesenden erneut, sich zwei Personen auszusuchen, mit denen sie ein Dreieck bilden wollen. Sollte es der Projektleitung in der ersten Runde nicht gelungen sein, können es dieselben bleiben. Nun hat die Gruppe die Aufgabe, dass alle, ohne zu sprechen und nur, indem sie die Position wechseln, sich so aufstellen, dass sie ein gleichseitiges Dreieck mit den beiden ausgewählten Personen bilden. Starte den Timer, sobald die Gruppe beginnt, sich zu bewegen. Manchmal kommt dabei ein Anflug von Heiterkeit auf, aber das ist in Ordnung und legt sich schnell wieder. Erinnere vielleicht noch einmal daran, dass es still bleiben soll. Sobald sich niemand mehr bewegt, hältst du den Timer an. Schreibe auch diese Zeit auf, teile sie mit der Gruppe und stelle beide Ergebnisse gegenüber.

Schritt 6: Abschluss mit Debriefing
Moderiere eine Diskussion über den Unterschied zwischen den beiden Runden und schreibe die geäußerten Einsichten auf. Eine Erfahrung wird wahrscheinlich sein, dass Selbstorganisation viel schneller zu einem Ergebnis führt, höchstwahrscheinlich sogar noch in besserer Qualität. Es ist schwierig, als Einzelner den Überblick über eine große Gruppe zu behalten, aus Eigeninitiative heraus läuft es hingegen ein ganzes Stück besser. Gib ihnen deshalb zum Abschluss noch mit, dass komplexe Probleme durch die Gruppe als Ganzes gelöst werden sollten. Selbstorganisation funktioniert hervorragend, wenn ein Einzelner die Situation nicht mehr überblicken kann.

TIPP 2

Man kann Runde 1 auch überspringen und sofort mit der Selbstorganisation starten. Anschließend wird im Debriefing die Frage gestellt, was passiert wäre, wenn ein Einzelner die Aufgabe hätte erledigen müssen. Auch dann ist die Schlussfolgerung zu erwarten, dass es nicht funktioniert hätte.

★ ★ ★

DENKHÜTE

In dieser Aktivität lernt man, ein und dasselbe Problem oder eine und dieselbe Herausforderung aus unterschiedlichen Perspektiven zu betrachten, indem man verschiedene »Hüte« aufsetzt.

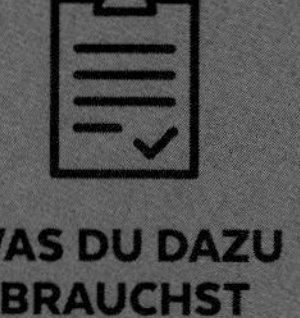

WAS DU DAZU BRAUCHST

- Ein Flipchart oder Whiteboard, um die Hüte darauf zu zeichnen

DAUER

1 Stunde

PRAKTISCHER NUTZEN

Indem man ein Thema aus unterschiedlichen Perspektiven betrachtet, kommt man vielleicht zu anderen Einsichten als sonst oder entwickelt mehr Verständnis für andere. Die Denkhüte eignen sich somit sowohl als Brainstorming-Technik als auch zur konstruktiven Auseinandersetzung mit sensiblen Themen.

SCHRITTE

Schritt 1: Ziel und Thema erläutern

Erläutere zuerst das Ziel der Aktivität und anschließend das Thema, das du mit der Gruppe besprechen möchtest.

Schritt 2: Die verschiedenen Farben der Denkhüte

Erläutere den Teilnehmenden, dass die Farbe des Huts festlegt, aus welcher Perspektive jemand das Thema betrachtet (siehe auch die Illustration auf der gegenüberliegenden Seite).

Schritt 3: Den Einsatz der Denkhüte erläutern

Die Denkhüte lassen sich auf zwei Arten einsetzen: Jeder bekommt seinen eigenen farbigen Hut und trägt aus dieser Perspektive zur Diskussion bei, also Lea schaut immer nur auf die Fakten, während Marvin ausschließlich über seine Gefühle und Emotionen spricht.

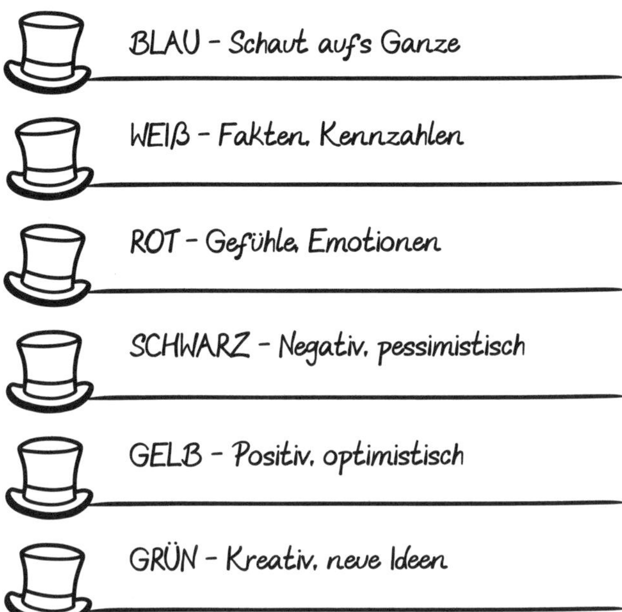

Oder: Das Thema wird Hut für Hut besprochen. Wenn das Thema also der letzte Sprint ist, beginnt die Diskussion gemeinsam mit einem roten Hut, wechselt dann zum blauen Hut usw.

Schritt 4: Das Gespräch beginnen
Starte das Gespräch und achte darauf, dass alle Hüte bzw. Perspektiven gut und ausreichend zu Wort kommen. Ermuntere, falls erforderlich, Anwesende explizit zur Teilnahme oder bitte sie um ihre Meinung. Notiere wichtige Punkte auf Post-its und starte eine Timebox von beispielsweise 30 Minuten.

Schritt 5: Die Diskussion abschließen
Am Ende der Timebox oder wenn alle genügend zu Wort gekommen sind, schließt du die Diskussion ab. Erkundige dich bei den Teammitgliedern, was ihnen aufgefallen ist, welche Lehren sie daraus ziehen und ob sich Folgemaßnahmen ergeben. Falls ja, lege diese Punkte so ab, dass das Team darauf Zugriff hat.

TIPP!

Es hilft, die Denkhüte bereits während der Vorbereitung auf ein Flipchart zu zeichnen und die Stichworte daneben zu schreiben. So sind sie die ganze Zeit sichtbar und allen ist jederzeit klar, was sie bedeuten. Unter *https://de.wikipedia.org/wiki/Denkh%C3%BCte_von_De_Bono* sind weitere Informationen zu finden.

#90

★★★

WAS DU DAZU BRAUCHST

- Einen Raum für Ankündigung, Pitches und Demos
- Ein Flipchart und einen Beamer
- Unterstützung beim Vorbereiten von Mittagessen, Snacks und Frühstück

DAUER

24 Stunden (zuzüglich Demo und Umtrunk)

SHIP IT DAY

Ein »Ship It Day« ist ein großartiges Instrument für Teambildung, im Fokus stehen dabei Innovation und Erneuerung. Während eines zusammenhängenden Zeitraums von 24 Stunden können alle Mitarbeitenden frei wählen, woran sie arbeiten wollen. Diese 24 Stunden beginnen idealerweise an einem Arbeitstag nach dem Mittagessen und enden vor dem Mittagessen des folgenden Arbeitstages. Sofort nach einem Abschlussessen findet eine Demo der Ergebnisse statt, an denen alle in den vergangenen 24 Stunden gearbeitet haben. Anschließend wird über die beste Idee abgestimmt, die mit Anerkennung und eventuell einem tollen Preis belohnt wird.

PRAKTISCHER NUTZEN

Aus einem Ship It Day gehen zahllose Innovationskonzepte hervor, von denen einige sofort eingesetzt werden können, etliche im Papierkorb landen und wieder andere später in die Produkte und/oder Prozesse des Unternehmens einfließen. Der Tag endet mit einer Party, auf der alle noch ein wenig über das Event plaudern können.

SCHRITTE

Schritt 1: Den Ship It Day ankündigen

Sorge dafür, dass der Ship It Day lange im Voraus von CEO, Abteilungsleiter oder einer informellen Führungskraft angekündigt wird und die 24 Stunden in alle Kalender eingetragen werden. Der Fokus der Ankündigung soll auf dem Was, Wann und Warum des Ship It Day liegen. Dazu kann man beispielsweise eine Vollversammlung von maximal 30 Minuten einberufen. Den Ship It Day per E-Mail anzukündigen, ist meist nicht besonders effektiv.

Schritt 2: Die Gegebenheiten regeln

Verschicke nach der Ankündigung Kalendereinladungen, denn während des Ship It Day kann natürlich auch abends und nachts gearbeitet werden, wenn die Teilnehmenden das wollen. Kümmere dich außerdem frühzeitig um das erforderliche Catering: warmes Essen abends, Snacks für die Nacht und ein leckeres Frühstück am Morgen. Sprich dich auch mit der Hausverwaltung und dem Wachdienst ab. Und vor allem – reserviere die erforderlichen Räume!

Schritt 3: Die Teilnehmenden pitchen lassen

Gib allen etwa zwei Wochen vor dem Ship It Day die Möglichkeit, ihre Ideen für diesen Tag kurz vorzustellen. Ziel ist es, Mitstreiter zu finden – Kolleginnen und Kollegen, die sich für eine Idee begeistern und am Ship It Day mitarbeiten wollen. Dabei geht es nicht um Billigung oder Genehmigung, denn alles ist erlaubt, solange die Ergebnisse für die Organisation wertstiftend sind. Die Pitches werden im Rahmen eines 30- bis 45-minütigen Meetings gehalten, wobei die Einzelnen 2 bis 3 Minuten Zeit haben, ihre Ideen zu präsentieren. Halte auf einem Flipchart-Blatt fest, wer welche Idee vorgestellt hat, und hänge diese Informationen anschließend im Unternehmen an einem zentralen, gut frequentierten Ort (z. B. in der Kantine oder an der Kaffeemaschine) auf. Wenn du insgesamt eine Stunde reservierst, wirst du erleben, dass Menschen bereits direkt während dieser verbleibenden Zeit aufeinander zugehen.

Schritt 4: Den Ship It Day abhalten

Zum Start des Ship It Day kommen alle zusammen und du stellst vor, wer welche Idee umsetzen wird. Überprüfe noch einmal, ob das Flipchart-Blatt aus der Vorstellungsrunde noch aktuell ist. Meistens wollen die Leute einfach endlich loslegen, also ziehe diese Eröffnung nicht unnötig in die Länge. Während der 24 Stunden drehst du vor allem deine Runden, um Spaß zu haben und wenn erforderlich zu unterstützen. Natürlich kannst du auch mitmachen, wirst aber voraussichtlich als Organisator oft gebraucht werden, um Fragen zu klären oder Probleme zu lösen. Vergiss nicht, viel zu fotografieren! Bleibe bezüglich An- und Abwesenheit entspannt und offen. Vielleicht wollen Teilnehmende zur gewohnten Zeit nach Hause gehen, später dort noch weiterarbeiten, oder bis weit in die Abendstunden oder sogar über Nacht

TIPP 1

Einen Ship It Day plant man am besten von Donnerstagmittag bis Freitagmittag und die Demos und den Umtrunk anschließend am Freitagnachmittag. So bleiben die Teilnehmenden fokussiert und gehen voll Begeisterung ins Wochenende.

TIPP 2

Die Idee eines Ship It Day sollte im Vorfeld mit den formellen und informellen Führungskräften des Unternehmens abgestimmt werden. Sie können unterstützend mit vor der Gruppe stehen und im Rahmen der Organisation einige Dinge ermöglichen, beispielsweise Budget zur Verfügung stellen oder das Frühstück spendieren.

TIPP 3

Menschen werden irgendwann »müde« von Scrum und dem Arbeiten im immer gleichen Rhythmus. Das ist ein schönes Argument, um einen Ship It Day zu organisieren.

im Unternehmen bleiben – alles ist okay, nichts muss getan werden.

Schritt 5: Abschluss
Laufe mit einer Sirene oder einer Hupe durch das Unternehmen, um das Ende des Ship It Day anzukündigen. Sorge dafür, dass beim Mittagessen alle anwesend sind, auch diejenigen, die nicht teilgenommen haben. Nach dem Mittagessen beginnen die Demos, idealerweise im selben Raum, in dem die Pitches stattgefunden haben. Dabei sollte eine logische Reihenfolge eingehalten werden, zum Beispiel wie auf dem Flipchart notiert. Jede Demo inklusive Fragen bekommt eine Timebox von etwa 10 Minuten. Wichtig ist, eine lockere Atmosphäre zu schaffen. Die Leute haben hier 24 Stunden gearbeitet und vermutlich viel Energie und private Zeit investiert. Vermeide deshalb unbedingt, dass sich dieser Teil des Events zu einem Tribunal entwickelt oder Ideen und Ergebnisse zerpflückt werden. Verwende anschließend zum Abstimmen eine Aktivität, bei der es möglichst bis zum letzten Moment spannend bleibt, wer gewinnt. Verkünde anschließend mit viel Tamtam den Gewinner oder die Gewinnerin und lass ihm oder ihr vor allen anderen Teams die gebührende Anerkennung zukommen. Beende den Tag mit einem Umtrunk oder einer Party.

MARSHMALLOW CHALLENGE

#91

★★

Wer kreativ und praktisch erleben will, was iteratives Arbeiten für ihn bedeuten kann, sollte sich der Marshmallow Challenge stellen und einen Turm aus Spaghetti und Marshmallows bauen.

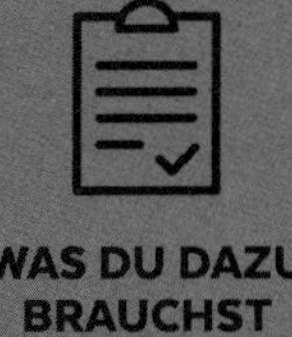

WAS DU DAZU BRAUCHST

- Spaghetti
- Bindfaden
- Klebeband
- Marshmallows
- Scheren

DAUER

Etwa eine halbe Stunde

PRAKTISCHER NUTZEN

Wenn man Teams in kleinen Gruppen einen Turm aus Spaghetti und Marshmallows bauen lässt und mit ihnen danach ein gutes Debriefing durchführt, wird deutlich, wie schwer es ist, die »alte« Art zu denken und zu arbeiten loszulassen. Die Relevanz iterativen Arbeitens und sein Mehrwert für Teams werden erlebbar und Fallstricke kommen ans Tageslicht.

SCHRITTE

Vorbereitung

Pro Kleingruppe sind folgende Materialien zu beschaffen:

- 20 einzelne Spaghetti
- 1 Meter Bindfaden
- 1 Meter Klebeband
- 1 Marshmallow
- 1 Schere

Schritt 1: Die Übung klar und deutlich erläutern

Schreibe die Spielregeln auf ein Flipchart und bilde Kleingruppen von etwa fünf Personen. Erläutere folgendermaßen, was zu tun ist:

»Baut den höchstmöglichen, freistehenden und transportierbaren Turm, dessen höchster Punkt das Marshmallow ist.«

TIPP 1

Es kann hilfreich sein, bei Google nach Marshmallow Challenge zu suchen und sich den TEDx-Talk von Tom Wujec als Inspiration für das Debriefing anzuschauen. Anstelle eines Debriefings kann sich das Team auch den kleinen Film ansehen: *https://www.ted.com/talks/tom_wujec_build_a_tower_build_a_team?language=de.*

TIPP 2

Es kann spannend sein, für jede Kleingruppe festzuhalten, wann sie zum ersten Mal versucht, das Marshmallow oben auf ihren Turm zu setzen (z. B. um dieses Vorgehen später im Debriefing anzusprechen). Startet die Gruppe sofort mit dem Marshmallow oder nimmt sie es erst im letzten Moment zur Hand?

Schritt 2: Den Turm bauen

Die Gruppe hat 18 Minuten Zeit für diese Challenge. Aktiviere den Timer.

Schritt 3: Die Aufgabe nachbesprechen

Nach den 18 Minuten bittest du alle Kleingruppen, ihren Turm an einen vorgegebenen Platz zu stellen, und schaust, welcher davon stehen bleibt. Verkünde die Gewinnergruppe. Eröffne danach die Diskussion mit allen Teilnehmenden. Was ist ihnen nach dieser Übung aufgefallen, mit welchen Themen haben sich die Kleingruppen beschäftigt, wie lief die Umsetzung, welches Feedback können sie sich jetzt bereits selbst geben, welche Unterschiede wurden deutlich usw.

Schritt 4: Die eigenen Beobachtungen mit der Gruppe teilen

Begeistere die Menschen für die Relevanz des iterativen Arbeitens. Du wirst wahrscheinlich beobachten, dass die meisten Kleingruppen erst lange darüber nachdenken, wie sie bauen wollen, dann lange bauen und erst kurz vor Ende das Marshmallow aufsetzen. Bis dahin haben sie sein Gewicht noch nicht berücksichtigt. Von »Inspect & Adapt« keine Spur. Zeige anhand dieser Beobachtungen, dass man sehr schnell wieder in die »alte« Arbeitsweise zurückfällt, die das Risiko ans Ende verlagert.

KIT 10

NICE2HAVES

#92 Digitales Arbeiten mit Aktivitäten
#93 Für den Abschluss
#94 Check-in (physisch und online)
#95 Energizer
#96 Kurze Kennenlernübungen/Einführungen
#97 Finde den Gegenstand
#98 (Remote) Bingo
#99 Fun! Foto Challenge

#92

★★★

WAS DU DAZU BRAUCHST

- Eine stabile Internetverbindung mit hoher Bandbreite
- Eine Webcam mit hoher Auflösung
- Ein gutes Headset
- Zwei Monitore (oder möglicherweise sogar drei)
- Einen tollen Arbeitsplatz zu Hause

DAUER

30 Minuten Vorbereitungszeit je Aktivität

DIGITALES ARBEITEN MIT AKTIVITÄTEN

Unter dem Einfluss von Corona kam es zu einem beschleunigten Übergang zur Remote-Arbeit. Unternehmen haben ihre digitale Infrastruktur angepasst und Teams haben kreative Lösungen gefunden, um Meetings abzuhalten. Auch die in diesem Buch vorgestellten Aktivitäten lassen sich oft mit nur wenigen Anpassungen online nutzen.

PRAKTISCHER NUTZEN

Die nachfolgenden Tipps sollen dir neue Inspiration geben, um Meetings auch online effektiv zu begleiten.

SCHRITTE

Tipp 1: Explizite Vereinbarungen treffen

Du arbeitest in einem festen Team? Dann solltet ihr gemeinsam allgemeingültige Vereinbarungen zur Gestaltung von Remote-Meetings erarbeiten. Was passiert zum Beispiel mit der Kamera? Wie macht man sich bemerkbar, wenn man eine Frage hat, und wie stellt man diese Frage? Was tun bei Hintergrundgeräuschen? Werden alle »gemutet« oder bleiben alle Mikrofone die ganze Zeit offen? Sind das Benutzen des Handys und andere Dinge während des Meetings erlaubt oder nicht? Sorge dafür, dass diese Vereinbarungen schriftlich fixiert und eingehalten werden. Denke daran, dass implizite Vereinbarungen, die für physische Treffen gelten, nicht automatisch auch für Remote-Meetings gelten. Bei wechselnder Zusammensetzung der Teilnehmenden solltest du diese Vereinbarungen regelmäßig zu Beginn jedes Meetings wiederholen. Das kann auch auf kreative Weise geschehen, zum Beispiel in Form eines Quiz.

Tipp 2: Die Kameras nutzen
Bitte alle, die Kameras einzuschalten, um die Meetings persönlicher zu machen. So hast du außerdem die Gruppe besser im Blick und kannst auf Dinge, die du siehst, eingehen. Zudem kommen die Menschen einander dadurch näher und die Meetings werden sich ein wenig persönlicher anfühlen.

Tipp 3: Auf gute Ausrüstung achten
Investiere in eine gute Webcam (mit integriertem Mikrofon) und gute Lautsprecher oder ein qualitativ hochwertiges Headset. Und mit einem zweiten und/oder dritten Monitor kannst du auf das Dokument oder die Präsentation schauen und zugleich deinem Gegenüber direkt in die Augen sehen. Verwende außerdem einen Internetanschluss mit hoher Bandbreite. Deshalb sollte die Verbindung auch nicht mehr über WLAN, sondern über ein Kabel direkt mit dem Glasfasernetz hergestellt werden. Das bringt eine enorme Verbesserung und weniger Ärger.

Tipp 4: Gemeinsam an einem einzigen Dokument arbeiten
Gemeinsam an einem einzigen digitalen Dokument zu arbeiten, kann die Lösung für eine Versionskontrolle sein. Dafür gibt es unterschiedliche Werkzeuge, unter anderem Sharepoint, MS Teams, Confluence, GoogleDocs und Jira.

Tipp 5: Bewusst entscheiden
Vieles ist remote möglich, dennoch kann man sich bei bestimmten Dingen bewusst gegen remote entscheiden. Beispielsweise, um sensible Themen zu besprechen. Sollte das aufgrund verteilter Teams nicht möglich sein, ist zu beachten, dass derartige Themen remote oft etwas mehr Zeit erfordern. Entscheide dich je nach Zielsetzung, ob remote oder in Präsenz gearbeitet wird, und erst dann für eine Aktivität bzw. das Format.

TIPP!

Es gibt sehr viele digitale Tools und die Entwicklung schreitet rasant voran. Bei Google oder im Gespräch mit Kolleginnen und Kunden kann man sich informieren, was für sie funktioniert und was nicht und weshalb. Die eigene Vorbereitung, das gewählte Format und die eigene Energie entscheiden über den Erfolg eines Online-Meetings, nicht das eingesetzte Tool.

Tipp 6: Lange Sitzungen vermeiden
Remote lange Meetings oder Versammlungen abzuhalten, ist oft schwierig, weil man die Energie der Gruppe weniger gut aufnimmt und erlebt. Es fehlen die kleinen Signale, und die Interaktion mit der Gruppe ist anders, besonders wenn die Kameras ausgeschaltet und die Mikrofone stumm sind. Plane nicht zu viele Aktivitäten hintereinander, um die Energie und Aufmerksamkeit der Teilnehmenden hochzuhalten. Sollte sich eine lange Sitzung nicht vermeiden lassen, dann sorge bewusst für Zeit für Fragen und ausreichend Pausen. Verwende gegebenenfalls Energizer aus **#95**.

Tipp 7: Das Cooper-Test-Prinzip
Der Cooper-Test[4] – ein 12 Minuten langer Ausdauerlauf, bei dem die in dieser Zeit zurückgelegte Distanz ermittelt wird – scheint auch für die Remote-Zusammenarbeit eine Rolle zu spielen: Um die Aufmerksamkeit der Teilnehmenden aufrechtzuerhalten, ist alle 12 Minuten ein Wechsel der Aktivität, Zusammensetzung oder Energie erforderlich, zum Beispiel eine schnelle Quizfrage, eine kurze Übung oder eine eingeschobene Breakout-Session. Verwende ruhig einen Kurzzeitwecker und schau dich für mehr Inspiration in **#80 7 digitale Energizer** um.

Tipp 8: In noch bessere Vorbereitung investieren
Normalerweise stört es nicht, wenn du vor Ort Flipcharts erstellst. Die Anwesenden können sich währenddessen miteinander bekannt machen, auf das Kommende einstellen oder plaudern. Wenn jedoch alle auf deinen Bildschirm starren oder warten müssen, bis du deinen Bildschirm teilst, ist das kontraproduktiv. Erstelle deshalb eine PowerPoint-Folie oder verwende Werkzeuge, die deine Arbeit gut unterstützen, und stelle sie für die Teilnehmenden bereit, sodass diese sofort loslegen können.

Tipp 9: Mit »Breakout-Räumen« arbeiten
Wenn du Input zu einer Problemstellung brauchst oder Personen mit-

---

4 Anm. d. Übers.: siehe auch *https://de.wikipedia.org/wiki/Cooper-Test.*

einander ins Gespräch bringen willst, bietet sich bei Gruppen mit mehr als fünf Teilnehmenden der Einsatz von Breakout-Räumen an, zum Beispiel bei **#67 1-2-4-All**. Das wirkt sich positiv auf das Ergebnis aus und sorgt zusätzlich für Abwechslung! Einige digitale Tools stellen diese Funktionalität zur Verfügung, bei anderen ist etwas mehr Kreativität gefragt.

Tipp 10: **In die Kamera schauen**
Schau beim Sprechen in die Kamera! Das gibt den anderen Teilnehmenden das Gefühl, dass du mit ihnen sprichst. Um eine Verbindung zueinander herzustellen, muss man sich in die Augen sehen. Klebe dir zur Erinnerung vielleicht ein Post-it mit einem großen Pfeil oder ein Foto deines Teams neben die Kamera. Oder ziehe das Fenster der Videokonferenz etwas kleiner, sodass du die anderen auf deinem Monitor bewusst in einem kleinen »Filmstreifen« direkt unterhalb der Kamera platzieren kannst. Falls du dann versehentlich doch einmal nicht in die Kamera blickst, wirkt es zumindest immer noch so, als ob du sie anschaust.

Tipp 11: **Die Regie übernehmen**
In Remote-Meetings musst du auch bei Dingen die Regie übernehmen, die sich in Präsenz von selbst regeln. Ein einfaches Beispiel: Lass die Teilnehmenden der Reihe nach zu Wort kommen. Dazu kann man miteinander vereinbaren, dass diese selbst die Reihenfolge bestimmen und einander das Wort erteilen. Auch das Aufteilen in Kleingruppen für eine Breakout-Session funktioniert nicht von allein. Erledige das selbst oder verwende ein Tool dafür.

#93

★

FÜR DEN ABSCHLUSS

Mithilfe des Formats »Für den Abschluss« lässt sich kurz, knackig und interaktiv eine Aktivität oder ein Meeting mit einer einzigen Frage oder Aufgabe abschließen.

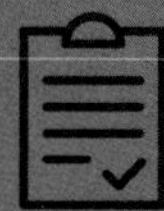

WAS DU DAZU BRAUCHST

- A3-, A4- oder Flipchart-Blätter
- (Farbige) Moderationsstifte
- Post-its
- Kugelschreiber o. Ä.
- Eine Timebox

DAUER

5 bis 30 Minuten (je nach Auswahl)

PRAKTISCHER NUTZEN

Je nach gewähltem Abschluss erzielt man eine konkrete Formulierung von Maßnahmen, Feedback, einen Moment der Entscheidung oder »einfach« ein energetisches Ende.

ABSCHLUSS 1: HAPPINESS UND FEEDBACK

Schritt 1: Ein Flipchart gestalten

Zeichne fünf verschiedene Smileys auf Post-its (oder direkt auf das Flipchart-Blatt) und hänge sie von total glücklich (oben) bis völlig traurig (unten) an die linke Seite des Blatts. Zeichne rechts zwei Kästchen, in die du Tipp und Top schreibst. Das ist nur ein Vorschlag, du kannst natürlich gern selbst kreativ werden.

Schritt 2: Die Übung erläutern

Erläutere der Gruppe kurz das »Warum« der Übung – zum Beispiel »Feedback bekommen, um das Meeting künftig zu verbessern«. Sage, dass du von jeder Person drei Post-its haben möchtest:

- Ein Post-it mit dem eigenen Namen. Das wird neben einen der Smileys gehängt, auf der Höhe der eigenen »Happiness« während des Tages bzw. des Meetings.

- Ein Post-it mit einem Top: Was hat dir an dem Meeting gefallen/was würdest du dir häufiger wünschen/was war spannend?
- Ein Post-it mit einem Tipp: Was kann verbessert werden/was solltest du beim nächsten Mal anders machen?

Schritt 3: Das Ergebnis besprechen
Dieser Schritt ist optional, kann jedoch sehr wertvoll sein, um eine gemeinsame Sicht auf das Ergebnis zu entwickeln. Lass beispielsweise die Ausreißer (hohe oder niedrige Happiness) zu Wort kommen oder frage die Gruppe, wer etwas zu seinem Feedback sagen möchte.

ABSCHLUSS 2: FEEDBACK MITTELS THUMB VOTING

Schritt 1: Einen Kreis bilden
Sorge dafür, dass alle so in einem Kreis sitzen oder stehen, dass sie sich anschauen können und genügend Platz ist, um einen Arm nach vorn zu strecken.

TIPP 1

Für die »Runde Komplimente« kann man Kudo-Karten verwenden (siehe: *https://management30.com/practice/kudo-cards/*).

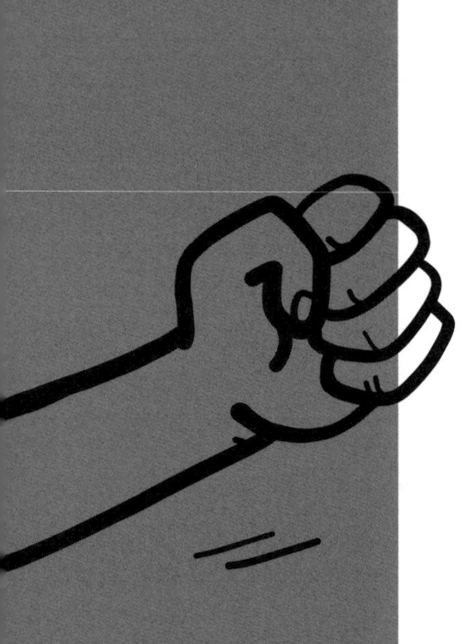

Schritt 2: Die Übung kurz erläutern
Du möchtest von den Teilnehmenden ein kurzes, interaktives Feedback, wie ihnen das Meeting gefallen hat. Bitte alle, einen Arm nach vorne zu strecken und eine Faust zu machen. Sage ihnen, dass du gleich eine These in den Raum stellen wirst, zum Beispiel »Das sollten wir häufiger machen« oder »Die richtigen Menschen waren anwesend«. Alle stimmen gleichzeitig und auf dieselbe Weise ab: Daumen nach oben heißt »Ja« oder »ich stimme zu«, Daumen nach unten »Nein« oder »ich stimme nicht zu«. Wenn du noch eine Option für Unentschiedene zulassen willst, dann lass den Daumen zur Seite zeigen, was so viel wie »hmm« oder »teils/teils« bedeutet. Nach der These zählst du von 3 herunter und bei 0 zeigen alle ihren Daumen in der für sie passenden Position.

Schritt 3: Der Gruppe eine These vorlegen
Entscheide dich für maximal drei Thesen, zu denen du das Feedback der Gruppe einholen willst, und lass sie dir beantworten. Besprich anschließend, falls erforderlich, das Ergebnis kurz mit der Gruppe. Achte darauf, dass die Diskussion nicht ausufert, und lass pro These maximal drei Personen zu Wort kommen.

Schritt 4: Beenden
Bedanke dich am Ende bei allen für das Feedback und erläutere, was du damit vorhast.

ABSCHLUSS 3: IN ERINNERUNG BEHALTEN

Schritt 1: 1 Minute für alle
Gib allen ein Post-it und einen Moderations- oder anderen Stift. Bitte nun darum, innerhalb 1 Minute aufzuschreiben, was ihnen vom Meeting noch am besten in Erinnerung ist, was sie mitnehmen und was ihnen aufgefallen ist.

Schritt 2: Die Ergebnisse teilen
Nach dieser Minute bittest du die Teilnehmenden, jeweils in einem Satz zu sagen, was sie aufgeschrieben haben. Es geht nicht darum, etwas darauf zu erwidern oder eine Diskussion anzufangen. Dieser Abschluss dient nur dazu, kurz und knapp Erfahrungen auszutauschen und so das Meeting positiv zu beenden.

ABSCHLUSS 4: MASSNAHME

Schritt 1: 1 Minute für alle

Bitte alle Anwesenden, innerhalb 1 Minute aufzuschreiben, was sie morgen anders machen werden, und daraus eine konkrete Maßnahme zu formulieren. Also nicht nur »das will ich gerne ändern/anders machen«, sondern auch »und zwar, indem ich …«. Mache deutlich, ob du eine Maßnahme »für das Team« oder »für einen selbst« erwartest.

Schritt 2: Die Ergebnisse teilen

Nach Ablauf dieser Minute bittest du die Teilnehmenden, jeweils in einem Satz zu sagen, was sie aufgeschrieben haben. Es geht nicht darum, lang und breit darüber zu reden. Bei Klärungsbedarf oder zur Konkretisierung darf gerne eine Frage gestellt werden. Gibt es viele Beiträge, ist die Anzahl der Maßnahmen zu beschränken. Verwende dazu dann **#67 1-2-4-All**.

Schritt 3: Für Nachbereitung sorgen

Bitte alle, eine Nachbereitung zu organisieren. Zum Beispiel kann man mit der Person neben sich vereinbaren, in einer Woche kurz zu telefonieren, um zu hören, ob die Umsetzung der Maßnahme gelungen ist. Oder die Gruppe vereinbart miteinander, in der nächsten Retrospektive, beim Daily Scrum oder einer anderen Sitzung kurz darüber zu reflektieren. Gib den Teilnehmenden 2 Minuten Zeit für die Entscheidung, wie sie das durchführen wollen. Verschaffe dir kurz einen Überblick und erinnere noch einmal explizit daran, dass du von den Teilnehmenden die Übernahme von Eigenverantwortung erwartest.

ABSCHLUSS 5: EINE RUNDE KOMPLIMENTE

Schritt 1: Ein Kompliment aufschreiben

Bitte alle Anwesenden, für die Person links von ihnen ein Kompliment auf einem Post-it zu notieren. Man kann auch mehreren Menschen ein Kompliment machen. Gib dafür maximal 3 Minuten Zeit.

TIPP 2

Bei »Brief an sich selbst« ist es sehr wichtig, sich eine Erinnerung in den Kalender zu schreiben und sicherzustellen, dass die Briefe an einem guten und nachvollziehbaren Ort aufbewahrt werden! Menschen stecken in so etwas viel Energie, also bitte nicht vergessen, die Briefe abzuschicken. Dieses Format eignet sich auch nach einer längeren (Trainings-)Phase mit einer Gruppe oder als Abschluss eines Quartals- oder Neujahrs-Events.

Schritt 2: Die Komplimente verteilen
Nach Ablauf der 3 Minuten können alle der Person ihr Kompliment machen, für die es bestimmt ist. Eventuell kannst du die Komplimente erläutern lassen, sie können aber auch einfach der betreffenden Person bei Verlassen des Raums übergeben oder jemandem auf den Rücken geklebt werden.

ABSCHLUSS 6: BRIEF AN SICH SELBST

Schritt 1: Die Übung erläutern
Lege Papier bereit und bitte alle, einen Brief an sich selbst zu schreiben, in dem sie einfach nur nett zu sich selbst sind. Themen können zum Beispiel sein: Worauf bin ich stolz, was habe ich Wichtiges gelernt, was möchte ich im kommenden (halben) Jahr erreichen, was wünsche ich mir von mir selbst und was möchte ich mir noch mit auf den Weg geben. Die Teilnehmenden sollten den Brief mit der Hand schreiben, gib ihnen dafür mindestens 30 Minuten Zeit. Falls jemand sich an einen ruhigen Ort zurückziehen möchte, ist das in Ordnung. Der Brief ist für sie selbst, sie müssen ihn niemandem zeigen.

Schritt 2: Die Briefe entgegennehmen
Händige Briefumschläge aus und bitte alle, ihre Briefe hineinzustecken und den Umschlag zuzukleben. Erinnere sie daran, ihre Adresse darauf zu schreiben. Am Ende geben alle die verschlossenen Umschläge bei dir ab. Du sorgst nun dafür, dass allen nach der vereinbarten Zeit (meist sechs Monate oder ein Jahr) der Brief zugestellt wird.

CHECK-IN (PHYSISCH UND ONLINE)

#94

★

Ein Check-in ist eine unterhaltsame und oft sehr bequeme Möglichkeit, ein Meeting, eine Sitzung oder eine Aktivität zu beginnen. Mehrere Meetings am Tag, eingehende Fragen und E-Mails, die Familie, die ab und zu etwas von einem verlangt: Die Aufmerksamkeit richtet sich im Laufe des Tages auf verschiedene Dinge! Wenn ein neues Meeting beginnt, ist volle Aufmerksamkeit gefragt, aber ist man auch wirklich mit den Gedanken bei der Sache? Ein Check-in mit den Teilnehmenden kann hilfreich sein, um sicherzustellen, dass wirklich alle anwesend sind. Nachfolgend sind einige Check-ins aufgeführt, die sowohl in Präsenz als auch online eingesetzt werden können.

DAUER

Maximal 15 Minuten pro Check-in

PRAKTISCHER NUTZEN

Mit einem Check-in holt man die Teilnehmenden aus ihren Gedanken und gibt ihnen Zeit anzukommen.
Je nach gewähltem Check-in kann es auch hilfreich sein, humorvoll zu beginnen – zur Teambildung, zum Kennenlernen oder um einen ersten Eindruck zu bekommen.

CHECK-IN 1: AUF EINER SKALA VON ...

Mit Humor – unter dem Einsatz von Bildern und Zeichnungen – Daten über den Gemütszustand der Anwesenden zu sammeln, ist eine unterhaltsame Art, herauszufinden, wie es jedem/jeder Einzelnen heute geht oder wie er/sie sich gerade fühlt. Du kannst dazu die Bilder auf der nächsten Seite verwenden, mit denen die Anwesenden zusammen mit einer kurzen Erläuterung angeben können, welcher Gesichtsausdruck ihre momentane Stimmung beschreibt.[5]

5 Anm. d. Übers.: Eine Alternative dazu sind die »Heute bin ich«-Karten von Mies van Hout (*https://t1p.de/wvasa*).

TIPP 1

Es lassen sich natürlich auch andere Fotos verwenden – zum Beispiel von Prominenten, Tieren, Emoticons oder Sportarten. Vielleicht hast du auch noch eine andere kreative Idee.

CHECK-IN 2: FRAGEN BEANTWORTEN

Schreibe oder drucke unterschiedliche Fragen auf kleine Zettel. Überlege dir mindestens so viele Fragen wie Teilnehmende, mit denen du das Check-in durchführen willst. Teile am Beginn der Sitzung die Zettel aus und bitte alle, der Reihe nach die Frage zu beantworten, die sie in der Hand halten. Mögliche Fragen könnten sein:

- Wenn du den Rest deines Lebens auf einer unbewohnten Insel verbringen wirst und nur einen einzigen Gegenstand mitnehmen darfst, welcher wäre das?
- Auf welchen (peinlichen) Vorfall wirst du noch häufig von Freunden, Familie oder Kollegen angesprochen?
- Was wissen andere Menschen wahrscheinlich nicht über dich?
- Was war dein schrecklichstes Urlaubserlebnis aller Zeiten?
- Angenommen, du wolltest dich tätowieren lassen – was würdest du dir dann wohin stechen lassen?
- Was war als Kind dein Traumberuf für später?

CHECK-IN 3: EIN FOTO MIT EINER GESCHICHTE TEILEN

Bitte alle, ihr Handy herauszuholen, die Foto-App zu öffnen und ein Foto auszuwählen, das sie mit den anderen teilen möchten und das etwas Lustiges oder Interessantes über sie erzählt. Das können verrückte, wundervolle, inspirierende, typische oder einfach nette Geschichten sein. Je nach Gruppengröße kannst du die Bilder mit allen teilen oder zum Beispiel Kleingruppen à drei Personen bilden lassen, um die Fotos dort zu zeigen und zu besprechen.

CHECK-IN 4: ZEICHNEN

Zeichne ein Bild auf ein Post-it, das deinen aktuellen Status widerspiegelt. Dann bittest du die Teilnehmenden, nacheinander ihre Bilder in die Kamera zu halten und kurz zu erklären, weshalb sie das gezeichnet haben. So erfährst du spielerisch etwas über die Energie in der Gruppe.

CHECK-IN 5: EMOTICONS

Je nach Online-Tool lassen sich Emoticons und kleine GIF-Filme verwenden. Frage erneut, mit welchem Gefühl das aktuelle Meeting beginnt, und lass die Anwesenden ihre Gedanken dazu über die Chat-Funktion teilen.

CHECK-IN 6: WITZE

Sie sind albern und funktionieren oft genug doch: blöde Witze! Google ist dein Freund. Suche nach einem Witz, der deiner Meinung nach zur Gruppe passt, und erzähle ihn. Das Timing ist entscheidend, aber Risiko gehört nun mal dazu!

CHECK-IN 7: FAUST

Beim Ein- und Auschecken lässt sich bei eingeschalteter Kamera die »Fist of Five«-Technik nutzen. Wie fühle ich mich? Wie viel Stress habe ich gerade? Bin ich mit meinen Gedanken voll und ganz bei der Sache? Ist das Ergebnis wertvoll? Usw. Stelle eine für die Sitzung relevante Frage, die die Gruppe auf einer Skala von 1 bis 5 bewerten soll. Bitte alle, sich mit geschlossenen Fäusten vor die Kamera zu setzen und – erst nachdem du bis drei gezählt hast – gleichzeitig ihre Einschätzung zu zeigen. So bekommst du einen Eindruck davon, wie sich die Teilnehmenden vor oder nach der Sitzung fühlen. Alternativ kannst du auch Thumb Voting verwenden, wobei dann die Anzahl der erhobenen Daumen eine Antwort auf die gestellte Frage gibt.

TIPP 2

Dieser Tipp betrifft Check-in 2: Fragen beantworten. Es lassen sich auch gut ein paar klassische Quizfragen einbauen.

#95

★

ENERGIZER

Energizer unterstützen dabei, zu Beginn, während oder am Ende einer Sitzung die Energie der Gruppe zu beeinflussen. Der gewählte Energizer sollte an die Dauer und Gruppengröße angepasst sein.

PRAKTISCHER NUTZEN
Das endgültige Ergebnis hängt von der Gruppe und dem gewählten Energizer ab, wird aber immer ein Ansteigen der Energie sein.

ENERGIZER 1: ZEICHENRÄTSEL
Dieser Energizer fordert die Gruppe mit einem Augenzwinkern zum kreativen Denken heraus. Du kannst ihn zu jedem beliebigen Zeitpunkt einsetzen, um die Aufmerksamkeit für einen Moment zu verlagern.

- Zeichne auf ein Blatt Papier die linke (IX) und auf ein zweites Blatt die rechte Abbildung (c⊣*c<).
- IX: Bitte alle Anwesenden, innerhalb von 2 Minuten aus der römischen Zahl 9 mit einer einzigen Linie eine 6 zu machen. Bitte dann ein Gruppenmitglied, die Antwort auf das von dir gezeichnete Blatt zu schreiben. Gelingt es? Super! Sollte die Antwort falsch sein, beantwortest du die Frage selbst (siehe nebenstehende Illustration).
- Bei der zweiten Zeichenkombination, c⊣*c<, stellst du den Teilnehmenden die Aufgabe, sie mit nur vier senkrechten Strichen in einen Vogel zu verwandeln. Auch hierfür haben sie wieder 2 Minuten Zeit. Anschließend bittest du ein Gruppenmitglied, die Antwort zu notieren. Bei einem Fehler ergänzt du selbst die Linien an den richtigen Stellen (siehe nebenstehende Illustration).

ENERGIZER 2: SCHERE, STEIN, PAPIER

Bitte die Gruppe, sich in Paare aufzuteilen. Es ist toll, wenn an dieser Übung mindestens 10 Personen teilnehmen, aber – je mehr, desto besser! Erläutere kurz, wie das alte Schere-Stein-Papier-Spiel geht:
Schere schneidet (gewinnt gegen) Papier – Papier umwickelt (gewinnt gegen) Stein – Stein macht Schere stumpf (gewinnt). Der Beste aus drei Runden gewinnt. Anschließend treten zwei Gewinner gegeneinander an und spielen wieder drei Runden. Die Verlierer der Duelle feuern dabei ihre ehemaligen Gegner an! Nach dieser Runde spielen deren Gewinner wieder gegeneinander, bis nur noch ein Sieger übrig bleibt. Auch das Anfeuern geht weiter, verbunden mit viel Jubel und Gejohle. Gestalte das Ganze nicht zu ernst, lass angenehme Musik laufen und sorge dafür, dass möglichst viel Energie freigesetzt wird.

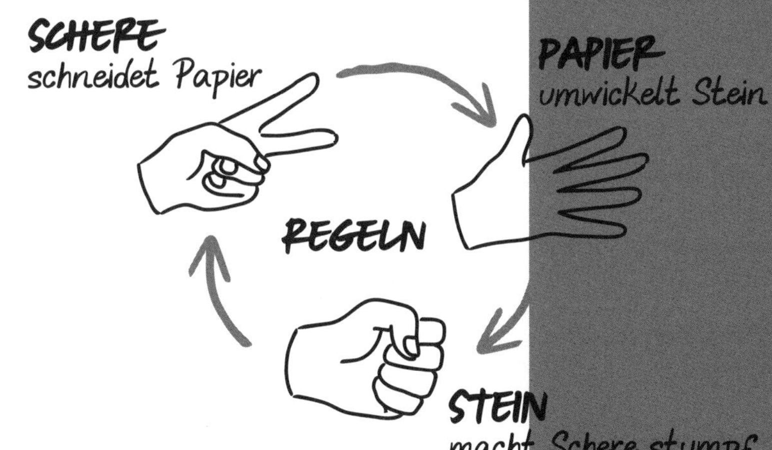

ENERGIZER 3: QUIZFRAGEN

Diesen Energizer kannst du in einer kurzen Variante zum Start, im Verlauf oder als Abschluss einer Sitzung einsetzen, er ist aber, mit selbst zusammengestellten Fragen, vielleicht auch ein spannendes Format für eine Retrospektive. Achte darauf, dass du genügend Fragen hast, und triff eventuell eine kleine Vorauswahl der interessantesten. Dann starte wie folgt:

- Alle ziehen blind eine Frage.
- Frage in die Runde, wer mit der Beantwortung der gezogenen Frage beginnen will.
- Dann folgen kurz und knapp alle weiteren Teilnehmenden. Lasst euch inspirieren von den lustigen, ernsten und persönlichen Antworten auf Fragen, die ihr euch normalerweise nie stellen würdet!

ENERGIZER 4: HIGH FIVE

Dieser Energizer dient oft als Abschluss, sodass alle mit einem breiten Lächeln den Raum verlassen. Es sollten mindestens 5 Personen teilnehmen. Sobald das Meeting beendet ist, bittest du die Gruppe aufzustehen und vor Verlassen des Raums mit so vielen verschiedenen Teilnehmenden wie möglich ein High Five auszutauschen! Das gibt allen innerhalb von 1 Minute einen ungeheuren Energieschub.

ENERGIZER 5: PANORAMASELFIE

Für diese kurze Übung brauchst du ein Handy oder eine Kamera mit einer Panoramafunktion. Für ein gelungenes Foto sollte die Gruppe elf bis zwanzig Personen groß sein. Nimm ein Panoramafoto von der Gruppe auf. Setze alle nebeneinander und drehe dich langsam mit der Kamera. Bitte diejenigen, die nicht mehr im Bild sind, mit einem kurzen »Ja«-Signal hinter dir hindurch zu huschen und sich am anderen Rand der Gruppe wieder einen Platz zu suchen. So sind alle zweimal oder häufiger auf dem Foto zu sehen. Perfekt als Teamfoto oder um ein Meeting einfach einmal anders abzuschließen.

ENERGIZER 6: FINDE DEN TÄTER!

Ein Energizer, der dich in die Kindheit zurückversetzt. Bitte ein Gruppenmitglied – den Kommissar – kurz den Raum zu verlassen. Dann wird ein Freiwilliger gesucht, der während dieser Übung die Mörderrolle übernimmt. Niemand will freiwillig? Okay, dann musst du selbst jemanden auswählen. Erteile dem Mörder den Auftrag, mit einem Nicken oder Augenzwinkern die anderen Anwesenden nacheinander auszuschalten. Der Kommissar muss so schnell wie möglich herausfinden, wer der Mörder ist. Die anderen Teilnehmenden haben die Aufgabe, den Mörder so unauffällig wie möglich zu beobachten und sich hinzusetzen bzw. umzufallen, wenn ein Zwinkern oder Nicken des Mörders sie trifft. Sobald du den Kommissar hereinrufst, beginnt die Aufgabe. Wenn er einen Verdacht äußert, ist Schluss. Falls du mehr Zeit hast und die Energie in der Gruppe auf dem richtigen Niveau ist, kannst du die Rollen neu besetzen und erneut starten.

#96

★

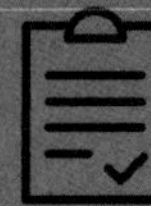

WAS DU DAZU BRAUCHST

- A4-/A3- oder Flipchart-Blätter
- (Farbige) Moderationsstifte
- Post-its
- Kugelschreiber
- Eine Timebox

DAUER

15 bis 30 Minuten

KURZE KENNENLERNÜBUNGEN/ EINFÜHRUNGEN

Mit diesen Aktivitäten lassen sich kurz und interaktiv Kennenlern- bzw. Vorstellungsrunden gestalten.

PRAKTISCHER NUTZEN

Ein gutes erstes Kennenlernen mit einer Gruppe von (unbekannten) Personen, bei dem das Standardvorgehen vermieden wird.

KENNENLERNEN 1: GEMEINSAMKEITEN SUCHEN

Diese Aktivität wird vor allem als Energizer zum Einstieg eingesetzt und ist ein klein wenig anders als die übliche Vorstellungsrunde.

Schritt 1: Erläuterung

Bitte die Gruppe aufzustehen und folgende Aufgabe zu erledigen:

- Bildet Dreiergruppen mit beliebigen Personen (wenn die Anzahl nicht passt, sind auch Zweier- oder Vierergruppen möglich). Stellt euch nicht zu den Personen, die ihr schon gut kennt.
- Findet in eurer Gruppe innerhalb von 3 Minuten so viele Gemeinsamkeiten wie möglich und schreibt diese auf.

Schritt 2: Start der Kennenlernrunde
Starte eine Timebox von 3 Minuten und bitte die Teilnehmenden, selbstständig Gruppen zu bilden und sich auszutauschen. Achte darauf, dass ausreichend Moderationsstifte und Post-its bereitliegen, um die Erkenntnisse zu notieren.

Schritt 3: Die Gemeinsamkeiten zusammentragen
Am Ende der Timebox bittest du einige der Kleingruppen, kurz zu erzählen, welche Gemeinsamkeiten sie entdeckt haben. So lernen nicht nur die Mitglieder der Dreiergruppen selbst mehr übereinander, sondern auch die anderen Anwesenden.

Schritt 4: Mit neuen Gruppen wiederholen
Je nach verfügbarer Zeit kannst du die Schritte mit neu gebildeten Gruppen wiederholen.

KENNENLERNEN 2A: PROFILKARTE

Schritt 1: Die eigene Profilkarte zeichnen
Nachdem du allen Anwesenden ein (A3- oder) A4-Blatt und Moderationsstifte, Kugelschreiber oder Kreidestifte gegeben hast, bittest du sie, innerhalb einer Timebox von 10 Minuten eine gezeichnete und/oder geschriebene Antwort auf Fragen wie die folgenden zu geben:

- Wie heißt du? Was ist deine Funktion/Rolle, wer ist dein Arbeitgeber? Wie lange arbeitest du bereits? Wie viel weißt du über Agilität auf einer Skala von 1 bis 5?
- Welche Hobbys/Interessen hast du?
- Drei Dinge, die du magst, und drei Dinge, die du nicht magst.
- Deine persönlichen »Guilty Pleasures«: Welche »unmögliche« Musik hörst du heimlich gerne im Radio?

Schritt 2: Die Profile teilen
Sobald die Timebox abgelaufen ist, bittest du die Anwesenden, ihre Profile vor der Gruppe zu präsentieren und mögliche Fragen zu beantworten. Verwende auch dafür eine Timebox von vielleicht 2 Minuten, sodass die Übung nicht zu lange dauert.

TIPP!

Bitte die Teilnehmenden darum, Fakten zu notieren, die die anderen wahrscheinlich noch nicht kennen.

KENNENLERNEN 2B: TEAMKARTE

Das ist die Teamvariante. Bitte eine Gruppe von zwei bis vier Personen, eine Teamkarte oder ein Poster über sich selbst zu erstellen. Gib ihnen dafür ein Flipchart-Blatt und stelle vergleichbare Fragen wie unter 2A. Falls das Team in dieser Konstellation auch zusammenarbeiten wird, kann es darüber hinaus spannend sein, einen Teamnamen zu finden.

KENNENLERNEN 3: ZWEI WAHRHEITEN UND EINE LÜGE

Als Team herausfinden, welche der drei geteilten Fakten eine Lüge ist.

Schritt 1: Sich die Fakten überlegen

Alle Teammitglieder überlegen sich individuell drei Fakten. Entscheidend ist, dass zwei Fakten jeder Person der Wahrheit entsprechen, während der dritte Fakt eine Lüge ist. Die Gruppe kann sich dabei kreativ austoben.

Schritt 2: Die Fakten pro Person teilen

Bitte den ersten Freiwilligen, die drei Fakten zu teilen. Anschließend gibt die Gruppe einen Tipp ab, was die Lüge ist. Natürlich folgen danach noch ein paar kurze Erläuterungen zu den Fakten.

Schritt 3: Fortfahren

Schritt 2 wird so lange wiederholt, bis alle Anwesenden an der Reihe gewesen sind.

KENNENLERNEN 4: DAS KANN ICH GUT/DAS BIN ICH

Eine Vorstellungsrunde voller Energie, die du sowohl in Präsenz als auch remote durchführen kannst. Bitte die Gruppe, über eine vorher festgelegte Frage nachzudenken, die du gern beantwortet hättest, zum Beispiel:

- Das kann ich gut.
- An dieser Tätigkeit habe ich Freude.
- Das passt genau zu mir.

Schritt 1: Einführung

Bitte alle Gruppenmitglieder, sich im Kreis aufzustellen. Sage ihnen, dass du ihnen eine Frage stellen wirst, auf die sie aus persönlicher Sicht und in beliebiger Reihenfolge antworten können.

Wer antwortet, tritt einen Schritt vor. Findet sich jemand in dieser Antwort wieder? Dann tritt auch diese Person einen Schritt vor und sagt: »Ich auch!« Manchmal kann es zu einer Antwort Anmerkungen geben, oft können die Teilnehmenden aber innerhalb von Sekunden wieder in den Kreis zurücktreten. Weiter geht es mit der nächsten Antwort.

Schritt 2: Die eigentliche Übung
Stelle der Gruppe die Frage und beantworte sie als Erster. Deine Art, die Frage zu beantworten, kann die Gruppe möglicherweise beeinflussen. Das kannst du bewusst nutzen oder aber vermeiden, indem du dich bewusst zurückhältst und nicht als Erster deine Antwort teilst. Fahre mit der Übung fort, bis die verfügbare Zeit verstrichen ist. Nach einigen Antworten aus der Gruppe kannst du dir auch überlegen, eine neue Frage zu stellen.
Wenn du diese Übung remote verwendest, ist es wichtig, dass alle Kameras eingeschaltet sind und Anwesende die Hand heben und »Ich auch!« sagen, um zu signalisieren, dass sie sich in der Frage wiederfinden.

KENNENLERNEN 5: SICH DEN INPUT MERKEN

Kennenlernen mit Augenzwinkern. Diese Aktivität ist spannend in einem bestehenden Team mit drei bis acht Mitgliedern.

Die Anwesenden sollen nacheinander etwas Charakteristisches in einem Wort nennen, das für sie typisch ist/sie toll finden usw. Während dieser Kennenlernübung geht es darum, sich zu merken, was vorher gesagt wurde, und es ebenfalls zu nennen. So entsteht eine Wortschlange, die jedes Mal wiederholt und immer länger wird.

- Person 1 beginnt mit ihrem Wort.
- Person 2 wiederholt das Wort von Person 1, gefolgt vom eigenen Wort.
- Person 3 wiederholt das Wort von 1 und 2, gefolgt vom eigenen Wort.
- Person 4 wiederholt das Wort von 1, 2 und 3, gefolgt vom eigenen Wort.
- Das geht so lange weiter, bis jemand in dieser Wortschlange einen Fehler macht! Es kann also vorkommen, dass Teilnehmende mehrmals einen Beitrag leisten, während die Wortschlange immer weiter wächst.

Im Remote-Einsatz ist es am besten, den Bildschirm zu teilen, sodass alle in der Videokonferenz die gleiche Anordnung der Teilnehmenden sehen, und die Reihenfolge für die Übung zu klären.

KENNENLERNEN 6: DER SCHLÜSSELBUND

Die Geschichte hinter einem Schlüsselbund kann eine Menge Aufschluss über eine Person geben. Das ist eine gute Kennenlernübung sowohl für Gruppen, die sich bereits kennen, als auch für solche, die sich noch fremd sind.

Schritt 1: Den Schlüsselbund zur Hand nehmen
Bitte alle, ihren Schlüsselbund herauszuholen.

Schritt 2: Die Hintergründe erläutern
Nun bittest du ein Gruppenmitglied zu beginnen und zu erzählen, wofür die Schlüssel und mögliche andere Utensilien am Schlüsselbund gebraucht werden und welche Geschichten damit verbunden sind. So kann der Hausschlüssel etwas über die Lebensumstände offenbaren, der Auto- oder Fahrradschlüssel etwas über die (Un-)Sportlichkeit, der Schlüssel der (Schwieger-)Eltern etwas über den familiären Hintergrund und der Schlüsselanhänger erinnert an die vielleicht langweiligste oder aber wildeste Geschichte. Und dann ist da noch der eine Schlüssel, bei dem dir während dieser Übung klar wird, dass du eigentlich gar nicht mehr weißt, wozu er gebraucht wird.

Schritt 3: Weiter mit dem Kennenlernen
Achte darauf, dass alle kurz und aussagekräftig präsentieren. Falls erforderlich, kannst du pro Person eine Timebox setzen. Wenn du etwas mehr Zeit hast und die Geschichten nicht ausufern, geht es sicher auch ohne.

FINDE DEN GEGENSTAND

#97

Diese Aktivität lässt sich gut einsetzen, wenn ein Team oder eine Gruppe remote arbeitet. Auf aktive *und* interaktive Weise beantworten alle Gruppenmitglieder verschiedene Fragen. Diese Fragen regen die Teilnehmenden an, zu Hause nach Gegenständen zu suchen, die die Antworten verkörpern.

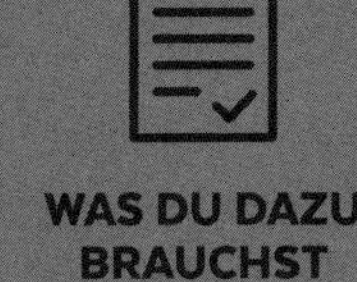

WAS DU DAZU BRAUCHST

- Kameras bei allen Teilnehmenden

DAUER

10 bis 30 Minuten

PRAKTISCHER NUTZEN

Die Aktivität sorgt für Bewegung, Offline-Zeit für die Augen und einen kreativen Prozess, um einen geeigneten Gegenstand zu finden, der die Antwort verkörpert. Je nach Fragestellung kann dies zum Beispiel ein besseres Kennenlernen, die Beantwortung von Sprint-relevanten Fragen im Rahmen einer Retrospektive oder ein Gefühl für ein Problem oder eine Situation bedeuten.

SCHRITTE

Vorbereitung

Je nach Zweck der Aufgabe bereitest du eine Reihe von Fragen vor, die du stellen möchtest.

Schritt 1: Mit der ersten Frage beginnen

Licht – Kamera – Action! Bitte zu Beginn des Termins alle, ihre Kameras einzuschalten und während der kommenden Minuten aktiv zu werden. Du stellst der Gruppe die erste Frage und gibst allen 2 Minuten Zeit, einen Gegenstand zu finden, der ihre Antwort unterstreicht. Sobald alle wieder zurück sind oder die Timebox abgelaufen ist, beginnt ihr, eure Antworten auszutauschen.

BEISPIELE

- Was erinnert dich an deine Vergangenheit?
- Womit verbindest du angenehme Erinnerungen?
- Was ist das schönste Geschenk im Haus bzw. in der Wohnung, das du je bekommen hast?
- Welches Geschenk hast du dir zuletzt selbst gemacht?
- Was verkörpert dein Gefühl über den Sprint?
- Suche nach einem Beispiel, das beschreibt, was du aus dem Meeting mitnimmst.
- Welcher Gegenstand symbolisiert das Team?
- Wie würdest du gern durch andere wahrgenommen werden?
- Was bildet die Verbesserung ab, die du am Team beobachtest?
- Was machst du gerne in der Freizeit?

Schritt 2: Die Geschichten teilen
Alle erhalten kurz Zeit, um ihre Geschichte zu dem Gegenstand mit der Gruppe zu teilen. Falls es Fragen gibt, werden sie beantwortet. Ein Timer im Hintergrund kann dir bei der Moderation helfen, langen Geschichten vorzubeugen und die Zeit im Blick zu behalten.

Schritt 3: Die Übung wiederholen
Wenn du Zeit für mehr als eine Frage hast oder jede Person eine andere Frage beantworten lassen möchtest, wiederholst du die Übung wie beschrieben.

Schritt 4: Abschluss
Falls es lediglich eine kurze Aktivität zur Auflockerung zwischendurch war, die keine Nachbereitung erfordert, ist sie schnell beendet. Zielte die Übung auf ein Thema, zu dem man besser etwas notieren oder vereinbaren sollte, dann nimm dir dafür Zeit. Ein Foto vom Ergebnis, geteilt auf der Teamseite, reicht dafür oft schon aus.

(REMOTE) BINGO

Remote-Arbeit geht oft mit körperlichen Beschwerden einher. Probleme mit dem Rücken, den Augen, erste RSI-Symptome[1], zu viele Meetings hintereinander in derselben Haltung und nach etlichen Stunden die Erkenntnis, dass man noch gar keine Pause gemacht hat. Bingo bringt Teams in Bewegung und lässt sie über neue Aktivitäten nachdenken.

#98

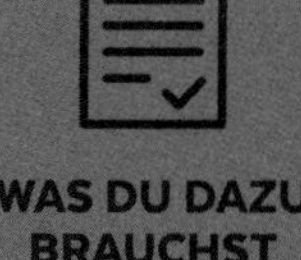

WAS DU DAZU BRAUCHST

- Eine vorbereitete Bingo-Karte
- Preise für die Gewinner

DAUER

1 oder mehrere Tage (je nach Deadline, die du setzen willst)

PRAKTISCHER NUTZEN

Wird das Bingo mit einer Herausforderung für Teams oder Teammitglieder verbunden, gibt es auch einen Gewinner. Unabhängig davon regt es Kolleginnen und Kollegen an, etwas mehr an sich selbst zu denken. Diese Aktivität bietet Offline-Zeit und einen bewussten Fokuswechsel und trägt hoffentlich zur Freude und einer gesünderen Lebensweise bei.

SCHRITTE

Vorbereitung

Im Vorfeld stellst du ein Bingo-Format zusammen. Schau dir zur Inspiration die Tabelle auf Seite 339 an. Hier kannst du Aufgaben auswählen,

---

1 Anm. d. Übers.: Repetitive Strain Injury, siehe *https://de.wikipedia.org/wiki/Repetitive-Strain-Injury-Syndrom.*

TIPP 1

Die Teilnehmenden sollten so viele Fotos wie nur möglich von den bewältigten Herausforderungen posten. Neben einem Nachweis kommt so eine Menge schöner Bilder zusammen.

die du gern innerhalb von Team(s) oder der Abteilung stellen möchtest. Ergänze gegebenenfalls weitere Aufträge oder Herausforderungen.

Schritt 1: Bingo-Konzept und Spielregeln erläutern
Erläutere, wie Bingo gespielt wird, auch wenn es vielen schon bekannt sein sollte. Füge deinen eigenen Auftrag hinzu, zum Beispiel: »Das Team oder Individuum, das zuerst die komplette obere und untere Reihe komplett ausgefüllt hat, erhält einen Preis. Der Hauptgewinn geht an das Team (oder Individuum), das es schafft, die gesamte Bingo-Karte auszufüllen!« Oder: »Am [Datum] beenden wir das Bingo. Das Team, dessen Bingo-Karte zu diesem Zeitpunkt am vollsten ist, gewinnt!«

Schritt 2: Das Bingo starten
Versende dein Bingo-Format samt Auftrag und Spielregeln an die Teilnehmenden. Vergiss dabei nicht, ab und zu eine Erinnerung (E-Mail) zum Bingo zu versenden, um alle während der täglichen Arbeit an ihre Aufträge zu erinnern.

Schritt 3: Und es gewinnt …
Solltest du ein spielerisches Element hinzugefügt haben, dann vergiss nicht, die Gewinner zu küren. Wenn die Teilnehmenden viel remote arbeiten, kannst du ihnen vielleicht eine Kleinigkeit zukommen lassen. Überraschungen sind immer willkommen!

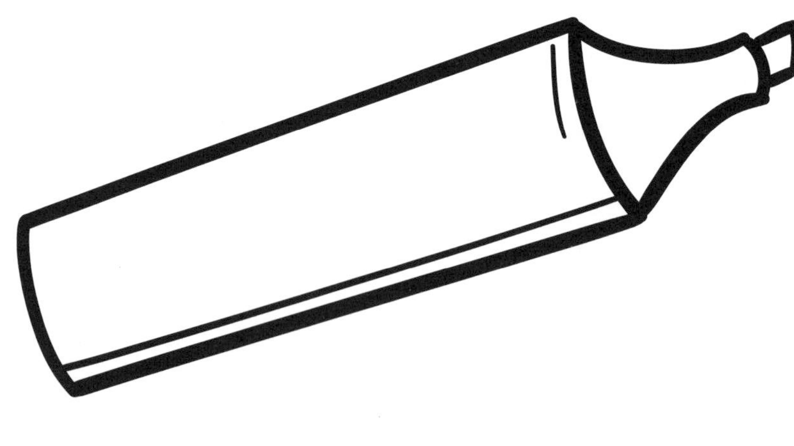

Während eines Telefonats spazieren gegangen	»Hört ihr mich?« »Wir verstehen dich nicht!«	Während eines Meetings stehend Übungen ausgeführt	Einen »Blaulichtfilter« auf dem Laptop installiert	Durch ein Haustier oder ein Familienmitglied während des Meetings abgelenkt
Tragen einer Schlafanzug- oder Jogginghose in einem Online-Meeting	Beim Online-Meeting ein Haustier bei jemandem im Hintergrund entdeckt	Ein Online-Meeting etwas früher mit einem kurzen Plausch begonnen	Mit einer Kollegin eine persönliche Geschichte geteilt	Zwischen zwei Terminen kurz draußen spazieren gegangen
Einer Kollegin ein kleines Geschenk geschickt	Eine Kaffeepause gemacht – oder drei		Eine Übung für die Augen gemacht	»Sorry, ich war stumm geschaltet!« »Du bist stumm geschaltet!«
Im Laufe des Arbeitstages zwei Liter Wasser getrunken	Eine gute Stunde Pause gemacht	»Seht ihr meinen Bildschirm?«	Mit einem Kollegen ein Online-Spiel gespielt	Ein Meeting von 50 oder 20 Minuten geplant statt …
Ein Kneipenquiz organisiert oder daran teilgenommen	Übungen für die Hand gegen RSI gemacht	Auf dem Balkon, auf der Terrasse oder im Garten gearbeitet	Mit einem Kollegen um die Wette getippt	Eine Playlist für die Arbeit zusammengestellt

TIPP 2

Natürlich eignet sich dieses Bingo auch, wenn Menschen nicht remote arbeiten. In diesem Fall lassen sich noch andere Dinge hinzufügen wie »Kaffee für meine Kollegin geholt« oder »Eine Pause an der frischen Luft verbracht« oder »Bei der Rezeption für das allzeit freundliche Lächeln bedankt«.

#99

FUN! FOTO CHALLENGE

Wenn es an der Zeit ist, eine nette Online-Aktivität in einem Team oder mit mehreren Teams durchzuführen, dann ist die Foto Challenge genau das Richtige für dich!

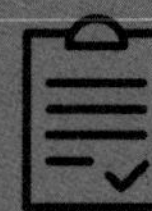

WAS DU DAZU BRAUCHST

- Ein digitales Whiteboard
- Ein digitales Kommunikationstool
- Preise für das Gewinnerteam

DAUER

45 bis 60 Minuten

PRAKTISCHER NUTZEN

Neben viel Spaß bringt diese Challenge auch eine Menge Kreativität hervor und fördert das Verständnis für die gegenseitige Zusammenarbeit. Und was wäre eine Challenge ohne Gewinner?

SCHRITTE

Vorbereitung

Achte darauf, dass ein gutes Whiteboard-Tool wie Miro oder Mural zur Verfügung steht. Bereite für jedes (Sub-)Team eine eigene Seite vor und »klebe« in die linke obere Ecke überall dasselbe Foto, das während der Challenge nachgebildet werden soll. Lege den Teams auch schon ein paar farbige Bausteine auf das Board.

Schritt 1: Die Übung erläutern

Sorge für eine Atmosphäre, die den Teams das Gefühl gibt, dass es sich wirklich um einen Wettstreit handelt. Erläutere, welches Tool sie benutzen werden und wie es zu bedienen ist. Vor allem müssen die Teilnehmenden wissen, wie sie Bausteine erstellen oder entfernen und Farben auswählen können.

Schritt 2: Die Challenge starten!
Bitte die (Sub-)Teams, das von dir gewählte Foto mithilfe der Bausteine nachzubilden. Je nach Komplexität des Fotos haben sie dafür 10 bis 15 Minuten Zeit. Sie sollen selbst kreativ werden, gib ihnen deshalb nur sehr wenige Tipps und Erläuterungen! Die Mitglieder der (Sub-)Teams nehmen nun telefonisch oder über eines der verfügbaren digitalen Kommunikationstools Kontakt miteinander auf. Zur gleichen Zeit teilst du die Links zu den vorbereiteten Teamseiten.

Schritt 3: Das Gewinner-Team verkünden
Am Ende der Timebox bittest du alle zurück in die zentrale Sitzung. Schaut euch die Ergebnisse an und diskutiert gemeinsam, wie sich der Prozess in den verschiedenen Teams entwickelt hat. Was ist aufgefallen, wie wurde gearbeitet, was war der Ausgangspunkt, gab es Rollen, sind Spannungen entstanden, wurde zusammengearbeitet, gab es einen informellen Leader? Das Team mit dem schönsten Bild gewinnt natürlich die Challenge.

BAUSTEINE

BEISPIELBILD

BEISPIELERGEBNIS

TIPP!

Es sollte unbedingt einen (kleinen) Preis für das Gewinnerteam geben. Das spornt die Teams oft sofort an.

ÜBER DAS AUTORENTEAM

CHARLOTTE BENDERMACHER

Charlotte Bendermacher arbeitet als Agile Coach und Trainerin bei Prowareness WeON. In ihrer Rolle als Agile Coach unterstützt sie Kunden bei der agilen Transformation. Mit ihrem Fokus auf Menschen und Teams, die sie in Bewegung bringt und bei der Zusammenarbeit und gemeinsamen Zielerreichung begleitet, schafft sie Veränderungen innerhalb des Unternehmens. Menschen zu coachen, zu trainieren und zu unterstützen gibt ihr eine Menge Energie. Gemeinsam mit Cleo Kampschuur bietet Charlotte unter anderem Trainings zu agilen Arbeitsweisen an[6]. Bei Fragen zum Thema Transformation oder einfach nur für einen Austausch über die Herausforderungen innerhalb des eigenen Unternehmens ist Charlotte zu erreichen unter: ***c.bendermacher@prowareness.nl***.

CLEO KAMPSCHUUR

Cleo Kampschuur ist Agile Coach bei Prowareness WeON. Als Agile Coach oder Scrum Master unterstützt sie Kunden bei der agilen Transformation. Mit Training, Coaching und Facilitation hat sie schon verschiedene Organisationen auf ihrer agilen Reise begleitet. Cleo verfügt über viel Erfahrung bei der Unterstützung von (verteilten) Teams und hat dabei eine enorme Begeisterung für Kultur entwickelt. Sie ist Expertin darin, diese Teams so weit wie möglich zu Hochperformern zu entwickeln. Gemeinsam mit Charlotte Bendermacher bietet Cleo Trainings zu agilen Arbeitsweisen an[6]. Bei Fragen oder für ein gutes Gespräch ist Cleo zu erreichen unter: ***c.kampschuur@prowareness.nl***.

---

6 Siehe *www.agilewerkvormen.nl*.

RINI VAN SOLINGEN

Rini van Solingen ist CTO bei Prowareness WeOn. In dieser Rolle unterstützt er Kunden dabei, ihr Unternehmen schneller und agiler aufzustellen. Darüber hinaus lehrt er in Teilzeit als Dozent an der TU Delft und hält regelmäßig Vorlesungen an der Universität Nyenrode. Rini ist vor allem als Redner und Autor tätig, sein Fachgebiet sind Geschwindigkeit und Agilität von Menschen und Organisationen. Jedes Jahr hält er zu diesem Thema etwa einhundertfünfzig Vorträge auf Weiterbildungsveranstaltungen, Konferenzen und Firmenevents. Seine bekanntesten (Management-) Bücher sind: Agile (dpunkt.verlag 2020), Die Kraft von Scrum (mit Eelco Rustenburg und Henning Wolf, dpunkt.verlag 2014), Der Bienenhirte (dpunkt.verlag 2017) und Formel X (mit Jurriaan Kamer, dpunkt.verlag 2019). Für Fragen und Diskussionen ist Rini zu erreichen unter: ***r.vansolingen@prowareness.nl***. Auch ein Blick auf seine Website ***www.rinivansolingen.nl*** lohnt sich.

ÜBER DEN ÜBERSETZER

Rolf Dräther studierte Physik und arbeitete u.a. als Schallschutzsachverständiger, Windsurf- und Snowboardlehrer, Softwareentwickler, Radkurier, Leiter einer Softwareentwicklungsabteilung, Autor und Übersetzer. Als er spürte, dass ihn die Menschen mehr als die Technik interessieren, absolvierte er eine dreijährige berufsbegleitende Ausbildung am Systemischen Institut Karlsruhe und eine Vielzahl von Weiterbildungen. Seit 2013 arbeitet er freiberuflich als Berater und Coach. Dabei ist für ihn Freude bei der Arbeit ein zentraler Erfolgsfaktor und besonderes Anliegen.

INDEX

#100

PLATZ FÜR DEINE KREATIVITÄT

WAS DU DAZU BRAUCHST

-
-
-

DAUER

TIPP!